早わかり
第一種電気工事士
受験テキスト
筆記試験対策

清水國稔 著

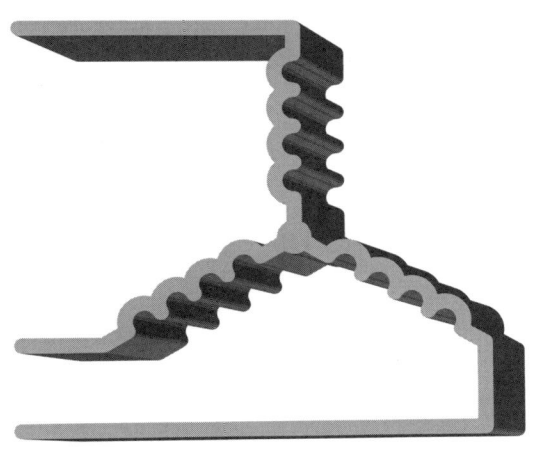

 東京電機大学出版局

まえがき

　高度情報化社会の今日，コンピュータを中核とする電気の多面的需要に伴い，これまでにも増して安全で安定した信頼度の高い電気の供給が求められています。これらの電気に携わる人に対し，正しい知識・技能の醸成を図る意味から，第一種電気工事士の試験は昭和63年から行われています。

　工業高校を中心に，目的学習の一貫として積極的に取り入れられる傾向にありますが，電気の学習を志す人や電気事業に携わる人にとって，実践的な知識と技能を身につける上でも格好の場となるでしょう。

　「第一種電気工事士」の学習を進める上で大切なことは，限られた時間内にいかに効率的に学習し，知識の定着を図るかにあります。本書はこのことを念頭に，できるだけやさしく，簡潔な内容となるよう心掛けました。

　本書の編集にあたり，配慮したおもな事項は以下のとおりです。

① 第1章の基礎理論では，第一種電気工事士の受験内容を学習する上で，必要な数学や物理に関する公式，単位などについて解説しました。

② 各章の解説では，重要な事項をできるだけ簡潔かつ，わかりやすい記述となるように努めました。章末問題は，過去の出題傾向を分析し，重要かつ多様な問題を掲載しています。章ごとに学習内容の「整理」・「確認」・「知識の定着」を行うことができます。学習にあたっては，まず各章ごとに学習の内容を確実に理解して，その後に章末問題に挑戦すると，一層の実力がつくでしょう。

③ 重要と思われる公式や計算式には，網掛けを用いて見やすい記述に努めました。

④ 計算問題については，可能な限り計算過程の省略をせず，式の展開を理解できるようにしました。

⑤ 巻末の章末問題解答は，問題を解くために必要な事項を盛り込み，詳しい記述内容となっています。また，知識の定着を図る観点から，複数の解法を例示してあります。

⑥ 適宜「重要問題」や「重要事項」，「留意事項」などを配置し，必要に応じ参考事項や解説を加えるなど，理解しやすい編集にしました。

　本書を十分に活用され，無事に所期の目的が達せられますよう，衷心よりお祈りいたします。

　2010年1月

　　　　　　　　　　　　　　　　　　　　　　　　　　　　　　　　　著者記す

目 次

第一種電気工事士の概要
- 1　第一種電気工事士について ……………………………………………… vi
- 2　第一種電気工事士筆記試験出題問題について ………………………… vii

第1章　基礎理論
- 1.1　数学に関する基本 ……………………………………………………… 1
- 1.2　単位に関する基本 ……………………………………………………… 3
- 1.3　ベクトルに関する基本 ………………………………………………… 5
- 1.4　平方根の求め方 ………………………………………………………… 6

第2章　基礎電気理論
- 2.1　直流回路 ………………………………………………………………… 8
- 2.2　計測の基礎 ……………………………………………………………… 13
- 2.3　交流回路 ………………………………………………………………… 15
- 2.4　静電気・磁気 …………………………………………………………… 22
- 　　　章末問題 ……………………………………………………………… 25

第3章　電気応用
- 3.1　照明 ……………………………………………………………………… 33
- 3.2　電熱 ……………………………………………………………………… 35
- 3.3　電動機 …………………………………………………………………… 36
- 3.4　蓄電池 …………………………………………………………………… 37
- 3.5　整流回路 ………………………………………………………………… 38
- 3.6　サイリスタ ……………………………………………………………… 40
- 　　　章末問題 ……………………………………………………………… 41

第4章　電気機器
- 4.1　変圧器 …………………………………………………………………… 45
- 4.2　誘導電動機 ……………………………………………………………… 52
- 4.3　直流電動機・直流発電機 ……………………………………………… 54
- 4.4　同期電動機・同期発電機 ……………………………………………… 56
- 4.5　絶縁材料 ………………………………………………………………… 57
- 　　　章末問題 ……………………………………………………………… 58

第5章　発電・送配電

- 5.1　発電方式 …………………………………………………… 61
- 5.2　水力発電 …………………………………………………… 61
- 5.3　汽力発電（火力発電） ……………………………………… 62
- 5.4　内燃力発電 ………………………………………………… 63
- 5.5　エネルギーの活用 ………………………………………… 65
- 5.6　送配電線路 ………………………………………………… 66
- 　　　章末問題 ………………………………………………… 73

第6章　受電設備

- 6.1　需要率・負荷率・不等率 ………………………………… 79
- 6.2　力率改善と進相コンデンサ容量 ………………………… 80
- 6.3　短絡容量・短絡電流 ……………………………………… 84
- 6.4　計器用変圧・変流器 ……………………………………… 86
- 6.5　保護協調 …………………………………………………… 87
- 6.6　保護継電器 ………………………………………………… 88
- 　　　章末問題 ………………………………………………… 92

第7章　電気工事

- 7.1　電圧と接地工事 …………………………………………… 95
- 7.2　低圧屋内配線工事 ………………………………………… 96
- 7.3　高圧屋内配線工事 ………………………………………… 100
- 7.4　架空電線 …………………………………………………… 101
- 7.5　高圧機器の施設 …………………………………………… 103
- 7.6　アークを生ずる高圧器具の施設 ………………………… 104
- 7.7　高圧受電設備の施設 ……………………………………… 104
- 7.8　電柱の敷設・屋側電線路 ………………………………… 104
- 7.9　架空ケーブルの施工 ……………………………………… 105
- 7.10　支線の施工 ………………………………………………… 105
- 7.11　地中電線路の施設 ………………………………………… 106
- 7.12　ケーブル埋設標識シートの施設 ………………………… 106
- 7.13　高低圧電線・ケーブル …………………………………… 107
- 7.14　コンセント ………………………………………………… 110
- 7.15　可燃性ガスなどの存在する場所の低圧室内電気設備の施設 …… 110
- 7.16　リングスリーブの圧着接続 ……………………………… 110
- 　　　章末問題 ………………………………………………… 112

第8章　電気工作物の検査・試験

- 8.1　電気工作物の検査・試験について ……………………………… 115
- 8.2　導通試験 ……………………………………………………………… 115
- 8.3　絶縁抵抗測定 ………………………………………………………… 115
- 8.4　接地抵抗測定（アーステスタ） …………………………………… 118
- 8.5　絶縁耐力試験 ………………………………………………………… 120
- 8.6　過電流継電器試験 …………………………………………………… 122
- 8.7　地絡継電器試験 ……………………………………………………… 124
- 　　　章末問題 ……………………………………………………………… 126

第9章　各種配線図

- 9.1　高圧受電設備 ………………………………………………………… 130
- 9.2　シーケンス制御回路 ………………………………………………… 138
- 　　　章末問題 ……………………………………………………………… 146

第10章　電気工作物に関する法令

- 10.1　電気事業法 …………………………………………………………… 157
- 10.2　電気工事業の業務の適正化に関する法律 ………………………… 159
- 10.3　電気工事士法 ………………………………………………………… 160
- 10.4　電気用品安全法 ……………………………………………………… 162
- 　　　章末問題 ……………………………………………………………… 164

第11章　高圧受電設備・電動機制御・低圧屋内配線使用機器などの写真・概観図

- 11.1　高圧受電・配電設備機器などの写真・概観図 …………………… 166
- 11.2　配線用工具の写真・概観図 ………………………………………… 179
- 11.3　測定機器の写真・概観図 …………………………………………… 182
- 11.4　制御用機器の写真・概観図 ………………………………………… 186
- 11.5　電気工事材料の写真・概観図 ……………………………………… 190

章末問題解答 ……………………………………………………………………… 200

索引 ………………………………………………………………………………… 227

第一種電気工事士の概要

1　第一種電気工事士について

　電気工事の欠陥による災害の発生防止の観点から，一定範囲の電気工作物＊について，電気工事の作業に従事する者の資格が電気工事法により定められている。

(1) 第一種電気工事士の免状取得者＊＊が従事できる業務

a. 自家用電気工作物＊＊＊で「最大電力 500 kW 未満」の需要設備を有する事業所の電気工事（ネオン工事，非常用予備発電装置工事は除く：特種電気工事資格者の別の資格が必要となる）。
b. 一般用電気工作物＊＊＊＊の電気工事。
c. 許可主任技術者。

　自家用電気工作物で「最大電力 500 kW 未満」の需要設備を有する事業所（工場，ビル他）などにおいて，主任技術者＊＊＊＊＊を選任する際，各地域の産業保安監督部長の許可を受ければ，電気主任技術者の免状がなくても主任技術者になることができる。これを許可主任技術者という（この場合の手続きは，本人が行うのでなく，事業所の代表者が行うことになる。したがって合格者本人が事業所に勤務している場合のみ，この対象となり得る）。

(2) 第一種電気工事士試験の合格者で「免状未取得者」が従事できる業務

a. 自家用電気工作物で「最大電力 500 kW 未満」の需要設備のうち，「電圧 600 V 以下」で使用する電気工作物の電気工事については，第一種電気工事士の免状を取得していなくても，各地域の産業保安監督部長に申請し，認定電気工事従事者認定証の交付を受ければ従事できる（電線路を除く）。
b. 許可主任技術者。

　前記「(1)－c」に示す事項。

(3) 第一種電気工事士試験について

　自家用電気工作物の保安に関する，必要な知識，技能について「筆記試験」，および「技能試験」

　　　＊ 電気工作物：電気を供給するために必要な発電所，変電所，送配電や，工場，ビル，住宅等の受電設備，屋内配線などの電気設備の総称。
　　＊＊ 免状取得者：試験に合格後，一定の実務経験を積み，都道府県知事に第一種電気工事士免状交付申請を行い取得する。
　　＊＊＊ 自家用電気工作物：工場，ビル等の電気設備。
　＊＊＊＊ 一般用電気工作物：住宅，小規模な店舗等の電気設備。
＊＊＊＊＊ 主任技術者：工場，ビル等の電気設備について，工事や保守管理が不完全であると感電，火災などの事故を発生する危険がある。災害発生防止の観点から，これらの仕事に従事する者が，十分な専門的知識と技能をもって臨むことが必要である。主任技術者は発変電所や工場，ビルなどの電気設備工事，維持，運用など，保安の監督者としての資格である。

について実施するもので，受験に当たっての資格制限は特にない。

a. 出題範囲

①筆記試験（四肢択一方式）

電気に関する基礎理論，配電理論および配線設計，電気応用，電気機器，蓄電池，配線器具，電気工事用の材料および工具，受電設備，電気工事の施工方法，自家用電気工作物の検査方法，配線図，発電施設，送電施設および変電施設の基礎的な構造および特性，一般用電気工作物および自家用電気工作物の保安に関する法令などから出題される。

②技能試験

筆記試験の合格者および筆記試験免除者に対し，下記に示す事項の一部，または全部について実施される。

電線の接続，配線工事，電気機器・蓄電池・配線器具の設置，電気機器・蓄電池・配線器具並びに電気工事用の材料・工具の使用方法，コードおよびキャブタイヤケーブルの取付け，接地工事，電流・電圧・電力および電気抵抗の測定，自家用電気工作物の検査，自家用電気工作物の操作・故障箇所の修理などから出題される。

b. 実施時期

例年，「筆記試験」については10月頃，「技能試験」については筆記試験の合格者に対して12月頃に実施されている（筆記・技能とも日曜日）。

c.「筆記試験」免除対象について

下記事項に該当する場合，筆記試験が免除されている。

①前年度の第一種電気工事士筆記試験の合格者。

②第一，二，三種電気主任技術者免状の交付を受けている者。

③旧電気事業主任技術者資格検定規則により，電気事業主任技術者の資格を有する者。

(4) 参考

第一種電気工事士以外の資格と業務の範囲。

a. 電気工作物の種類

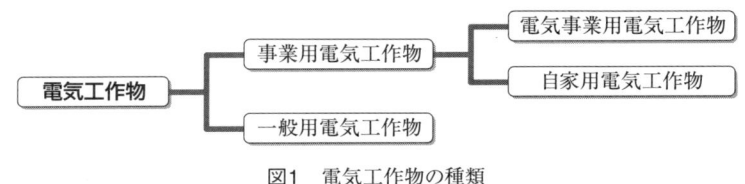

図1　電気工作物の種類

b. 資格の種類と従事できる業務範囲

①第一種電気主任技術者

すべての電圧の事業用電気工作物の工事，維持，運用の保安に関する監督を行うことができる。

②第二種電気主任技術者

構内に設置する「電圧17万V未満」の事業用電気工作物の工事，維持，運用の保安に関する監督を行うことができる。

③第三種電気主任技術者

　構内に設置する「電圧5万V未満」の事業用電気工作物の工事，維持，運用の保安に関する監督を行うことができる（「出力5千kW以上」の発電所を除く）。

④第二種電気工事士
- 一般用電気工作物の電気工事の作業に従事することができる。
- 自家用電気工作物で，「最大電力500 kW未満」の需要設備のうち，「電圧600 V以下」で使用する電気工作物の電気工事の作業については，下記のいずれかに該当すれば従事できる（簡易電気工事といい電線路は除く）。

・免状取得後「3年以上」の実務経験を得る。
・所定の講習を受け，所轄産業保安監督部長に認定電気工事従事者認定証の交付申請を行う。
・許可主任技術者
　自家用電気工作物で，「最大出力100 kW未満」の事業所（工場，ビル他）などにおいて，主任技術者を選任する際，所轄産業保安監督部長の許可を受ければ，電気主任技術者の免状がなくても主任技術者になることができる。

⑤特種電気工事資格者

　自家用電気工作物で，「最大出力500 kW未満」の需要設備のうち下記の電気工事を「特殊電気工事」という。
・ネオン用設備（分電盤，主開閉器，ネオン変圧器，ネオン管など）
・非常用予備発電装置（原動機，発電機，配電盤など）
　経済産業大臣等から「特種電気工事資格者」の認定を受ける必要がある。

2　第一種電気工事士筆記試験出題問題について

　最近出題された，筆記試験問題を考察すると，一般問題40問，配線問題10問（年度により受電設備図10問，または受電設備図とシーケンス図の各5問が出題）の合計50問が四者択一式（マークシート方式）で出題されている。

　表1の出題傾向は，最近の出題内容と出題割合の概要を示したものである。

出題傾向

　試験を制するには，傾向をつかみ，効率的に学習することが重要である。

表1　出題傾向の一覧表

項　目	出　題　の　内　容	最近の出題割合
電気に関する基礎理論 （100%）	・電流，電圧，電力，電気抵抗 ◇電力量計の計器定数 ◇過渡現象 ◇コンデンサ（電圧，エネルギー） ◇ブリッジ	40% 40% 40% 20%

項　目	出　題　の　内　容	最近の出題割合	
	・導体, 絶縁体 ・交流電気の基礎概念 　◇半波整流回路・全波整流回路, サイリスタ波形 　◇ベクトル 　◇正弦波交流の特質 ・電気回路の計算 　◇直流回路（並列, 直列回路, 直並列回路）抵抗, 合成抵抗, 電流, 電圧などの算出 　◇単相交流回路（直列, 並列回路）抵抗, 電圧, 無効電力などの算出 　◇三相交流回路（電流, 電力, リアクタンス, 抵抗, Y−Δ変換, 一線断線時などの算出）	1題平均 1題平均 1〜2題平均 1〜2題平均	80% 20% 20% 100% 100% 100%
配電理論, 配線設計 　　　　　　　(100%)	・配電方式 　◇単相3線式（電圧降下, 線路損失, 受電端電圧など） ・電線路 　◇雷, 機器, 張力など ・配線	1〜2題平均 1〜2題平均	100% 100%
電気応用　　　(100%)	・照明 　◇白熱電球と電圧との関係 　◇照度について 　◇照度計算 　◇照明についての説明 　◇点灯についての特性 　◇蛍光灯の種類と特性 ・電熱 　◇電熱器による水の上昇温度 　◇電熱器の熱効率 　◇電熱器の消費電力 　◇電子レンジの加熱方式 ・電動機応用 　◇巻き上げ電動機の所要出力	1〜2題平均 1題平均	80% 80%
電気機器, 蓄電池, 配線器具, 電気工事材料・工具・受電設備　　(100%)	・電気機器の構造・性能・用途 　◇変圧器（損失, 特性曲線, 容量, V結線の容量・利用率, タップ電圧） 　◇誘導電動機（速度制御, 出力, すべり） ・蓄電池の構造・性能・用途 　◇浮動充電方式 　◇蓄電池の充放電特性 　◇太陽電池の特性 ・配線器具の構造・性能・用途 ・電気工事用材料・材質・用途 ・電気工事用工具・用途 　◇電線の接続 　◇使用方法 ・受電設備の設計・維持・運用 　◇不等率列, 負荷率, 需要率 　◇力率改善 　◇三相短絡容量・短絡電流 　◇高圧進相コンデンサ	1〜2題平均 1題平均 1題平均 1題平均 1題平均	100% 100% 60% 60% 80% 100% 100% 80% 80%

2　第一種電気工事士筆記試験出題問題について

項　目	出　題　の　内　容	最近の出題割合	
	◇遮断機，継電器他	2題平均	100%
電気工事の施工方法 　　　　　　　（100%）	・配線工事の方法 　◇バスダクト工事 　◇ケーブル工事 　◇ライティングダクト 　◇金属管工事 　◇可燃性，乾燥，隠ぺい，展開，許容電流，接続，電圧等の 　　条件付工事 　◇フロアヒーティング ・電気機器の設置工事の方法 ・蓄電池の設置工事の方法	3〜4題平均	100%
自家用電気工作物の検査方法 　　　　　　　（100%）	・配線器具の設置工事の方法 ・コード・キャブタイヤケーブルの取り付け方法 ・点検の方法 ・導通試験の方法 ・絶縁抵抗測定の方法 ・絶縁耐力試験の方法 　◇絶縁耐力試験実施方法・結線図 ・接地抵抗測定の方法 ・継電器試験の方法 ・温度上昇試験の方法 ・試験用器具の性能・使用方法		40% 80% 40% 60%
配線図　　　　　（100%）	・配線図の表示事項・表示方法 　◇シーケンス制御（誘導電動機の始動・停止，Y-Δ始動法） 　◇高圧受電設備（単線結線図80%，複線結線図20%）		20% 100%
発電施設，送電施設，変電施設の構造・特性（100%）	・発電施設の種類・役割・その他 　◇発電機（出力，水力発電の順序，総合効率，総合問題） 　◇内燃力発電システム 　◇風力発電の特質 　◇ガスタービン，ディーゼル発電の特質 　◇水車の種類 　◇汽力発電のエネルギー変換 ・送電施設の種類・役割・その他 ・変電施設の種類・役割・その他	2題平均 1題平均	100% 40% 100%
一般用電気工作物，自家用電気工作物の保安に関する法令　　　　（100%）	・電気工事士法，電気工事士法施行令，電気工事士法施行規則 　◇業務の範囲等 ・電気事業法，電気事業法施行令，電気事業法施行規則 　◇手続きのしかた 　◇工作物の種別 ・電気関係報告規則 ・電気設備技術基準を定める省令 ・電気工事事業の業務の適正化に関する法律・施行令・施行規則 　◇器具の備え付け ・電気用品安全法・施行令・施行規則・省令 　◇事故報告	3題平均	100% 40% 40% 40%

第一種電気工事士の概要

第1章

基礎理論

　ここでは，第一種電気工事士の問題を解く上で必要となる，数学や物理などの基本的事項について，分かりやすく解説したものです。確実に覚えるようにしましょう。

1.1　数学に関する基本

(1) 三角関数

a. 三角関数の基本的事項

図1・1より，

① $\cos\theta = \dfrac{底辺}{斜辺}$

② $\sin\theta = \dfrac{垂線}{斜辺}$

③ $\tan\theta = \dfrac{垂線}{底辺}$

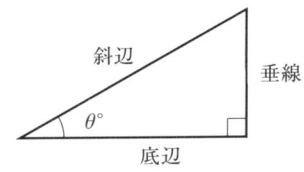

図1・1　基本三角形

$$\boxed{\sin^2\theta + \cos^2\theta = 1} \Rightarrow \sin^2\theta = 1 - \cos^2\theta \Rightarrow \sin\theta = \sqrt{1-\cos^2\theta} \tag{1・1}$$

重要事項

　式(1・1)により，$\cos\theta = 0.6$ のときの $\sin\theta$ を求めてみる。
$$\sin\theta = \sqrt{1-\cos^2\theta} = \sqrt{1-0.6^2} = 0.8$$
　力率や無効率（第5章）の計算で使われることが多い。特に次の2つの値はよく用いられるので覚えておくとよい。

$\sin\theta = 0.8$ のとき $\cos\theta = 0.6$ 　（$\cos\theta = 0.6 \Rightarrow \sin\theta = 0.8$）

$\sin\theta = 0.6$ のとき $\cos\theta = 0.8$ 　（$\cos\theta = 0.8 \Rightarrow \sin\theta = 0.6$）

b. 覚えておきたい重要な三角関数の値（特別な角度：30°，45°，60°）

① $\theta = 30°$ のとき，図1・2より，

$\cos 30° = \dfrac{\sqrt{3}}{2}$

$\sin 30° = \dfrac{1}{2}$

$\tan 30° = \dfrac{1}{\sqrt{3}}$

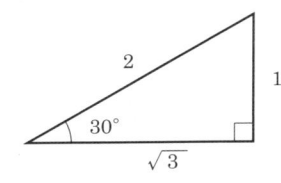

図1・2　30°の三角形

② $\theta=45°$ のとき，図1・3より，

$$\cos 45° = \frac{1}{\sqrt{2}}$$

$$\sin 45° = \frac{1}{\sqrt{2}}$$

$$\tan 45° = \frac{1}{1} = 1$$

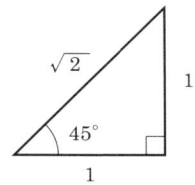

図1・3　45°の三角形

③ $\theta=60°$ のとき，図1・4より，

$$\cos 60° = \frac{1}{2}$$

$$\sin 60° = \frac{\sqrt{3}}{2}$$

$$\tan 60° = \frac{\sqrt{3}}{1} = \sqrt{3}$$

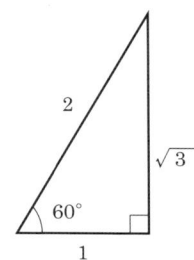

図1・4　60°の三角形

(2) 無理数

a. 覚えておきたい基本的な平方根

$\sqrt{2}=1.41421356\cdots$ （一夜一夜にひと見頃）　　$\sqrt{6}=2.44949\cdots$ （似よよくよく）

$\sqrt{3}=1.7320508\cdots$ （人並みにオゴレや）　　　$\sqrt{7}=2.64575\cdots$ （菜に虫いない）

$\sqrt{5}=2.2360679\cdots$ （富士山麓オウム鳴く）　　$\sqrt{10}=3.1622\cdots$ （ひと丸は三色に並ぶ）

b. 無理数の有理化

分母にルートなどの無理数があると，計算が煩雑となるので，分母を**有理化**すると，計算が行いやすくなる（分子，分母に同じ数字を掛け合わせても，その値は変わらない）。

〈例〉

$$\frac{n}{\sqrt{m}} = \frac{n\sqrt{m}}{\sqrt{m}\sqrt{m}} = \frac{n\sqrt{m}}{m}$$

〈具体例〉

$$\frac{10}{\sqrt{5}} = \frac{10\sqrt{5}}{\sqrt{5}\sqrt{5}} = \frac{10\sqrt{5}}{5} = 2\sqrt{5}$$

(3) 指数法則（第一種電気工事士関連事項のみ）

① $10^0 = 1$

② $10^{-1} = \dfrac{1}{10}$

〈具体例〉

③ $10^{-n} = \dfrac{1}{10^n}$　　⇒　$n=2$ のとき，$10^{-2} = \dfrac{1}{10^2} = \dfrac{1}{100}$

④ $10^m \div 10^n = 10^{m-n}$　⇒　$m=4$，$n=2$ のとき，$10^4 \div 10^2 = 10^{4-2} = 10^2 = 100$

⑤ $10^m \times 10^n = 10^{m+n}$　⇒　$m=4$，$n=2$ のとき，$10^4 \times 10^2 = 10^{4+2} = 10^6 = 1\,000\,000$

(4) ピタゴラスの定理（三平方の定理）

直角三角形の斜辺の長さの2乗は，他の2辺の長さの2乗の和に等しい。

$$A^2 = B^2 + C^2 \Rightarrow \quad A = \sqrt{B^2 + C^2},$$
$$B = \sqrt{A^2 - C^2},$$
$$C = \sqrt{A^2 - B^2} \qquad (1 \cdot 2)$$

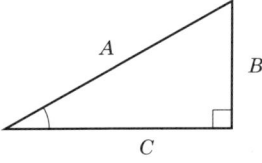

図1・5　ピタゴラスの関係図

(5) 弧度法

図1・6のような扇形において，中心角 θ の大きさは，$\theta = L/r$ で表すことができる。これを弧度法と言う。単位はラジアン（rad）で表す。円周は，$2\pi r$ であるから，1周りの角 360° に対する弧度は，$2\pi r/r = 2\pi$ であり，$360° = 2\pi$〔rad〕となる。これが度と弧度の関係であり，比較一覧表を表1・1に示す。

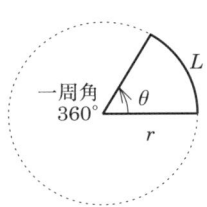

図1・6　弧度関係図

表1・1　度と弧度法の比較一覧

度〔°〕	0°	30°	60°	90°	120°	150°	180°	210°	240°	…	360°
弧度〔rad〕	0	$\dfrac{\pi}{6}$	$\dfrac{\pi}{3}$	$\dfrac{\pi}{2}$	$\dfrac{2\pi}{3}$	$\dfrac{5\pi}{6}$	π	$\dfrac{7\pi}{6}$	$\dfrac{4\pi}{3}$	…	2π

1.2　単位に関する基本

(1) 電気に関する基本事項（下線で表示した単位の変換は，問題を解く上で特に重要である）

a. 電流 I〔A〕アンペア

$$1〔A〕= 1\,000〔mA〕= 1\,000\,000〔\mu A〕= 10^6〔\mu A〕$$

$$1〔kA〕= 1\,000〔A〕= 10^3〔A〕$$

$$1〔\mu A〕= 10^{-6}〔A〕$$

$$\underline{1〔mA〕= 10^{-3}〔A〕}$$

b. 電圧 V〔V〕ボルト

$$1〔V〕= 1\,000〔mV〕= 10^3〔mV〕$$

$$1〔mV〕= 10^{-3}〔V〕$$

c. 抵抗 R〔Ω〕オーム

$$1〔Ω〕= 10^{-6}〔MΩ〕$$

$$\underline{1〔MΩ〕= 1\,000\,000〔Ω〕= 10^6〔Ω〕}$$

d. 静電容量 C〔F〕ファラド

$$1〔F〕= 1\,000\,000〔\mu F〕= 10^6〔\mu F〕$$

$$\underline{1〔\mu F〕= 10^{-6}〔F〕}$$

e. インダクタンス L〔H〕

$$1〔H〕=1\,000〔mH〕=10^3〔mH〕$$

$$1〔mH〕=10^{-3}〔H〕$$

f. インピーダンス Z〔Ω〕（単位は抵抗と同じ単位（Ω）を用いる）

g. 電力 P〔W〕

$$1〔W〕=1\,000〔mW〕=10^3〔mW〕$$

$$1〔mW〕=10^{-3}〔W〕$$

$$1〔kW〕=1\,000〔W〕=10^3〔W〕$$

h. 電力量 W〔Wh〕

1〔Wh〕（1時間当たりの電力量）

1〔kWh〕$=1\,000$〔Wh〕, 1〔Wh〕$=3\,600$〔Ws〕（1時間：60分×60秒＝3 600秒）

※上記で用いた単位のうち，h は時間，s は秒を表す。計算を行うためには，単位の相互変換ができるように学習することが必要である。

i. 静電容量〔F〕，インダクタンス〔H〕から〔Ω〕への単位の変換

① 容量リアクタンス $\quad X_C=\dfrac{1}{2\pi fC}〔Ω〕$ \hfill (1・3)

（π：円周率〔≒3.14〕, f：周波数〔Hz〕, C：静電容量〔F〕）

② 誘導リアクタンス $\quad X_L=2\pi fL〔Ω〕$ \hfill (1・4)

（L：インダクタンス〔H〕）

※計算をする際は，静電容量〔μF〕の単位を〔F〕，インダクタンス〔mH〕の単位を〔H〕などのように，計算式の単位に変換してから代入する。

(2) 物理に関する基本事項

a. 体積と質量（水4℃のとき）

$$1〔cc〕=1〔cm^3〕=1〔g〕$$

$$1〔\ell〕=1\,000〔cc〕=1\,000〔g〕=1〔kg〕$$

$$1〔t〕=1\,000〔kg〕$$

b. 仕事と熱量

1〔J〕$=1$〔Ws〕（1ワット・秒）

1〔kWh〕$=1\,000$〔Wh〕$=1\,000×60×60$〔Ws〕

$\qquad\qquad=1\,000×60×60$〔J〕$=60×60$〔kJ〕$=3\,600$〔kJ〕

1〔cal〕$=4.2$〔J〕

1〔J〕$=0.24$〔cal〕

1〔kWh〕$=1\,000×60×60$〔J〕$=3\,600\,000$〔J〕$=3\,600\,000×0.24$〔cal〕

$\qquad\qquad\qquad\qquad\qquad ≒860$〔kcal〕

> **重要事項**
>
> 《熱量について》
>
> 次に示す関係は，問題を解く上で大変重要である。
>
> $$1\,[\mathrm{kWh}] = 3\,600\,[\mathrm{kJ}] \qquad (1\cdot5)$$
>
> $$1\,[\mathrm{kWh}] = 860\,[\mathrm{kcal}] \qquad (1\cdot6)$$

c. 面積と体積の単位計算

計算を行う際，公式などに単位をあわせる必要がある。換算に当たっての基本的考え方を会得するとよい。

①面積の場合

$10\,[\mathrm{mm^2}]$ を $[\mathrm{m^2}]$ に単位変換をする場合は，$10\,[\mathrm{mm}] \times 1\,[\mathrm{mm}]$ の長方形を考え，2辺を $[\mathrm{m}]$ に変換してから計算すると理解しやすい。

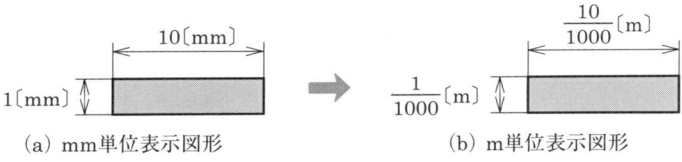

(a) mm単位表示図形　　　　(b) m単位表示図形

図1・7　面積の単位換算

解説▶ $1\,[\mathrm{m}] = 1\,000\,[\mathrm{mm}]$ であるから，$10\,[\mathrm{mm}] = \dfrac{10}{1\,000}\,[\mathrm{m}]$，$1\,[\mathrm{mm}] = \dfrac{1}{1\,000}\,[\mathrm{m}]$ となる。

したがって，

$$10\,[\mathrm{mm}] \times 1\,[\mathrm{mm}] = \dfrac{10}{1\,000} \times \dfrac{1}{1\,000} = 10 \times 10^{-6} = 10^{-5}\,[\mathrm{m^2}] = 0.00001\,[\mathrm{m^2}]$$

②体積の場合

$10\,[\mathrm{mm^3}]$ を $[\mathrm{m^3}]$ に単位変換をする場合は，$10\,[\mathrm{mm}] \times 1\,[\mathrm{mm}] \times 1\,[\mathrm{mm}]$ のような立方体を想定し，3辺を $[\mathrm{m}]$ に変換し，面積の場合と同じように計算すると理解しやすい。

$$\dfrac{10}{1\,000} \times \dfrac{1}{1\,000} \times \dfrac{1}{1\,000} = 10 \times 10^{-9} = 10^{-8}\,[\mathrm{m^3}]$$

1.3　ベクトルに関する基本

(1) ベクトルとスカラー

①ベクトル：大きさと方向をもつ量（例：力，速度など）

②スカラー：大きさのみを有する量（例：時間，面積，長さなど）

(2) ベクトルの基本的事項

① ベクトルであることを明示するため，$\dot{I}$ のように文字の上にドット（・）を付けて表す。

　スカラーの場合は，I のようにドットを付けずに表す。

② ベクトル図を描く場合，大きさと方向は，「線の長さ」と「矢印の向き」で表示する。

③ ベクトル和は，$\dot{I}_1 + \dot{I}_2$ で表す。

④ ベクトル差は，$\dot{I}_1 - \dot{I}_2 = \dot{I}_1 + (-\dot{I}_2)$ で表す。

⑤ ベクトル $\dot{I}_2$ と $-\dot{I}_2$ との間には，180°の位相差がある。

(3) ベクトルの和と差

a. ベクトルの和

① 解法(1)

図1・8(a)において，ベクトル $\dot{I}_1$，$\dot{I}_2$ の和 $\dot{I}_1 + \dot{I}_2$ は，$\dot{I}_1$，$\dot{I}_2$ を2辺とする平行四辺形の対角線として，ベクトル和 $\dot{I}_A$ を求める。

② 解法(2)

図1・8(b)において，$\dot{I}_1$ の先端から $\dot{I}_2$ を描き，始点0とを結び $\dot{I}_A$ を求める。

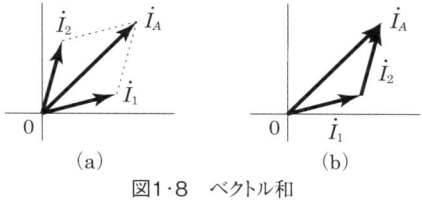

図1・8　ベクトル和

b. ベクトルの差

① 解法(1)

図1・9(a)において，ベクトル $\dot{I}_1$，$\dot{I}_2$ の差 $\dot{I}_1 - \dot{I}_2$ は，$\dot{I}_1 + (-\dot{I}_2)$ として，$\dot{I}_2$ と180°の位相差（反対方向）で $-\dot{I}_2$ を描き，平行四辺形の対角線として，ベクトル差 $\dot{I}_B$ を求める。

② 解法(2)

図1・9(b)において，$\dot{I}_1$ の先端から，$-\dot{I}_2$ を $\dot{I}_2$ と反対方向に描き，始点0と結び $\dot{I}_B$ を求める。

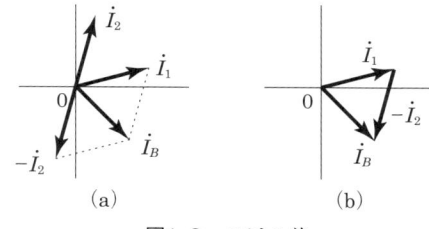

図1・9　ベクトル差

1.4　平方根の求め方

解答を算出する際，平方根の開平を必要とするときがある。開平の方法については以下の方法がある。

(1) 解法〔1〕：一般的開平

具体例として，"567"の開平を示す。

① 小数点を基準として，数値を2桁ずつ区切る。

② 2つの数値を掛け合わせたときに"5"を超えない値（1桁）を推定する。ここで，$2 \times 2 \leq 5$ で

あるので，"2"となる。

③その下に②で求めた数値"2"を書き，加える。

④2つの数値を掛け合わせ（2×2＝4），5から差し引く。また2桁下ろす。

⑤②と同様に，掛け合わせた数値が"167"を超えない値を推定する。ここで，43×3≦167であるので，"3"となる（ここで，"2"とすると42×2＝84，"4"とすると44×4＝176となり，いずれも不適である）。

⑥43×3＝129を167から差し引く。また2桁下ろす。

このようにすると，$\sqrt{567}=23.8\cdots$
を求めることができる。

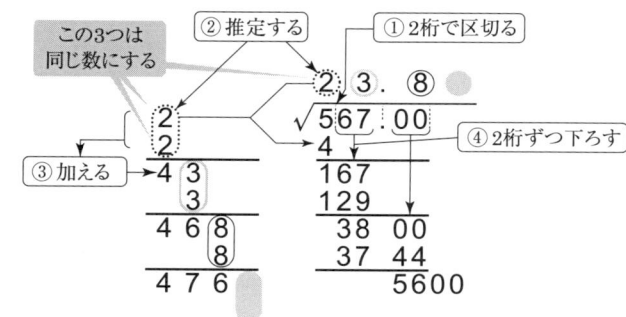

図1・10　平方根の一般的開平

（2）解法〔2〕：簡易法

具体例として，"260"の開平を示す。

$16^2(=256)\leqq 260$ であるので，$\sqrt{260}=16+X$ とおく（$17^2\geqq 260$ であるので，$\sqrt{260}$ は，16.000〜16.999の値である。小数部分をXとしている）。この両辺を2乗すると，

$$260=(16+X)^2=16^2+2\times 16X+X^2$$

となり，次のように近似する。

$$260\fallingdotseq 16^2+2\times 16X$$

したがって，

$$X=(260-16^2)/32=0.125$$

よって，0.125に16を加えた16.125が平方根となる。

第2章

基礎電気理論

2.1 直流回路

(1) 抵抗の直列・並列計算

a. オームの法則

電気回路に流れる電流は電圧に比例し，抵抗に反比例する。これをオームの法則という。

$$I \text{ [A]} = \frac{E \text{ [V]}}{R \text{ [Ω]}} \quad \left(電流 \text{ [A]} = \frac{電圧 \text{ [V]}}{抵抗 \text{ [Ω]}}\right)$$

(2・1)

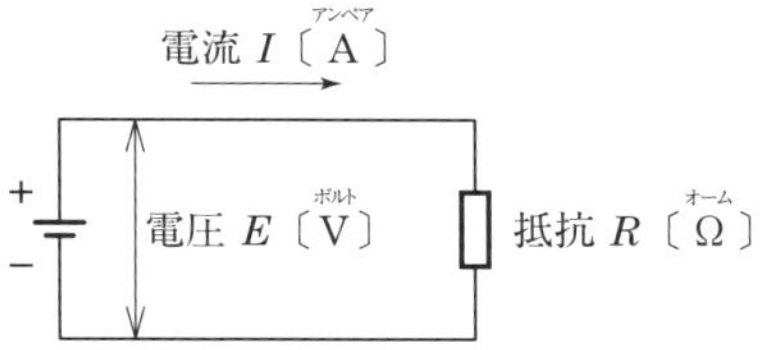

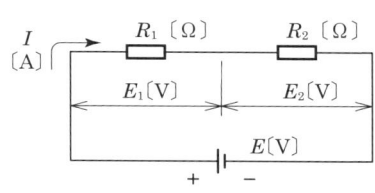

図2・1　基礎回路図

b. 抵抗の直列回路

抵抗が直列に接続された回路において，各抵抗内を流れる電流は等しく，各抵抗の両端にかかる電圧は異なる。オームの法則より，

$$E_1 = IR_1 \quad , \quad E_2 = IR_2 \quad , \quad E = E_1 + E_2$$

の関係式が成り立つことから，

$$E = IR_1 + IR_2 = (R_1 + R_2)I$$

両辺を I で割ると，

$$\frac{E}{I} = (R_1 + R_2) = R_s \quad R_s：直列接続の合成抵抗$$

(2・2)

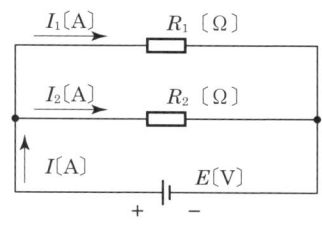

図2・2　抵抗の直列接続

c. 抵抗の並列回路

抵抗が並列に接続された回路において，各抵抗の両端にかかる電圧は等しく，各抵抗を流れる電流は異なる。オームの法則より，

$$E = I_1 R_1 \quad , \quad E = I_2 R_2$$

$$\therefore \quad I_1 = \frac{E}{R_1} \quad , \quad I_2 = \frac{E}{R_2}$$

また，$I = I_1 + I_2$ の関係式が成り立つことから，

$$I = \frac{E}{R_1} + \frac{E}{R_2} = \left(\frac{1}{R_1} + \frac{1}{R_2}\right)E$$

図2・3　抵抗の並列接続

両辺を E で割ると,

$$\frac{I}{E} = \left[\frac{1}{R_1} + \frac{1}{R_2}\right]$$

両辺の逆数をとると,

$$\frac{1}{\frac{I}{E}} = \boxed{\frac{1}{\left[\frac{1}{R_1}+\frac{1}{R_2}\right]}} = \frac{E}{I} = R_p \qquad R_p:\text{並列接続の合成抵抗} \qquad (2\cdot3)$$

抵抗が2個の並列回路の問題が比較的多く, 2つの場合の合成抵抗は式(2・4)のようになる。これを公式として覚えておくと便利である。

$$R_p = \frac{1}{\frac{1}{R_1}+\frac{1}{R_2}} = \frac{1}{\frac{R_2}{R_1R_2}+\frac{R_1}{R_1R_2}} = \frac{1}{\frac{R_2+R_1}{R_1R_2}} = \boxed{\frac{R_1R_2}{R_2+R_1}} \qquad (2\cdot4)$$

並列抵抗2個の合成抵抗

d. キルヒホッフの法則

2個以上の電源を含む回路や, 複雑な回路の各部の電流を求める場合などに便利な法則で, 下記の2法則から成り立っている。

① キルヒホッフの第1法則：回路の任意の接続点において, 流入する電流の代数和は, 流出する電流の代数和に等しい。

② キルヒホッフの第2法則：回路の任意の閉回路において, 一方向に一周したとき, 電圧降下の代数和は, 起電力の代数和に等しい。

◆符号の付け方と電流の向き

図2・4のような回路を考えてみよう。任意の閉回路①において, この向きを基準に, 同方向を（＋）, 異方向を（−）として, 各部の電流による電圧降下や起電力の符号を設定すると,

電流 I_1 による電圧降下　　$4I_1$　同方向（＋）
電流 I_2 による電圧降下　　$2I_2$　異方向（−）
起電力の向き　　　　　　　　10　同方向（＋）
起電力の向き　　　　　　　　20　異方向（−）

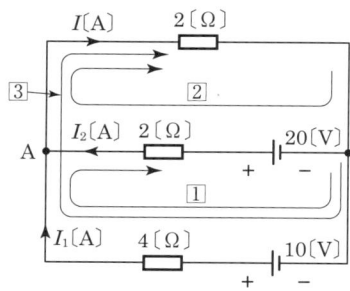

図2・4 2電源を含む回路例

となる。

一般に電流 I_1, I_2 の向きは, 起電力のプラス（＋）方向に設定し, 仮定した閉回路の向きを基準にして, 同じ向きの電流や起電力の符号をプラス（＋）, 反対向きをマイナス（−）として式を立てる。もし, 方程式から求めた電流の符号がマイナス（−）の場合は, 設定した電流の向きと逆向きの電流となる。

重要問題 2-1

図2・4において, 各部を流れる電流 I〔A〕, I_1〔A〕, I_2〔A〕を求めてみよう。この場

2.1　直流回路

合，求める未知数が3個なので，未知数に対応した3つの方程式が必要となる。

[解答]

① キルヒホッフの第1法則より，A点にこの法則を適用すると，

A点に流入する電流の代数和：I_1+I_2〔A〕，流出する電流の代数和：I〔A〕であるから，

$$I=I_1+I_2 \quad \cdots\cdots\cdots\cdots\cdots\cdots\cdots\cdots\cdots\cdots ①$$

② キルヒホッフの第2法則より，閉回路①，閉回路②，閉回路③のうち，いずれか2つに，この法則を適用すると，

閉回路①より，

$$4I_1-2I_2=10-20 \quad \Rightarrow \quad 2I_1-I_2=-5 \cdots\cdots ②$$

閉回路②より，

$$2I_2+2I=20 \quad \Rightarrow \quad I_2+I=10 \cdots\cdots\cdots ③$$

式①より式を変形すると， $I_1=I-I_2 \cdots\cdots\cdots$ ①'

式①'を②に代入すると，

$$2(I-I_2)-I_2=-5 \quad \Rightarrow \quad 2I-2I_2-I_2=-5$$
$$\Rightarrow \quad 2I-3I_2=-5 \cdots\cdots ②'$$

式③より $\quad 2I_2+2I=20$
式②'より $\underline{-)-3I_2+2I=-5}$

$$2I_2-(-3I_2)=20-(-5) \quad \Rightarrow \quad 2I_2+3I_2=20+5$$
$$\Rightarrow \quad 5I_2=25 \quad \Rightarrow \quad I_2=5〔A〕$$

$I_2=5$〔A〕を式②'に代入，

$$2I-3\times5=-5 \quad \Rightarrow \quad 2I=-5+3\times5 \quad \Rightarrow \quad I=5〔A〕$$

式①'より，

$$I_1=I-I_2=5-5=0〔A〕$$

として，各部の電流を求めることができる（$I=5$〔A〕，$I_1=0$〔A〕，$I_2=5$〔A〕）。

(2) ブリッジ回路

図2・5のように抵抗を4つ接続した回路をブリッジ回路という。この回路において，電圧降下 I_1R_1 と I_2R_2 が等しいとき，点B，点Dは同電位となり，検流計Gには電流が流れない。これをブリッジが平衡したといい，次の関係式が成り立つ。

$$I_1R_1=I_2R_2 \quad \Rightarrow \quad \frac{I_1}{I_2}=\frac{R_2}{R_1}$$

$$I_1R_3=I_2R_4 \quad \Rightarrow \quad \frac{I_1}{I_2}=\frac{R_4}{R_3}$$

互いに掛け合わせたものは等しい

$$\frac{I_1}{I_2}=\frac{R_2}{R_1}=\frac{R_4}{R_3} \quad \Rightarrow \quad \boxed{R_2R_3=R_1R_4} \quad (2\cdot5)$$

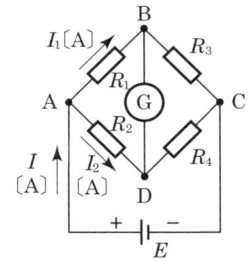

図2・5 ブリッジ基本回路

参考▶ ブリッジの対辺同士を掛けあわせたものが等しい（$R_2R_3=R_1R_4$）とき，回路の合成抵抗は，検流計等の抵抗の有無に無関係の値となる（R_1, R_2, R_3, R_4 のみの合成抵抗となる）。

【重要問題 2-2】

図 2・6（a）のようなブリッジ回路の回路電流 I〔A〕を求めてみよう。

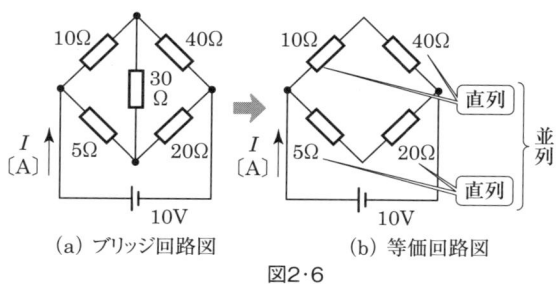

(a) ブリッジ回路図　　(b) 等価回路図

図2・6

【解答】

対辺の抵抗値を掛けあわせると $10 \times 20 = 5 \times 40 = 200\Omega$ で等しいことがわかる。したがって，30Ω の抵抗には電流が流れない。このため，図 2・6(a) の回路は，30Ω の抵抗がない図(b)と等価な回路と考えることができる。よって，

$$合成抵抗\ R = \frac{(10+40) \times (5+20)}{(10+40)+(5+20)} = \frac{50 \times 25}{50+25} = \frac{1\,250}{75}$$

$$回路電流\ I = \frac{電圧 E}{合成抵抗 R} = \frac{10}{\dfrac{1\,250}{75}} = \frac{10}{1} \div \frac{1\,250}{75}$$

$$= \frac{10}{1} \times \frac{75}{1\,250} = \frac{1}{1} \times \frac{75}{125} = 0.6\ 〔A〕$$

> ここで計算をすると 16.66… となり，計算が煩雑となるので，できるだけ後の方でまとめて計算する方が間違いが少ない。

（3）電力の計算

図 2・7 の回路の抵抗 R_1 内で消費される電力 P〔W〕を求めるためには，電流 I_1 または電圧 E_1 を求める必要がある。

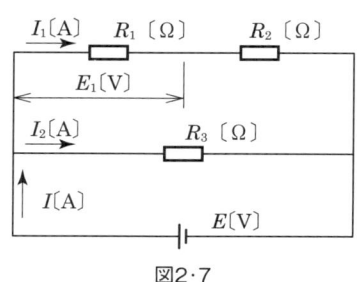

図2・7

a. 抵抗 R_1 内を流れる電流 I_1，抵抗 R_1 の両端にかかる電圧 E の求め方

電流 I_1 が流れる部分の合成抵抗は，$R = R_1 + R_2$〔Ω〕で表されるから，電流 I_1 は，

$$I_1 = \frac{E}{R} = \frac{E}{R_1 + R_2} \quad \left(\begin{array}{l}\text{抵抗 } R_1 + R_2 \text{ と抵抗 } R_3 \text{ は並列接続であるので,} \\ 2\text{組の抵抗の両端の電圧は } E\text{[V]で等しい。}\end{array}\right)$$

よって, 抵抗 R_1 の両端にかかる電圧は, $E_1 = I_1 R_1$ として求めることができる。

b. 電力の算出

電力 P[W]の求め方には次の2通りの求め方がある。問題の内容から最も適切に算出できる式を用いるとよい。

◆電力の求め方①

$$P\text{[W]} = (I_1 \text{[A]})^2 \times R_1 \text{[Ω]} \quad 電力 = (抵抗 R_1 内を流れる電流の2乗) \times (抵抗 R_1) \tag{2·6}$$

◆電力の求め方②

$$P\text{[W]} = \frac{(E_1 \text{[V]})^2}{R_1 \text{[Ω]}} \quad 電力 = \frac{抵抗 R_1 の両端にかかる電圧の2乗}{抵抗 R_1} \tag{2·7}$$

(4) 抵抗の性質

a. 電気抵抗・抵抗率・導電率

導体の抵抗は, 導体の長さと抵抗率に比例し, 断面積に反比例することから, 次式により求める。

$$R\text{[Ω]} = \rho \frac{L\text{[m]}}{A\text{[m}^2\text{]}} \quad 抵抗 = 抵抗率 \times \frac{導体の長さ}{断面積} \tag{2·8}$$

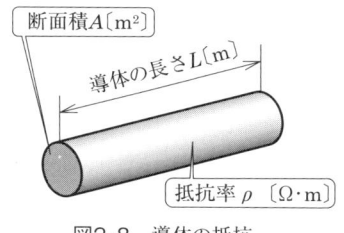

図2·8 導体の抵抗

ここで, 抵抗率とは物質により固有の値をもつもので ρ [Ω·m]で表す。また, 電流の流れやすさを表すものに**導電率** σ [S/m]があり, 式(2·9)のように抵抗率 ρ の逆数で求めることができる。表2·1におもな物質の抵抗率を示す。

$$導電率 \sigma = \frac{1}{抵抗率 \rho} \tag{2·9}$$

表2·1 おもな物質の抵抗率 (10^{-8} Ω·m)

物質	抵抗率
銀	1.62
銅	1.64
アルミニウム	2.62

抵抗率の単位は, [Ω·m]または[Ω·mm²/m]で表示される場合があるので, これに対応し導体の長さ, 断面積の単位をそろえる必要がある。

$$R = \rho \frac{L}{A} \Rightarrow \rho = \frac{RA}{L} \quad \begin{array}{l} \rho = \frac{[\Omega \cdot \text{m}^2]}{[\text{m}]} = [\Omega \cdot \text{m}] \\ \rho = \frac{[\Omega \cdot \text{mm}^2]}{[\text{m}]} = [\Omega \cdot \text{mm}^2/\text{m}] \end{array}$$

b. 抵抗の温度変化

①金属導体は一般に温度係数が正なので，温度が上昇すると抵抗は増加する。

②半導体（シリコン等），炭素，絶縁物，気体等は温度係数が負なので，温度が上昇すると抵抗は減少する。

2.2 計測の基礎

(1) 計器の動作原理と記号

表2・2　計器の動作原理

計器の種類	記号	動作原理	用途
可動コイル形	⌒	磁界内のコイルの電流による電磁力	直流用
可動鉄片形	⊥	固定コイル電流による磁界が鉄片に作用する電磁力	直流・交流用
電流力計形	⊟	固定・可動コイル相互電流による電磁力	直流・交流用
誘導形	⊙	固定コイルによる回転磁界と金属円板上のうず電流による電磁力	交流用
整流形	▷∣	交流を直流，可動コイル形と併用	交流用
熱電形	⋁⋅	熱電対による発生起電力を利用	直流・交流用

計器の階級には，0.2，0.5，1.0，1.5，2.5級などの種類がある。各階級の許容誤差は，定格値（最大目盛値）に対する%で表され，計器のふれが小さいほど誤差は大きい。0.2級は±0.2%の許容誤差を表している。

(2) 分流器・直列抵抗器

a. 使用目的

①分流器　　　：電流計の測定範囲の拡大に使用（電流計に並列に抵抗を接続）

②直列抵抗器：電圧計の測定範囲の拡大に使用（電圧計に直列に抵抗を接続）

b. 分流器

図2・9のように内部抵抗が r_A〔Ω〕で I_A〔A〕まで測定可能な電流計を使用して，I〔A〕まで測定範囲を拡大したい。分流器 R_A〔Ω〕をいくらにしたらよいか考えてみよう。

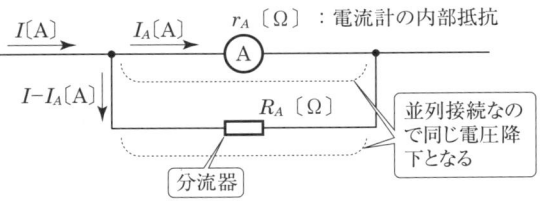

図2・9　分流器の原理図

図2·9より，

$$I_A r_A = (I - I_A) R_A \Rightarrow R_A = \dfrac{I_A r_A}{I - I_A} \tag{2·10}$$

> 公式として覚えるより，図2·9より算出できるようにした方が応用が利き，便利である。

c. 直列抵抗器（倍率器）

図2·10のように内部抵抗がr_V〔Ω〕でE_V〔V〕まで測定可能な電圧計を使用して，E〔V〕まで測定範囲を拡大したい。直列抵抗器R_V〔Ω〕をいくらにしたらよいか考えてみよう。

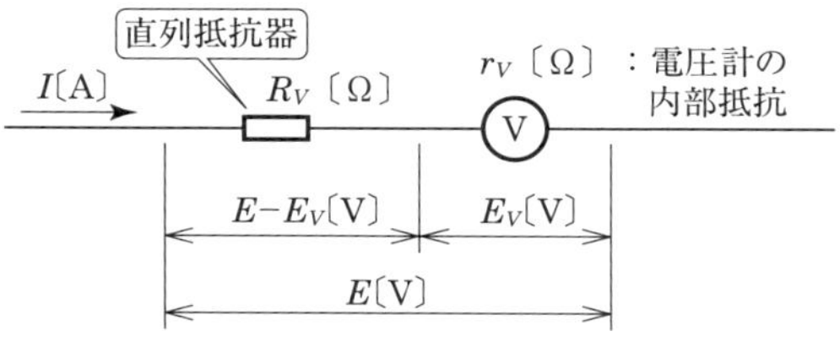

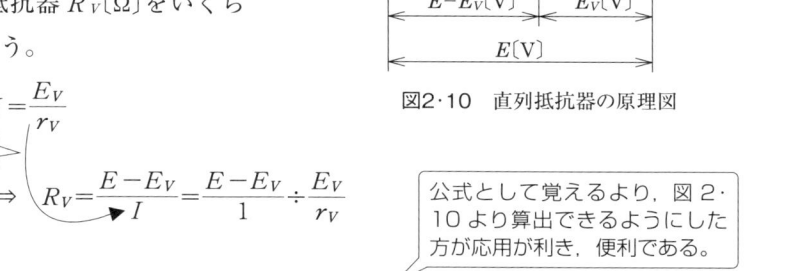

図2·10　直列抵抗器の原理図

$$I r_V = E_V \Rightarrow I = \dfrac{E_V}{r_V}$$

代入する

$$I R_V = E - E_V \Rightarrow R_V = \dfrac{E - E_V}{I} = \dfrac{E - E_V}{1} \div \dfrac{E_V}{r_V}$$

$$= \dfrac{E - E_V}{1} \times \dfrac{r_V}{E_V} = \dfrac{(E - E_V) r_V}{E_V} \tag{2·11}$$

> 公式として覚えるより，図2·10より算出できるようにした方が応用が利き，便利である。

（3）三相電力の測定（2電力計法）

単相電力計W_1，W_2の2個を図2·11のように接続することにより，各々の和として三相電力を求めることができる。

$$三相電力 W = W_1 + W_2 \tag{2·12}$$

接続の仕方をよく覚えておきたい。

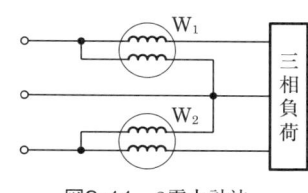

図2·11　2電力計法

（4）電力量計

計器定数（計器固有の定数）がK〔rev/kWh〕（1 kWh当たりの円板の回転数）である電力量計を使用して電力量を測定したところ，円板の回転数がt秒間〔s〕にN回転〔rev〕であった。このときの平均電力を求めてみる。

参考▶
K〔rev/kWh〕：1 kWh当たりの円板の回転数（1時間にK回転すると1 kW）

$\dfrac{K}{3\,600}$〔rev/kWs〕：1 kWs当たりの円板の回転数（1秒間に$\dfrac{K}{3\,600}$回転すると1 kW）

t秒間にN回転：$\dfrac{N}{t}$（1秒間当たりの回転数）

> 単位を題意に合わせる

$$\text{平均電力} = \frac{\text{測定値}}{\text{計器定数}} = \frac{\text{1秒間当たりの回転数}}{\text{1 kWを得るための1秒間当たりの回転数}}$$

$$= \frac{\frac{N}{t}}{\frac{K}{3\,600}} = \frac{3\,600N}{Kt} \text{ [kW]} \qquad (2\cdot13)$$

2.3 交流回路

(1) 正弦波交流

a. 瞬時値

$$e = E_m \sin\omega t \text{ [V]} \qquad (2\cdot14)$$

E_m：最大値[V]，ω：角速度[rad/s]（$\omega = 2\pi f$，$\pi = 3.14$）

f：周波数[Hz：ヘルツ]，t：時間[s：秒]

b. 実効値

$$V = \frac{E_m}{\sqrt{2}} \text{ [V]} \qquad V：\text{実効値[V]} \qquad (2\cdot15)$$

c. 平均値

$$E_a = \frac{2E_m}{\pi} \text{ [V]} \qquad E_a：\text{平均値[V]} \qquad (2\cdot16)$$

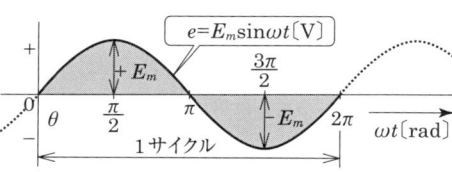

図2·12　正弦波交流波形

解説▶ 《正弦波交流》

図 2·13 において，基準線から反時計方向に角速度 ω で回転すると，

$$\sin\theta = \frac{\overline{\text{ab}}}{\overline{\text{oa}}}$$

$\theta = \omega t$ （電気角という）

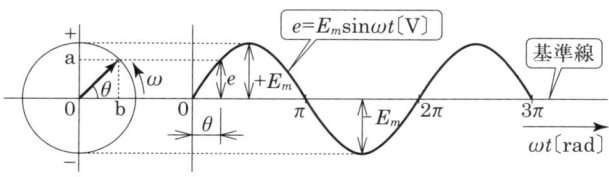

図2·13　正弦波交流の解説

①瞬時値 e：ある時刻 t における値を示している。

②最大値 E_m：交流波形の最大の値。

③実効値 V：抵抗に交流を一定時間流して発生する熱量が，直流を流した場合に等しい交流電圧を実効値という。一般家庭の交流 100 [V] とは，実効値の数字を意味している。

実効値の定義：瞬時値の2乗の1サイクル間の平均の平方根

④平均値 E_a：正弦波交流の1サイクルの平均値は零であるから，半サイクルの瞬時値の平均をとって平均値としている。

d. 周波数と周期

一般に、交流の周波数は f〔Hz〕、周期は T〔s〕で表す。

$$f = \frac{1}{T} \,[\text{Hz}] \tag{2·17}$$

$$T = \frac{1}{f} \,[\text{s}] \tag{2·18}$$

参考▶ 一般家庭の交流の周波数は、50Hz（関東より東）と60Hz（関西より西）が用いられている。周波数 $f=50\text{Hz}$ とは、1秒間に図2·12のサイクルが50回繰り返されていることを意味しており、1サイクルに要する時間 T〔s〕は、式（2·18）より、

$$T = \frac{1}{f} = \frac{1}{50} = 0.02 \,[\text{s}]$$

となる。周波数と周期の関係をよく理解しておくことが必要である。

e. 波高率・波形率

最大値の実効値に対する比を波高率といい、実効値の平均値に対する比を波形率という。正弦波交流だけでなく、三角波や方形波などにも用いられる。

$$\text{波高率} = \frac{\text{最大値}}{\text{実効値}} \tag{2·19}$$

$$\text{波形率} = \frac{\text{実効値}}{\text{平均値}} \tag{2·20}$$

（2）単相交流回路

a. R（抵抗）回路

電圧 $\dot{V}$ と電流 $\dot{I}$ は同位相である。

$$\text{電流}\ \dot{I} = \frac{\dot{V}}{R} \,[\text{A}] \tag{2·21}$$

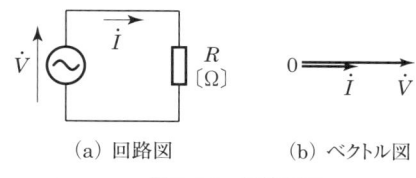

(a) 回路図　　(b) ベクトル図

図2·14　抵抗回路

b. L（インダクタンス）回路（単位はH：ヘンリ）

電流 $\dot{I}$ は電圧 $\dot{V}$ より 90° 位相が遅れる。基準電圧 $\dot{V}$ より時計方向に 90° 下向きに電流 $\dot{I}$ を描く。

$$\text{電流}\ \dot{I} = \frac{\dot{V}}{X_L\,[\Omega]} = \frac{\dot{V}}{\omega L} = \frac{\dot{V}}{2\pi f L} \,[\text{A}] \tag{2·22}$$

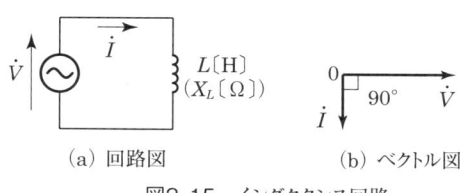

(a) 回路図　　(b) ベクトル図

図2·15　インダクタンス回路

●単位の変換

オームの法則を使って回路電流を求める場合，単位をそろえないと計算はできない（L〔H〕 ⇒ X_L〔Ω〕）。f：周波数〔Hz〕，L：インダクタンス〔H〕を次式に代入して求める。

$$X_L = \omega L = 2\pi f L = 2 \times 3.14 \times f \times L \ [\Omega] \tag{2・23}$$

ここで，X_L を**誘導リアクタンス**という。

c. C（静電容量）回路（単位は F：ファラド）

電流 $\dot{I}$ は電圧 $\dot{V}$ より 90°位相が進む。基準電圧 $\dot{V}$ より反時計方向に 90°上向きに電流 $\dot{I}$ を描く。

$$\dot{I} = \frac{\dot{V}}{X_C} [V] = \frac{\dot{V}}{\frac{1}{\omega C}} = \omega C \dot{V} = 2\pi f C \dot{V} \ [A]$$

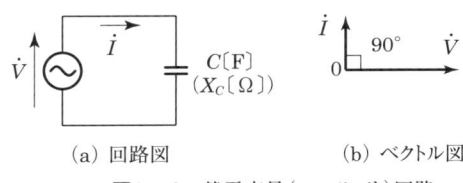

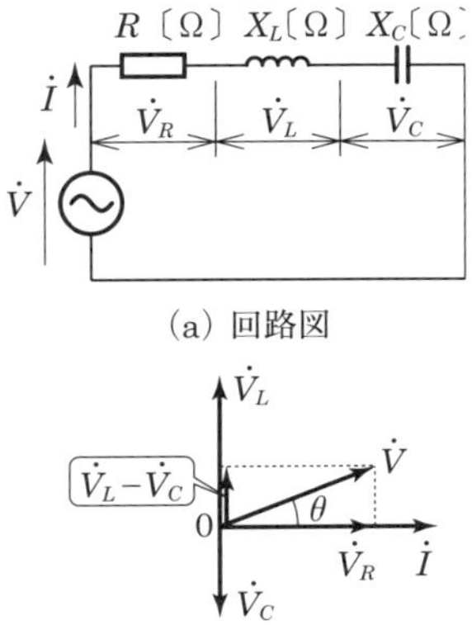

(a) 回路図　　　　(b) ベクトル図

図2・16　静電容量(コンデンサ)回路

(2・24)

●単位の変換

インダクタンス回路と同様に，単位をそろえる必要がある（C〔F〕 ⇒ X_C〔Ω〕）。f：周波数〔Hz〕，C：静電容量〔F〕を次式に代入して求める。

$$X_C = \frac{1}{\omega C} = \frac{1}{2\pi f C} = \frac{1}{2 \times 3.14 \times f \times C} \ [\Omega] \tag{2・25}$$

ここで，X_C を**容量リアクタンス**という。

d. $R-L-C$ 直列回路

$$\dot{V} = \dot{V}_R + \dot{V}_L + \dot{V}_C \ [V]$$
$$\dot{V}_R = R\dot{I} \ [V]$$
$$\dot{V}_L = X_L \dot{I} \ [V]$$
$$\dot{V}_C = X_C \dot{I} \ [V]$$
$$V^2 = V_R^2 + (V_L - V_C)^2$$
$$V = \sqrt{V_R^2 + (V_L - V_C)^2} \tag{2・26}$$

式(2・26)に V_R, V_L, V_C を代入すると，

$$V = \sqrt{R^2 I^2 + (X_L I - X_C I)^2} \ [V]$$

平方根の外に I を出し両辺を I で割ると

$$Z = \frac{V}{I} = \sqrt{R^2 + (X_L - X_C)^2} \ [\Omega] \tag{2・27}$$

図2・17　R-L-C直列回路

Z：直列回路のインピーダンスという。ベクトル図より，

$$\cos\theta = \frac{V_R}{V} = \frac{IR}{IZ} = \frac{R}{Z} \tag{2・28}$$

$\cos\theta$ は直列回路での**力率**である。力率は 0（0％）～1（100％）の範囲にあり，1 に近いほど力率はよい。

2.3　交流回路

解説▶ 《ベクトルの描き方》
①図2・17のR-L-C直列回路においてR, X_L, X_Cを流れる電流は等しいから，これを基準に左から右へ$\dot{I}$を描く。
②$\dot{V}_R$を電流$\dot{I}$と同位相に描く。
③$\dot{V}_C$を90°遅らせて描く。
④$\dot{V}_L$を90°進めて描く。
⑤$\dot{V}_L - \dot{V}_C$を求め$\dot{V}_R$とのベクトルの和を求める。
※基準線に対し，進みの場合は反時計方向，遅れの場合は時計方向にベクトルを描く。

e. $R-L-C$ 並列回路

$$\dot{I} = \dot{I}_R + \dot{I}_L + \dot{I}_C \text{ [A]}$$

$$\dot{I}_R = \frac{\dot{V}}{R} \text{ [A]}, \quad \dot{I}_L = \frac{\dot{V}}{X_L} \text{ [A]}, \quad \dot{I}_C = \frac{\dot{V}}{X_C} \text{ [A]} \quad (2\cdot29)$$

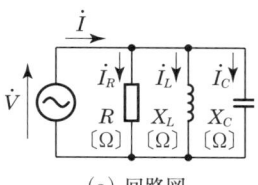

(a) 回路図

ベクトル図より，

$$I^2 = I_R{}^2 + (I_L - I_C)^2$$

$$I = \sqrt{I_R{}^2 + (I_L - I_C)^2} = \sqrt{\left(\frac{V}{R}\right)^2 + \left(\frac{V}{X_L} - \frac{V}{X_C}\right)^2} \text{ [A]} \quad (2\cdot30)$$

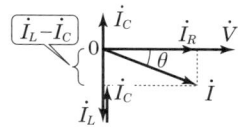

(b) ベクトル図

図2・18 R-L-C並列回路

Vで括り$\frac{V}{I}$を求めると，

$$Z = \frac{V}{I} = \frac{1}{\sqrt{\left(\frac{1}{R}\right)^2 + \left(\frac{1}{X_L} - \frac{1}{X_C}\right)^2}} \text{ [Ω]} \quad (2\cdot31)$$

Z：並列回路のインピーダンスである。公式として覚えるより，ベクトル図より求める方が応用が利き便利である。

$$\cos\theta = \frac{I_R}{I} = \frac{\frac{V}{R}}{\frac{V}{Z}} = \frac{VZ}{VR} = \frac{Z}{R} \quad (2\cdot32)$$

$\cos\theta$は並列回路での**力率**である。

解説▶ 《ベクトルの描き方》
①図2・18のR-L-C並列回路においてR, X_L, X_Cに掛かる電圧$\dot{V}$は等しいから，これを基準に左から右へ$\dot{V}$を描く。
②$\dot{I}_R$を電圧$\dot{V}$と同位相に描く。
③$\dot{I}_L$を90°遅らせて描く。
④$\dot{I}_C$を90°進めて描く。
⑤$\dot{I}_L - \dot{I}_C$を求め$\dot{I}_R$とのベクトルの和を求める。
※基準線に対し，進みの場合は反時計方向，遅れの場合は時計方向にベクトルを描く。

f. 有効電力，無効電力，皮相電力

①有効電力（一般には電力と呼んでいる）：P〔W：ワット〕

抵抗内で消費される電気エネルギー（インダクタンス，静電容量は無関係）

$$\left.\begin{array}{l} P = VI\cos\theta \text{ [W]} \quad \text{（電圧×電流×力率）}\\ P = I_R^2 R \text{ [W]} \quad \text{（抵抗内を流れる電流}^2\text{×抵抗）}\\ P = \dfrac{V_R^2}{R} \text{ [W]} \quad \text{（抵抗に掛かる電圧}^2\text{÷抵抗）} \end{array}\right\} \quad (2\cdot33)$$

②無効電力：Q〔var：バール〕

電気エネルギーの消費を伴わない電力（インダクタンス，静電容量に関係する）

$$\left.\begin{array}{l} Q = VI\sin\theta \text{ [var]} \quad \text{（電圧×電流×無効率）}\\ Q = I_X^2 X \text{ [var]} \quad \text{（リアクタンス内を流れる電流}^2\text{×リアクタンス）}\\ Q = \dfrac{V_X^2}{X} \text{ [var]} \quad \text{（リアクタンスに掛かる電圧}^2\text{÷リアクタンス）} \end{array}\right\} \quad (2\cdot34)$$

③皮相電力：S〔VA：ボルトアンペア〕

見かけ上の電力

$$S = VI \text{ [VA]} \quad \text{（電圧 × 電流）} \quad (2\cdot35)$$

④有効電力，無効電力，皮相電力の関係

図2・19において，ピタゴラスの定理より，$S^2 = P^2 + Q^2$ であるので，

$$S = \sqrt{P^2 + Q^2} \text{ [VA]} \quad \text{（皮相電力}=\sqrt{\text{有効電力}^2+\text{無効電力}^2}\text{）} \quad (2\cdot36)$$

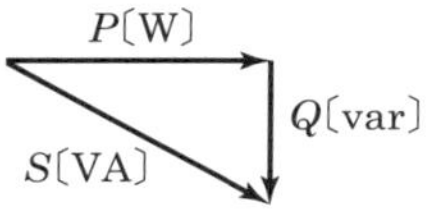

図2・19 ベクトル図

となる。力率 $\cos\theta = 1$（100％）のとき，皮相電力 $S =$ 有効電力 P となる。

(3) 三相交流回路（平衡三相交流）

図2・20(a)に三相交流波形を示す。各相の電圧は等しく，各々の電圧には，$120°\left(\dfrac{2\pi}{3}\text{[rad]}\right)$ の位相差がある。これを平衡三相交流という。図(b)の $\dot{V}_A$，$\dot{V}_B$，$\dot{V}_C$ は各相の電圧の実効値を示す。

◆用語の定義

①線間電圧：各線間の電圧
②相電圧：各相に加わる電圧
③線電流：各線を流れる電流
④相電流：各相を流れる電流

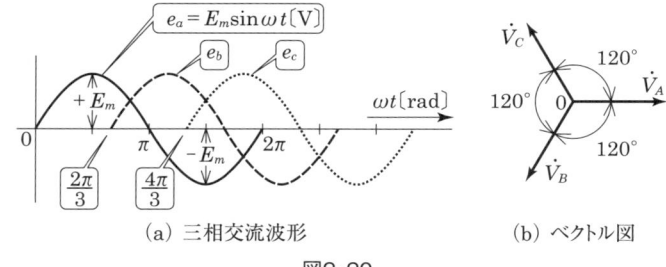

(a) 三相交流波形　(b) ベクトル図

図2・20

a. Δ結線（三角結線）

図2・21のような回路をΔ結線（三角結線）といい，電圧，電流について次のような関係がある（平衡負荷とする）。

①線間電圧 ＝ 相電圧（$V_L = E_\Delta$）
②線電流 ＝ $\sqrt{3}$ 相電流（$I_L = \sqrt{3} I_\Delta$）

2.3 交流回路

③線電流と相電流との間には 30°の位相差がある。

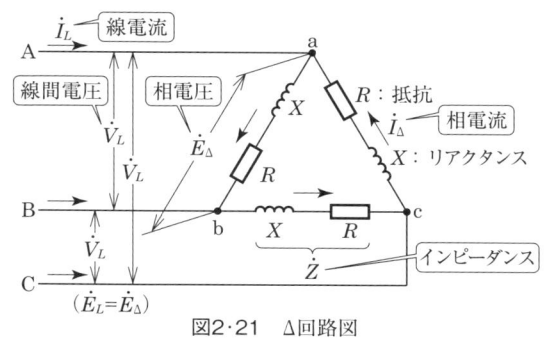

図2・21 Δ回路図

$$I_\Delta = \frac{E_\Delta}{Z} = \frac{E_\Delta}{\sqrt{R^2+X^2}} \text{ [A]} \quad \left(相電流 = \frac{相電圧(=線間電圧)}{インピーダンス}\right) \quad (2\cdot37)$$

$$I_L = \sqrt{3}\,I_\Delta = \frac{\sqrt{3}\,E_\Delta}{Z} = \frac{\sqrt{3}\,E_\Delta}{\sqrt{R^2+X^2}} \text{ [A]} \quad \left(線電流 = \sqrt{3}\times相電流 = \frac{\sqrt{3}\times相電圧}{インピーダンス}\right) \quad (2\cdot38)$$

b. Y結線（星形結線）

図2・22のような回路をY結線（星形結線）といい，電圧，電流について次のような関係がある（平衡負荷とする）。

①線間電圧 = $\sqrt{3}$ 相電圧 ($V_L = \sqrt{3}\,E_Y$)
②線電流 = 相電流 ($I_L = I_Y$)
③線間電圧と相電圧との間には 30°の位相差がある。

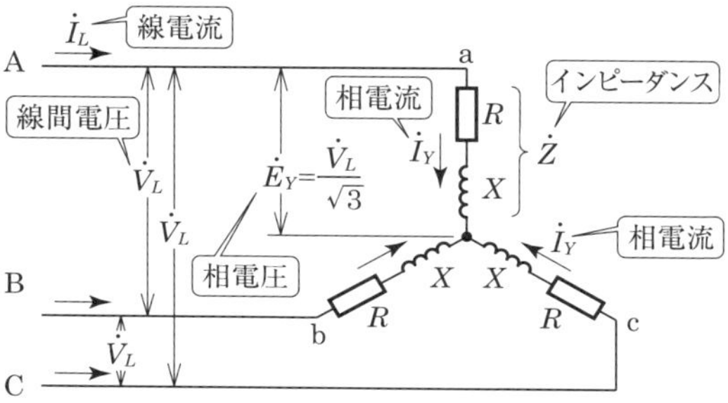

図2・22 Y回路図

$$E_Y = \frac{V_L}{\sqrt{3}} \text{ [V]} \quad \left(相電圧 = \frac{線間電圧}{\sqrt{3}}\right) \quad (2\cdot39)$$

$$I_Y = I_L = \frac{E_Y}{Z} = \frac{E_Y}{\sqrt{R^2+X^2}} = \frac{V_L}{\sqrt{3}\sqrt{R^2+X^2}} \text{ [A]}$$

$$\left(相電圧 = 線電流 = \frac{相電圧}{インピーダンス} = \frac{線間電圧}{\sqrt{3}\times インピーダンス}\right) \quad (2\cdot40)$$

c. 三相電力（有効電力：電力，皮相電力，無効電力）

皮相電力
$$S = \sqrt{3}\,V_L I_L \text{ [VA]} \quad (\sqrt{3}\times 線間電圧 \times 線電流) \quad (2\cdot41)$$

有効電力（電力）
$$P = \sqrt{3}\,V_L I_L \cos\theta \text{ [W]} \quad (\sqrt{3}\times 線間電圧 \times 線電流 \times 力率) \quad (2\cdot42)$$

$$P = 3I_\Delta^2 R \text{ [W]} \quad (3\times 抵抗 R を流れる電流^2 \times 抵抗) \quad (2\cdot43)$$

無効電力
$$Q = \sqrt{3}\,V_L I_L \sin\theta \text{ [var]} \quad (\sqrt{3}\times 線間電圧 \times 線電流 \times 無効率) \quad (2\cdot44)$$

$$Q = 3I_\Delta^2 X \ \text{[var]} \quad (3\times インダクタンスXを流れる電流^2\times インダクタンス) \quad (2\cdot 45)$$

有効電力は，力率が与えられない出題が多いので，式(2・43)から求めると比較的容易である。この場合は三相であることから，一相当たりの電力を3倍している。I_Δは，抵抗内を流れる電流であって，線電流でないことに注意する。

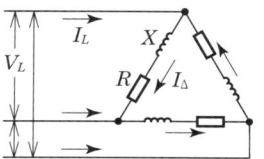

図2・23　Δ回路図と電力

重要事項

《単相電力と三相電力の相違点》

単相電力と三相電力の違いをよく理解し，学習することが重要である。

表2・3　単相電力と三相電力の比較

	単　相	三　相
皮相電力	$S = V_L I_L$ 〔VA〕	$S = \sqrt{3} V_L I_L$ 〔VA〕
有効電力	$P = V_L I_L \cos\theta$ 〔W〕 $P = I_R^2 R$ 〔W〕	$P = \sqrt{3} V_L I_L \cos\theta$ 〔W〕 $P = 3 I_R^2 R$ 〔W〕
無効電力	$Q = V_L I_L \sin\theta$ 〔var〕 $Q = I_X^2 X$ 〔var〕	$Q = \sqrt{3} V_L I_L \sin\theta$ 〔var〕 $Q = 3 I_X^2 X$ 〔var〕

V_L：線間電圧　　　　　　　　　　　R：抵抗
I_R：抵抗内を流れる電流　　　　　　X：リアクタンス
I_X：リアクタンス内を流れる電流　　I_L：線電流

重要問題 2-3

図2・24のようなΔ結線回路の電力P〔W〕を求めてみよう。

〔解答〕

$$Z = \sqrt{3^2 + 4^2} = 5 \ [\Omega]$$

$$I_\Delta = I_R = \frac{V_L}{Z} = \frac{100}{5} = 20 \ [A]$$

$$P = 3I_R^2 R = 3\times 20^2 \times 3 = 3\,600 \ [W]$$

$$P = \sqrt{3} V_L I_L \cos\theta = \sqrt{3}\times 100 \times (\sqrt{3}\times 20)\times \frac{3}{5} = 3\,600 \ [W]$$

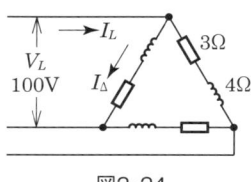

図2・24

d．Y-Δ 相互変換

Y-Δ相互変換を利用すると，問題を解く上で便利である。特に負荷にY-Δが混在するような場合には変換が必要となる。

$$\begin{aligned}Y &\Rightarrow \Delta \quad 3倍\\ \Delta &\Rightarrow Y \quad \frac{1}{3}倍\end{aligned} \qquad (2\cdot46)$$

（平衡負荷とする）

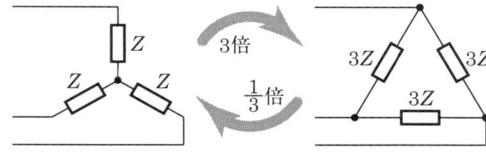

図2·25　Y-Δ変換回路図

◆留意事項

　Y結線の一相のインピーダンスがZであるとき，Δ結線にすると$3Z$となる。したがって，Zが抵抗R，インダクタンスがXからなる場合には，各々$3R$，$3X$となる。

2.4　静電気・磁気

(1) 合成静電容量

　静電容量がC〔F（ファラド）〕のコンデンサにE〔V〕の電圧を加えたとき，蓄えられる電荷をQ〔C（クーロン）〕とすると次式の関係が成立する。

$$Q = CE \text{〔C〕} \qquad (2\cdot47)$$

　　Q：電荷〔C〕，C：静電容量〔F〕，E：電圧〔V〕

a. 並列接続

　並列回路においては，各コンデンサに加わる電圧は等しく，蓄えられる電荷は異なる。

$$Q_1 = C_1 E \quad , \quad Q_2 = C_2 E$$

$$Q = Q_1 + Q_2 = C_1 E + C_2 E$$

$$並列の合成静電容量\ C_p = \frac{Q}{E} = C_1 + C_2 \text{〔F〕} \qquad (2\cdot48)$$

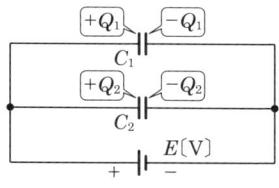

図2·26　コンデンサの並列接続

b. 直列接続

　直列回路においては，各コンデンサに蓄えられる電荷は等しく，電圧は異なる。

$$Q = C_1 E_1 \quad , \quad Q = C_2 E_2$$

$$E = E_1 + E_2 = \frac{Q}{C_1} + \frac{Q}{C_2}$$

$$\frac{E}{Q} = \frac{1}{C_1} + \frac{1}{C_2}$$

$$直列の合成静電容量\ C_s = \frac{Q}{E} = \frac{1}{\frac{1}{C_1} + \frac{1}{C_2}} \text{〔F〕} \qquad (2\cdot49)$$

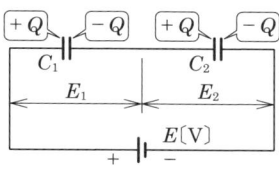

図2·27　コンデンサの直列接続

　直列接続2個の場合の出題が比較的多い。抵抗のときと同様，下記の式を公式として覚えると計算が容易である。

コンデンサ2個の場合の直列合成静電容量 $C=\dfrac{C_1 C_2}{C_1+C_2}$ [F] (2・50)

> **重要事項**
>
> 《抵抗回路とコンデンサ回路の比較》
>
> 表2・4
>
> | | 抵抗回路 | コンデンサ回路 | 公式の対応 |
> |---|---|---|---|
> | 直列 | $R_s=R_1+R_2$ | $C_s=\dfrac{1}{\dfrac{1}{C_1}+\dfrac{1}{C_2}}=\dfrac{C_1 C_2}{C_1+C_2}$ | $E=IR$ |
> | 並列 | $R_p=\dfrac{1}{\dfrac{1}{R_1}+\dfrac{1}{R_2}}=\dfrac{R_1 R_2}{R_1+R_2}$ | $C_p=C_1+C_2$ | $Q=CE$ |

(2) 静電エネルギー

静電容量が C[F]のコンデンサに，E[V]の電圧を加えたとき，コンデンサに蓄えられる静電エネルギー W[J]は次式で表される。

$$W=\dfrac{QE}{2}=\dfrac{CE^2}{2}\ [\text{J}]$$

W：静電エネルギー[J]，E：印加電圧[V]，Q：電気量[C]，C：静電容量[F]

(3) コンデンサとコイルの電流

スイッチSを投入したとき，定常状態に達するまでの電流の変化を図3.28に示す。

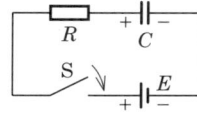 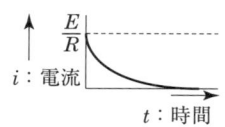 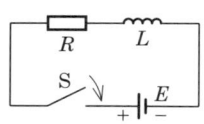 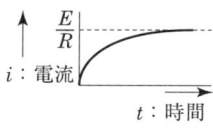

(a) コンデンサの充電特性　　　　　　(b) コイルの電流

図2・28

(4) 静電容量の求め方（平行板，ケーブル例）

a. 平行板

静電容量は誘電率と電極面積に比例し，電極間距離に反比例する。

$$C=\dfrac{\varepsilon A}{L}\ [\text{F}] \qquad (2\cdot52)$$

A：電極面積[m²]，L：誘電体の厚さ（電極間距離）[m]，ε：誘電率[F/m]，C：静電容量[F]

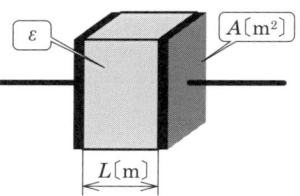

図2・29　平行板間の静電容量

b. ケーブル

ケーブルの静電容量を求める計算式は，a.の平行板と同様であるが，面積や電極間の捉え方に注意が必要である。

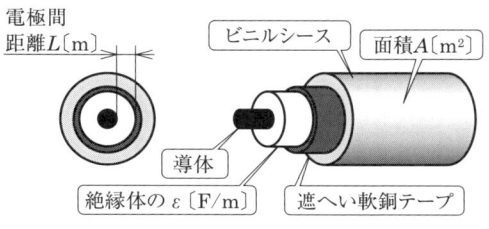

図2・30　ケーブルの静電容量

(5) 電流と磁界

a. アンペアの右ねじの法則

電流の流れる方向を右ネジの進む方向に対応させたとき，右ネジを回す方向と同方向に磁界を生じる。これをアンペアの右ネジの法則という。

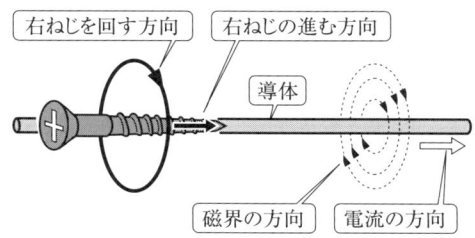

図2・31　アンペアの右ねじの法則

b. 平行する2本の導体に働く力

図2・32のように，離隔距離 d〔m〕の互いに平行する2本の導体に電流 I_1〔A〕，I_2〔A〕を同方向に流した場合，導体 L〔m〕に働く電磁力 F〔N〕は次のようになる。

$$F = 2 \times \frac{I_1 I_2}{d} L \times 10^{-7} \text{〔N〕} \quad (2 \cdot 53)$$

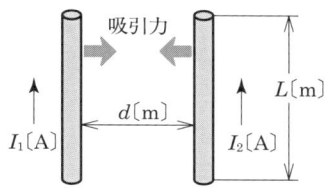

図2・32　導体間に働く力

平行する2本の導体に働く電磁力は，各電流の大きさと導体の長さに比例し，離隔距離に反比例する。

◆電磁力の向き　　同方向の電流に対し：吸引力
　　　　　　　　　異方向の電流に対し：反発力

第2章　章末問題

(1) 直流回路

No	問　題	答　え
2-01	図のような抵抗の直並列回路において，抵抗 R〔Ω〕の値はいくらか。 （10V, 2Ω, 8Ω, R〔Ω〕, 100V）	イ．1.0〔Ω〕 ロ．1.6〔Ω〕 ハ．2.0〔Ω〕 ニ．2.6〔Ω〕
2-02	図の直流回路において，抵抗 R は何〔Ω〕か。 （1A, 20Ω, 1A, 20Ω, R〔Ω〕, 5A, 100V, 100V）	イ．4〔Ω〕 ロ．5〔Ω〕 ハ．16〔Ω〕 ニ．20〔Ω〕
2-03	図の直流回路において，起電力10〔V〕，内部抵抗1〔Ω〕の直流電源Aと，起電力10〔V〕，内部抵抗2〔Ω〕の直流電源Bを並列に接続し，抵抗負荷に電力を供給している時，電流 I_A は，電流 I_B の何〔倍〕か。	イ．1〔倍〕 ロ．2〔倍〕 ハ．5〔倍〕 ニ．7〔倍〕
2-04	図において，抵抗 R_A〔Ω〕の値はいくらか。 （8Ω, 3A, 100V, R_A〔Ω〕, R_B〔Ω〕, 60V）	イ．10〔Ω〕 ロ．12〔Ω〕 ハ．20〔Ω〕 ニ．30〔Ω〕

No	問題	答え
2-05	図の直流回路において，電源電圧 E 〔V〕の値はいくらか。	イ．20〔V〕 ロ．40〔V〕 ハ．60〔V〕 ニ．100〔V〕
2-06	図の直流回路において，電流 I〔A〕の値はいくらか。	イ．1〔A〕 ロ．2〔A〕 ハ．3〔A〕 ニ．5〔A〕

(2) ブリッジ回路

No	問題	答え
2-07	図の直流回路において，回路電流 I〔A〕の値はいくらか。	イ．3〔A〕 ロ．7〔A〕 ハ．8〔A〕 ニ．10〔A〕
2-08	図の直流回路において，電流 I〔A〕の値はいくらか。	イ．0.6〔A〕 ロ．1.2〔A〕 ハ．2.4〔A〕 ニ．3.0〔A〕

(3) 電気計測

No	問題	答え
2-09	可動鉄片形電圧計の動作原理を示す図記号はどれか。	イ．○　　ロ．＊ ハ．□　　ニ．▷|
2-10	階級が1.0級のアナログ式電圧計の許容差について，適切なものはどれか。	イ．許容差は，中央メモリ値の1〔%〕 ロ．許容差は，最小メモリ値の1〔%〕 ハ．許容差は，最大メモリ値の1〔%〕 ニ．許容差は，指示値の1〔%〕

No	問 題	答 え
2-11	計器定数が，1 500〔rev/kWh〕の電力量計を用いて，負荷の電力を測定したところ，円板が10〔回転〕するのに12〔s〕かかった。負荷の平均電力は，何〔kW〕か。	イ．2〔kW〕 ロ．4〔kW〕 ハ．6〔kW〕 ニ．8〔kW〕
2-12	計器定数が，2 000〔rev/kWh〕の電力量計を用いて，単相回路の負荷の電力を測定したところ，円板が6 000〔回転〕するのに1〔時間〕要した。負荷電圧を100〔V〕，負荷電流を40〔A〕とすると，負荷の力率は何〔%〕か。	イ．60〔%〕 ロ．75〔%〕 ハ．80〔%〕 ニ．90〔%〕

(4) 分流器・直列抵抗器

No	問 題	答 え
2-13	図のような最大目盛り100〔mA〕内部抵抗2〔Ω〕電流計がある。この電流計の測定範囲を，10〔A〕に拡大するための分流器の抵抗R〔Ω〕を求めよ。	イ．0.02〔Ω〕 ロ．0.03〔Ω〕 ハ．0.04〔Ω〕 ニ．0.05〔Ω〕
2-14	図のような最大目盛り10〔V〕内部抵抗30〔kΩ〕の電圧計がある。この電圧計の測定範囲を，200〔V〕に拡大するための，直列抵抗器の抵抗R〔kΩ〕を求めよ。	イ．190〔kΩ〕 ロ．300〔kΩ〕 ハ．470〔kΩ〕 ニ．570〔kΩ〕
2-15	図の回路において，回路の電流をI〔A〕，電流計の指示値をI_A〔A〕，電流計の内部抵抗をr〔Ω〕とすると，分流器の抵抗R〔Ω〕を求める式は。	イ．$\dfrac{I_r}{I-I_A}$〔Ω〕 ロ．$\dfrac{I_A r}{I_A-I}$〔Ω〕 ハ．$\dfrac{I_A r}{I-I_A}$〔Ω〕 ニ．$\dfrac{I-I_A}{I_A r}$〔Ω〕

(5) 単相交流回路

No	問題	答え
2-16	図の正弦波交流の波形に関して、正しいものはどれか。	イ. 周波数は 50 〔Hz〕 ロ. 平均値は 50 〔V〕 ハ. 実効値は 100 〔V〕 ニ. 周期は 10 〔ms〕
2-17	図の交流回路において、正しいものはどれか。	イ. 電圧 V_R は $V_R = 42$ 〔V〕 ロ. 電力 P は $P = 600$ 〔W〕 ハ. 回路電流 I は $I = 7$ 〔A〕 ニ. インピーダンス Z は $Z = 14$ 〔Ω〕
2-18	図の交流回路において、スイッチSが閉じているときと、開いたときの回路電流 I 〔A〕の差はいくらか。	イ. 4.1 〔A〕 ロ. 8.3 〔A〕 ハ. 20.0 〔A〕 ニ. 40.0 〔A〕
2-19	イ〜ニの交流回路において、回路電流 I 〔A〕が、最も小さいものはどれか。	イ. 10A, 3A, 8A ロ. 10A, 5A, 3A ハ. 10A, 4A, 2A ニ. 10A, 5A, 5A
2-20	図の交流回路において、抵抗にかかる電圧 V_R 〔V〕はいくらか。	イ. 20 〔V〕 ロ. 40 〔V〕 ハ. 60 〔V〕 ニ. 80 〔V〕

No	問 題	答 え
2-21	図の交流回路において，電圧$\dot{V}$，電流$\dot{I}$，$\dot{I}_1$，$\dot{I}_2$の関係を示すベクトル図はどれか。	イ．　　　　　ロ．　　　　　ハ．　　　　　ニ．

(6) 三相交流回路

No	問 題	答 え
2-22	図のような線間電圧 200〔V〕の三相交流回路を流れる線電流 I〔A〕は。	イ．8.3〔A〕 ロ．11.6〔A〕 ハ．14.3〔A〕 ニ．20.0〔A〕
2-23	図の三相交流回路において，線電流 I〔A〕の値は。	イ．5.8〔A〕 ロ．10.0〔A〕 ハ．12.4〔A〕 ニ．17.3〔A〕
2-24	上図と下図が等価回路であるとき，抵抗 R〔Ω〕，リアクタンス X〔Ω〕を求めよ。	イ．$R=1.0$〔Ω〕，$X=3.0$〔Ω〕 ロ．$R=1.5$〔Ω〕，$X=4.5$〔Ω〕 ハ．$R=3.0$〔Ω〕，$X=9.0$〔Ω〕 ニ．$R=9.0$〔Ω〕，$X=27.0$〔Ω〕

第2章　章末問題

No	問題	答え
2-25	定格電圧 V〔kV〕, 定格容量 Q〔kvar〕のコンデンサに, V〔kV〕の電圧を加えたとき電流 I〔A〕は。	イ. $\dfrac{Q}{V}$〔A〕 ロ. $\dfrac{Q}{\sqrt{3}\,V}$〔A〕 ハ. $\dfrac{Q}{3V}$〔A〕 ニ. $\dfrac{\sqrt{3}\,Q}{V}$〔A〕
2-26	図の三相回路を流れる電流 I〔A〕は。	イ. 16.5〔A〕 ロ. 23.1〔A〕 ハ. 28.6〔A〕 ニ. 40.0〔A〕

(7) 電 力

No	問題	答え
2-27	図の回路の有効電力 P〔kW〕, 無効電力 Q〔kvar〕で適切なものは。	イ. 有効電力 0.3〔kW〕, 無効電力 0.4〔kvar〕 ロ. 有効電力 0.4〔kW〕, 無効電力 0.6〔kvar〕 ハ. 有効電力 0.6〔kW〕, 無効電力 0.8〔kvar〕 ニ. 有効電力 0.8〔kW〕, 無効電力 0.6〔kvar〕
2-28	単相交流回路において, 消費電力が, 100〔kW〕, 力率が 80〔%〕のとき, 負荷の無効電力 Q〔kvar〕はいくらか。	イ. 75〔kvar〕 ロ. 125〔kvar〕 ハ. 133〔kvar〕 ニ. 166〔kvar〕
2-29	図において, リアクタンス X に加わる電圧が 80〔V〕で, 回路電流が 10〔A〕であった。有効電力 P〔W〕はいくらか。	イ. 430〔W〕 ロ. 600〔W〕 ハ. 800〔W〕 ニ. 1 000〔W〕
2-30	有効電力量 P が 5 000〔kWh〕, 平均力率が 80〔%〕のとき, 無効電力量 Q〔kvarh〕はいくらか。	イ. 3 750〔kvarh〕 ロ. 6 250〔kvarh〕 ハ. 6 667〔kvarh〕 ニ. 8 333〔kvarh〕

No	問　題	答　え
2-31	図の三相交流回路において，負荷の消費電力〔kW〕は。 電源 3φ3W，100V／200V／100V，負荷：各相 3Ω＋4Ω	イ．4.8〔kW〕 ロ．6.4〔kW〕 ハ．14.4〔kW〕 ニ．24.0〔kW〕

(8) 静電気・磁気

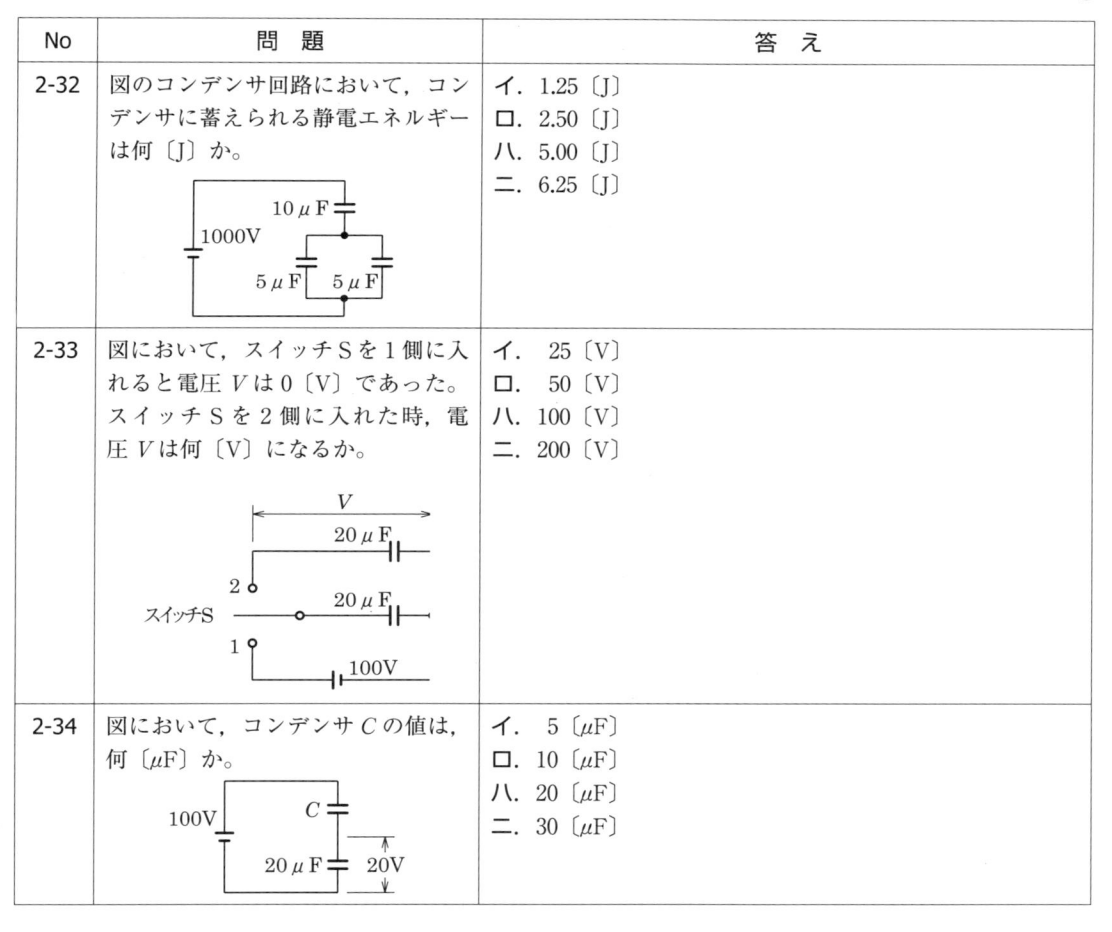

No	問　題	答　え
2-32	図のコンデンサ回路において，コンデンサに蓄えられる静電エネルギーは何〔J〕か。 1000V，10μF，5μF，5μF	イ．1.25〔J〕 ロ．2.50〔J〕 ハ．5.00〔J〕 ニ．6.25〔J〕
2-33	図において，スイッチSを1側に入れると電圧 V は0〔V〕であった。スイッチSを2側に入れた時，電圧 V は何〔V〕になるか。 20μF，20μF，100V	イ．25〔V〕 ロ．50〔V〕 ハ．100〔V〕 ニ．200〔V〕
2-34	図において，コンデンサ C の値は，何〔μF〕か。 100V，C，20μF，20V	イ．5〔μF〕 ロ．10〔μF〕 ハ．20〔μF〕 ニ．30〔μF〕

No	問題	答え
2-35	図に示す埋設された，長さ L〔m〕のケーブルの対地静電容量〔μF〕の記述で適切なものはどれか。ただし絶縁体の誘電率を ε〔F/m〕とする。	イ．静電容量は，ケーブル長に比例する。 ロ．静電容量は，絶縁体の厚さ d が厚いほど大きい。 ハ．静電容量は，絶縁体の誘電率 ε に反比例する。 ニ．静電容量は，埋設の深さが深いほど大きい。
2-36	図のような，平行する2本の導体に働く電磁力 F〔N〕について適切なものはどれか。ただし，2導体間の距離を d〔m〕，2導体に流れる電流を I〔A〕とする。	イ．$\dfrac{I^2}{d^2}$ に比例する ロ．$\dfrac{I}{d}$ に比例する ハ．$\dfrac{I^2}{d}$ に比例する ニ．$\dfrac{I}{d^2}$ に比例する
2-37	図において，V〔V〕に充電された，コンデンサをスイッチSにより，抵抗 R に接続した時，コンデンサの電圧の時間的変化を示すものはどれか。	イ．（上昇し飽和する曲線）　ロ．（緩やかに下降し急落する曲線） ハ．（円弧状に下降する曲線）　ニ．（指数関数的に減衰する曲線）
2-38	図の回路において，スイッチSを投入した時の電流の時間的変化を示すものはどれか。	イ．（上昇後やや減少する曲線）　ロ．（指数関数的に減衰する曲線） ハ．（上昇し飽和する曲線）　ニ．（緩やかに下降し急落する曲線）

第3章

電気応用

3.1 照明

(1) 光源の種類と特性

おもな光源の種類と特性を表3・1に示す。効率・特徴をよく把握することが重要である。

表3・1 光源の種類と特性

光源の種類	効率〔lm/W〕	寿命〔h〕	演色性	おもな用途	備考
白熱電球	10～20	1 000	良好	照明一般	アルゴン，窒素封入
ハロゲン電球	16～21	2 000～3 000	良好	撮影，商店照明等	管状のタングステン電球。ハロゲン封入。白熱電球の一種，小形
水銀灯	40～60	12 000	劣る	道路，広場等，工場	演色性重視蛍光形有，水銀封入
蛍光灯	60～93	6 000～16 000	各種	照明一般	水銀・アルゴンガス封入。蛍光発光
メタルハライドランプ	95～100	9 000	中位	屋内，商店等	管内にインジウム，ナトリウム封入
ナトリウム灯	100～150	12 000	劣る	道路，広場，工場等	ナトリウム封入

(2) 特殊光源

a. Hf 蛍光ランプ

高周波点灯蛍光ランプ。総合効率が高く，小形で省エネルギータイプ。

b. 3波長形蛍光ランプ

赤，緑，青の3波長の領域で，エネルギーが最大になるように工夫されたランプ。演色性に優れる。

(3) 照度

ある面の明るさの割合を照度という。照度の計算方法には次の2通りがある。光束とは，ある面を通過する光の量で，光度とは，光源から単位立体角当たりに発散される光束である。

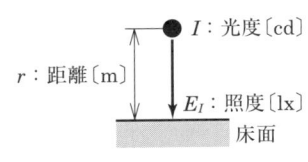

図3・1 光度と照度

I：光度〔cd〕
r：距離〔m〕
E_l：照度〔lx〕
床面

a. 光度より求める方法

$$E_l = \frac{I}{r^2} \text{ [lx]} \quad (3\cdot1)$$

E_l：照度〔lx〕，I：光度〔cd〕，r：光源と床面との距離〔m〕

b. 光束より求める方法

$$E_F = \frac{F}{S} \text{ [lx]} \tag{3・2}$$

E_F：照度〔lx〕，F：光束〔lm〕(ルーメン)，S：床面積〔m²〕

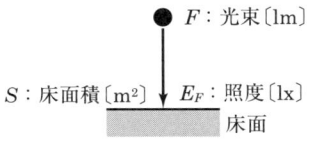

図3・2 光束と照度

c. 光源真下より離れた照度の求め方

図3・3において，光源 I〔cd〕から r〔m〕離れたB点での照度 E_{Ih}〔lx〕を求めると，

$$E_{Ih} = \frac{I}{r^2}\cos\theta \text{ [lx]} \tag{3・3}$$

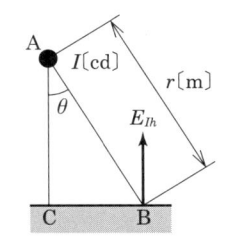

図3・3 光度と照度

解説▶　図3・4より，

$$E_{Ih} = E_I \cos\theta = \frac{I}{r^2}\cos\theta \text{ [lx]}$$

となる。

光度 I〔cd〕，光源直下距離 y〔m〕，直下からの距離 x〔m〕のみ与えられてB点での照度を求めるには，三角形ABCにおいて，ピタゴラスの定理から，次式のようになる。

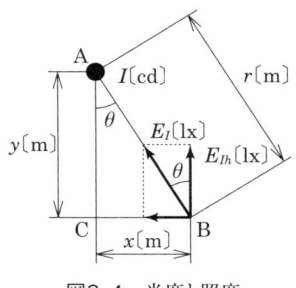

図3・4 光度と照度

図より，

$$r = \sqrt{y^2 + x^2}, \quad \cos\theta = \frac{y}{\sqrt{y^2 + x^2}}$$

⇓ 代入する。

$$E_{Ih} = \frac{I}{r^2}\cos\theta = \frac{I}{(\sqrt{y^2 + x^2})^2} \times \frac{y}{\sqrt{y^2 + x^2}} = \frac{I}{y^2 + x^2} \times \frac{y}{\sqrt{y^2 + x^2}}$$

d. 照明設計

屋内照明に必要な灯数は次式により求める。

$$N = \frac{EA}{FLM} \text{ 〔個〕} \tag{3・4}$$

$$D = \frac{1}{M} \tag{3・5}$$

N：灯数〔個〕，A：照明面積〔m²〕，E：照度〔lx〕，F：1灯当たりの光束〔lm〕，

L：照明率（反射率や器具の構造等による割合），

M：保守率（経年変化による光束の減少を補正），

D：減光補償率（保守率の逆数）

3.2 電熱

(1) 電熱計算に必要な単位

電熱の計算に必要な単位や換算をまとめると次のようになる。

重要事項

$$1[J] = 1[Ws]$$
$$1[kWh] ≒ 860[kcal]$$
$$1[J] ≒ 0.24[cal]$$

(2) 電熱計算

図 3・5 において，質量 $m[kg]$ の液体を $P[kW]$ の電熱器を用いて，t_1 から $t_2[℃]$ に温度を上昇させるのに，$T[h]$ の時間を要した。効率を η，比熱を $c[kJ/kg℃]$ とすると次式が成りたつ。

$$mc(t_2 - t_1) = 860PT\eta \qquad (3・6)$$

m：質量 $[kg]$，P：電力 $[kw]$，t_1：上昇前の温度 $[℃]$，T：時間 $[h]$，t_2：上昇後の温度 $[℃]$，c：比熱 $[kcal/kg℃]$，η：効率（$[\%]$ を必ず小数に直して使用する）

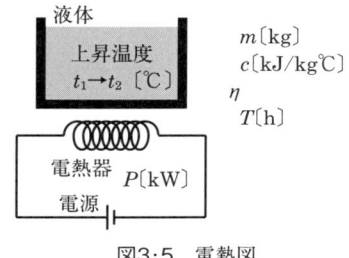

図3・5 電熱図

重要事項

《電熱計算をするに当たっての留意事項》
① 式 (3・6) の公式を使って計算する場合には，必ず記載された単位にそろえる。
② 質量 $m[kg]$ でなく，$x[\ell]$：リットルで与えられた場合，$[\ell]$：リットル $\Rightarrow$ $[kg]$：キログラムの単位変換が必要となる。

　水の場合，

$$1[\ell] = 1\,000[cc],\ 1[cc] = 1[g] \Rightarrow 1[\ell] = 1\,000[g] = 1[kg]$$

③ $[分]$ で表現された問題については，$[時間]$ に直す必要がある。

　$1[h]$（時間）$= 60[min]$（分）$= 3\,600[s]$（秒）の関係から，$30[分]$ を $[時間]$ に直すには，$\dfrac{30}{60} = 0.5[h]$

(3) 発熱

電気抵抗 R〔Ω〕に電流 I〔A〕を t〔s〕秒間通じたとき，発生する熱量（ジュール熱）は，電流の2乗と抵抗に比例する。これをジュールの法則といい，次式で示される。

$$Q = I^2Rt \text{〔Ws〕（または〔J〕）} \tag{3・7}$$

$$= EIt \text{〔J〕} = \frac{E^2}{R}t \text{〔J〕}$$

$$Q = 0.24 I^2 Rt \text{〔cal〕} \tag{3・8}$$

Q：電気エネルギー〔J〕（または〔cal〕），I：電流〔A〕，R：抵抗〔Ω〕，t：時間〔s〕，E：電圧〔V〕，1〔Ws〕=1〔J〕，1〔J〕≒0.24〔cal〕

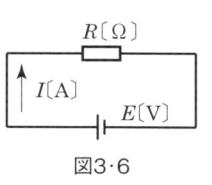

図3・6

(4) 加熱方式

おもな加熱方式を下記に示す。

① 抵 抗 加 熱：抵抗内に発生するジュール熱による加熱
　　　　　　　（おもな用途）電熱器，電気炉など
② 誘 導 加 熱：電磁誘導による加熱。ヒステリシス損，うず電流損の発熱利用
　　　　　　　（おもな用途）金属の焼き入れ・焼きなまし，合金製造など
③ 誘 電 加 熱：誘電体損による加熱（5～5 000〔MHz〕を利用）
　　　　　　　（おもな用途）電子レンジ，木材の加熱乾燥など
④ アーク加熱：電極間のアーク放電による加熱
　　　　　　　（おもな用途）アーク溶接，アーク炉など
⑤ 赤外線加熱：赤外線放射エネルギーによる加熱
　　　　　　　（おもな用途）暖房機，塗装の焼き付け乾燥など

3.3　電動機

(1) 各種電動機の特質と用途

① 三相誘導電動機
　・かご形誘導電動機：負荷の増減に対し速度変動が少なく，低廉で丈夫であるため，一般用として広く利用されている。
　・巻線形誘導電動機：抵抗制御による速度制御方法で，エレベータ，クレーンなどに使用されている。
② 単相誘導電動機：取り扱いが簡便なことから，家電品などに広く使用されている（始動法により，コンデンサ，くま取り始動形などがある）。
③ 直 流 電 動 機：高価で保守が面倒であるが，安定した速度制御が可能なことから，エレベータなどに用いられる。

④ 単相整流子電動機：高速運転が可能なため，掃除機，電動工具などに用いられる。
⑤ 同 期 電 動 機：定速度電動機であり，低速度のものは効率がよい。反面励磁用の直流電源が必要となる。製紙工場の砕木機，セメント工場の粉砕機などに使用されている。

(2) 電動機の用途別出力の算出

① 揚水用

$$P_W = K_W \frac{9.8QH}{\eta_W} \text{ [kW]} \tag{3・9}$$

P_W：出力〔kW〕，Q：揚水量〔m³/s〕，H：総揚程〔m〕，η_W：効率（〔％〕を小数に直して計算する），K_W：余裕率

② リフト用

$$P_L = K_L \frac{9.8WS}{\eta_L} \text{ [kW]} \tag{3・10}$$

P_L：出力〔kW〕，W：リフト荷重〔t〕，S：リフト速度〔m/s〕，η_L：効率（〔％〕を小数に直して計算する），K_L：余裕率

重要事項

《出力の算出に当たっての留意事項》

① 2種類の計算式は酷似しているので，揚水ポンプ用電動機を基準に単位等を比較し，理解するとよい。

水 1〔m³〕＝1 000〔kg〕＝1〔t〕であるから単位について考察すると，

電動機（揚水用）：$QH = \frac{〔m^3〕}{〔s〕} \times 〔m〕 = \frac{1\,000〔kg〕 \times 〔m〕}{〔s〕}$

電動機（リフト用）：$WS = t \times \frac{〔m〕}{〔s〕} = \frac{1\,000〔kg〕 \times 〔m〕}{〔s〕}$

> 両者は同じとなる。9.8，η，K 関係は共通

② 効率 η_W，η_L が分母，分子のどちらの位置か迷うときがある。一定の仕事を行うためには，効率が悪いと電動機の出力を大きくしなければならない。したがって分母位置となる。発電機の場合は，電動機とは逆の分子位置となるので，間違えないようによく理解したい。

3.4 蓄電池

(1) 蓄電池の概要

蓄電池（再生が可能な二次電池）は，構成上から鉛蓄電池とアルカリ電池に大別できる。

a. 鉛蓄電池

① 材質

陽極（＋）（二酸化鉛：PbO_2）

陰極（－）（鉛：Pb）

電解液（希硫酸：H_2SO_4）

② 化学反応式

$$\underset{(陽極)}{PbO_2} + \underset{(電解液)}{2H_2SO_4} + \underset{(陰極)}{Pb} \underset{充電}{\overset{放電}{\rightleftarrows}} PbSO_4 + 2H_2O + PbSO_4 \tag{3・11}$$

b. アルカリ蓄電池

① 材質

陽極（＋）（水酸化第二ニッケル：$Ni(OH)_3$）

陰極（－）（カドミウム：Cd）

電解液（水酸化カリウム：KOH）

② 化学反応式

$$\underset{(陽極)}{2Ni(OH)_3} + \underset{(電解液)}{KOH} + \underset{(陰極)}{Cd} \underset{充電}{\overset{放電}{\rightleftarrows}} 2Ni(OH)_2 + KOH + Cd(OH)_2 \tag{3・12}$$

化学反応式より，充・放電に対し，電解液は鉛蓄電池と異なり変化しない。したがって給水の必要がなく，保守が容易である。

(2) 鉛蓄電池とアルカリ蓄電池の特質

表3・2　鉛蓄電池とアルカリ蓄電池の比較

おもな比較項目	鉛蓄電池	アルカリ蓄電池
起電力	2.0〔V〕	1.2〔V〕
蒸留水の補給・保守	蒸留水の補給を要する	補給の必要がなく保守が容易
寿命長さ	アルカリ蓄電池に比べ寿命が短い	鉛蓄電池に比べ寿命が長い
電圧変動率	小さい	内部抵抗が大きいため大きい

3.5　整流回路

　交流を直流に変換するには整流器を使う。今日，整流器の素子としては，半導体を利用した pn 接合による，ダイオードが一般的である。

　単相，三相の半波整流回路，および全波整流回路の概要については，以下の(1)～(4)に示す。

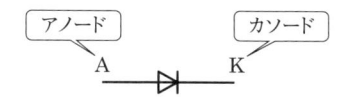

図3・7　ダイオードの図記号

(1) 単相半波整流

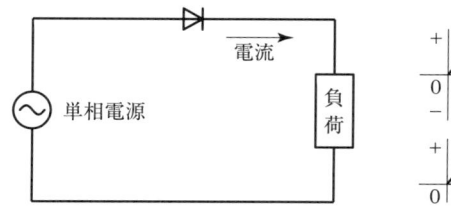

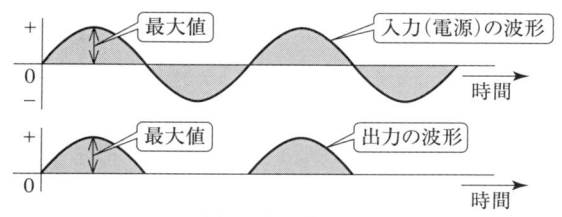

(a) 半波整流回路
(b) 入力・出力波形

図3・8　単相半波整流

(2) 単相全波整流

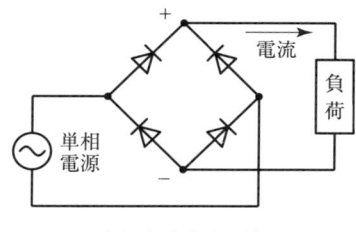

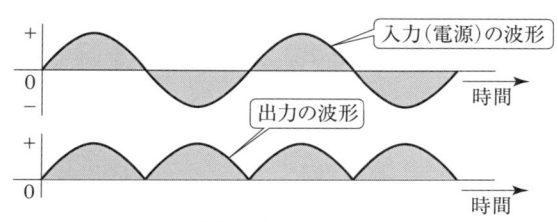

(a) 全波整流回路
(b) 入力・出力波形

図3・9　単相全波整流

(3) 三相全波整流

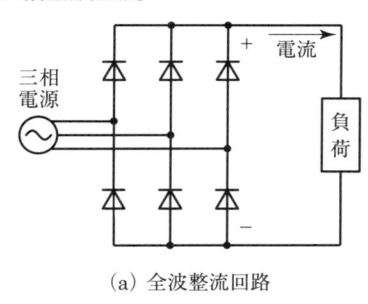

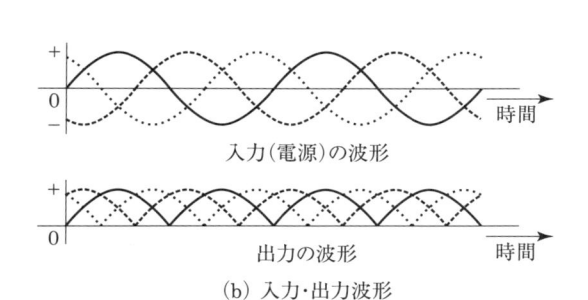

(a) 全波整流回路
(b) 入力・出力波形

図3・10　三相全波整流

(4) 平滑回路

図3・11に示す半波整流回路のように，コンデンサを負荷と並列に接続すると，正の半波時にコンデンサが充電，負の半波時に放電し，出力の電圧波形は平滑化される。

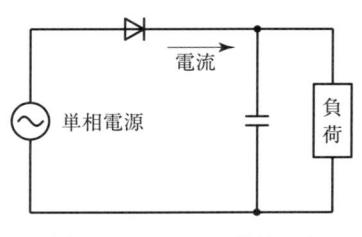

(a) 平滑用コンデンサ接続回路
(b) 入力・出力波形

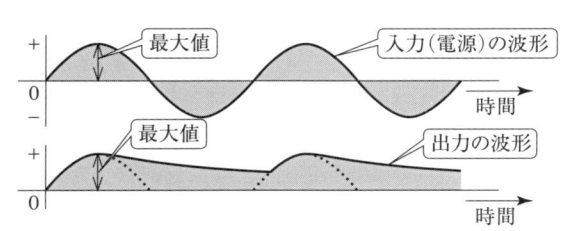

図3・11　平滑回路

3.5　整流回路

3.6 サイリスタ

3つ以上のpn接合により，電流を流さない（OFF：オフ）状態と，電流が流れる（ON：オン）状態の2つの安定した状態を有し，オフからオン状態，オンからオフ状態への移行機能をもった半導体素子を**サイリスタ**と言う。サイリスタには，整流と電流をコントロールする2つの機能がある。

アノードにプラス，カソードにマイナスの電圧を加え，ゲートに電圧を加えると，アノードからカソードに向かって電流が流れる。この電流は，ゲート電圧をオフにしても流れる。ゲート電圧の印加時間の制御により，図3・12(b)のような出力波形を得ることができる。サイリスタの用途には，インバータや照明器具の照度調整，電熱制御などがある。

(a) 図記号　　　(b) 入力・出力波形

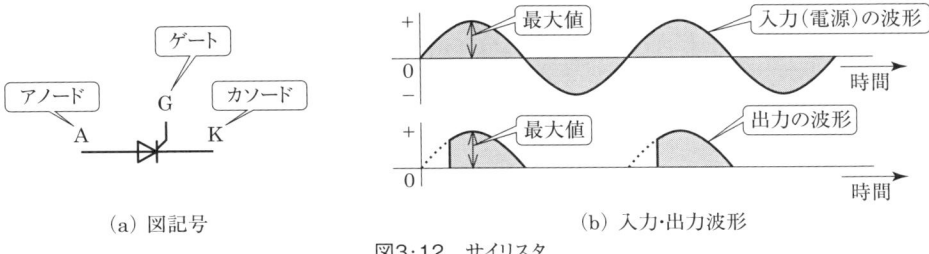

図3・12　サイリスタ

第3章　章末問題

(1) 照　明

No	問　題	答　え
3-01	机上 r〔m〕の高さに I〔cd〕の光源がある。机上の照度 E〔lx〕を表す式はどれか。	イ．$E=\dfrac{I^2}{r}$〔lx〕　　ロ．$E=\dfrac{I}{r}$〔lx〕 ハ．$E=\dfrac{I^2}{r^2}$〔lx〕　　ニ．$E=\dfrac{I}{r^2}$〔lx〕
3-02	右記の照明用光源のうちで，最も効率〔lm/W〕の高いものはどれか。	イ．メタルハライドランプ ロ．高圧水銀ランプ ハ．高圧ナトリウムランプ ニ．ハロゲン電球
3-03	ラビットスタート式の蛍光灯に関する記述で誤っているのはどれか。	イ．即時に点灯する。 ロ．安定器を必要する。 ハ．グロースターターが不要。 ニ．高周波点灯専用形蛍光灯（Hf）より高効率である。
3-04	右記の光源のうち，電源投入後，最も早く点灯するのはどれか。	イ．高圧ナトリウムランプ ロ．メタルハライドランプ ハ．高圧水銀ランプ ニ．ハロゲン電球
3-05	右記の照度に関する記述で正しいものはどれか。	イ．光束が2〔倍〕になると，照度は4〔倍〕になる。 ロ．照度1〔lx〕とは，1〔m²〕の被照面に1〔lm〕の光束が照射された状態。 ハ．作業面上の光束が一定の場合，作業面の色により照度は異なる。 ニ．光束が一定の場合，光源と作業面との距離が2〔倍〕になると，照度は1/2〔倍〕になる。
3-06	右記の照明用光源の記述で誤っているものはどれか。	イ．3波長蛍光ランプは，高演色・高効率である。 ロ．ハロゲン電球は，小形・長寿命である。 ハ．メタルハライドランプは，ナトリウムランプに比べ演色性の面で劣る。 ニ．Hf形蛍光ランプは，高周波点灯専用形蛍光ランプのことである。
3-07	照度に関する記述で適切なものはどれか。	イ．光源からの距離が長くなるほど照度は大きくなる。 ロ．光束の大きいほど照度は大きくなる。 ハ．照度は作業面の色が黒色より白色の方が大きい。 ニ．照度の大きさは光度の大小には無関係である。
3-08	光源に関する記述で適切なものはどれか。	イ．高圧ナトリウムランプは効率が悪い。 ロ．ハロゲン電球は演色性が悪い。 ハ．高圧水銀ランプより白熱電球の方が効率がよい。 ニ．蛍光ランプには3波長形などの種類がある。

(2) 電熱

No	問題	答え
3-09	定格電圧 100〔V〕，定格消費電力 2〔kW〕の電熱器を 90〔V〕，20〔分〕間使用した。発生熱量〔kJ〕はいくらか。ただし，抵抗の温度変化は無いものとする。	イ．1 944〔kJ〕 ロ．2 160〔kJ〕 ハ．2 400〔kJ〕 ニ．2 660〔kJ〕
3-10	10〔℃〕の水 2〔ℓ〕を 1〔kW〕，熱効率 80〔%〕の電熱器を用いて，15〔分〕間加熱した場合，水の温度は何〔℃〕になるか。	イ．86〔℃〕 ロ．96〔℃〕 ハ．98〔℃〕 ニ．100〔℃〕
3-11	10〔ℓ〕の水を 50〔℃〕上昇させるのに 2〔kW〕の電熱器 1〔時間〕要した。電熱器の熱効率は何〔%〕か。	イ．25.5〔%〕 ロ．26.0〔%〕 ハ．29.1〔%〕 ニ．30.0〔%〕
3-12	1分間に 24〔kJ〕の熱量を発生する電熱器の消費電力は何〔kW〕か。ただし，電熱器の熱効率を 80〔%〕とする。	イ．0.30〔kW〕 ロ．0.32〔kW〕 ハ．0.40〔kW〕 ニ．0.50〔kW〕
3-13	電子レンジの加熱方式のうち適切なものはどれか。	イ．誘電加熱 ロ．誘導加熱 ハ．赤外線加熱 ニ．抵抗加熱

(3) 電動機

No	問題	答え
3-14	200〔kg〕の物体を毎分 42〔m〕で，動作する巻き上げ機がある。巻き上げ機の効率を 70〔%〕とすると，電動機の出力は，何〔kW〕か。	イ．0.96〔kW〕 ロ．1.96〔kW〕 ハ．118〔kW〕 ニ．1 960〔kW〕

(4) 整流器・サイリスタ

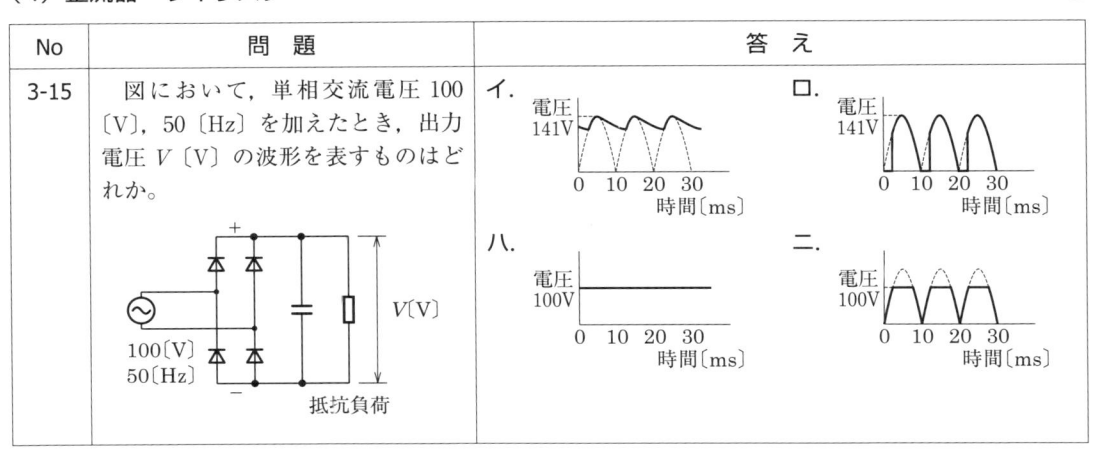

No	問題	答え
3-15	図において，単相交流電圧 100〔V〕，50〔Hz〕を加えたとき，出力電圧 V〔V〕の波形を表すものはどれか。	イ．電圧 141V の波形（リプルあり） ロ．電圧 141V の全波整流波形 ハ．電圧 100V の直流一定 ニ．電圧 100V の全波整流波形

No	問　題	答　え
3-16	図において，単相交流電圧 100〔V〕，50〔Hz〕を加えたとき，出力電圧 V〔V〕の波形を表すものはどれか。	イ．電圧 141V（波形図）　ロ．電圧 141V（波形図）　ハ．電圧 141V（波形図）　ニ．電圧 141V（波形図）
3-17	図のようなサイリスタの回路に，正弦波交流を加えた場合，不適切な波形はどれか。	イ．（波形図）　ロ．（波形図）　ハ．（波形図）　ニ．（波形図）

(5) 蓄電池

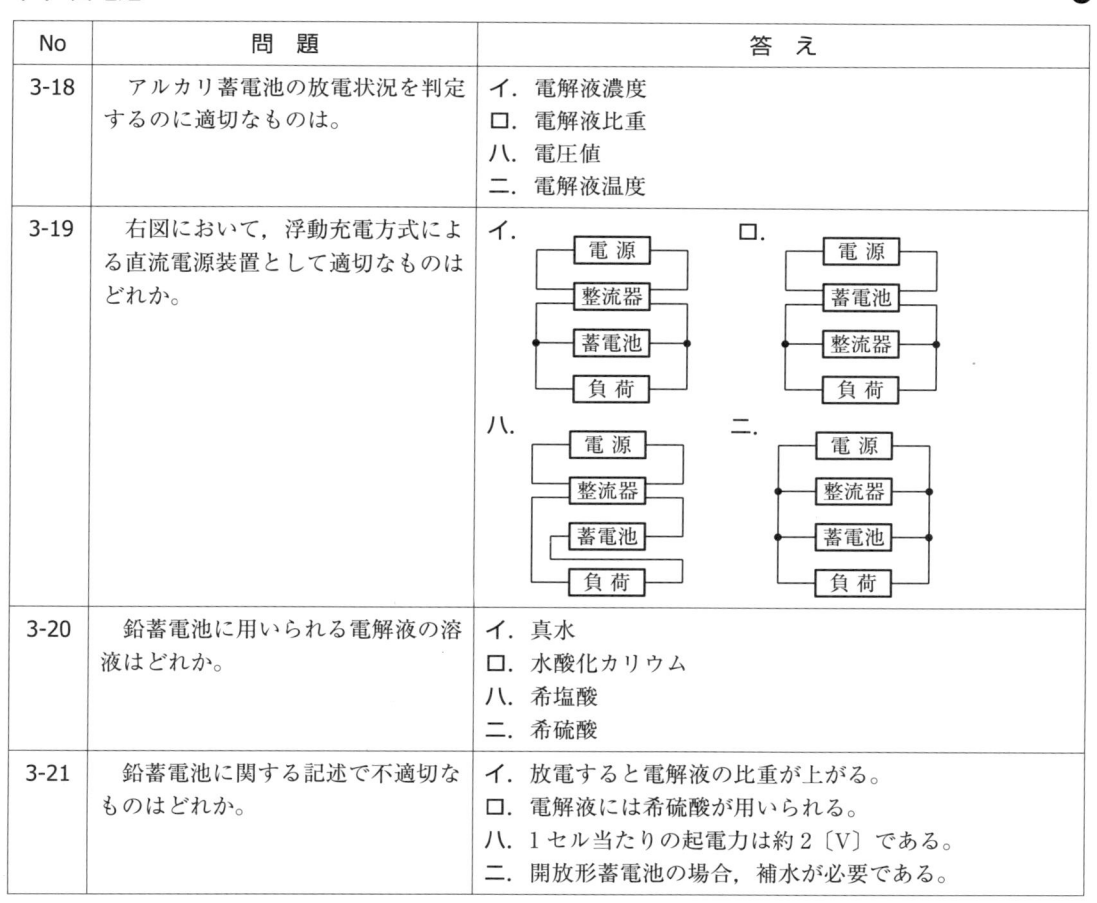

No	問　題	答　え
3-18	アルカリ蓄電池の放電状況を判定するのに適切なものは。	イ．電解液濃度　ロ．電解液比重　ハ．電圧値　ニ．電解液温度
3-19	右図において，浮動充電方式による直流電源装置として適切なものはどれか。	イ．電源―整流器―蓄電池―負荷　ロ．電源―蓄電池―整流器―負荷　ハ．電源―整流器―蓄電池―負荷　ニ．電源―整流器―蓄電池―負荷
3-20	鉛蓄電池に用いられる電解液の溶液はどれか。	イ．真水　ロ．水酸化カリウム　ハ．希塩酸　ニ．希硫酸
3-21	鉛蓄電池に関する記述で不適切なものはどれか。	イ．放電すると電解液の比重が上がる。　ロ．電解液には希硫酸が用いられる。　ハ．1セル当たりの起電力は約 2〔V〕である。　ニ．開放形蓄電池の場合，補水が必要である。

No	問　題	答　え
3-22	アルカリ蓄電池に関する記述で適切なものはどれか。	イ．1セル当たりの起電力は鉛蓄電池より小さい。 ロ．電解液の比重は，充放電により大きく変化する。 ハ．過放電すると充電は不能になる。 ニ．過充電により電解液は中性化する。
3-23	鉛蓄電池に関する記述で適切なものはどれか。	イ．電解液には希塩酸を使用している。 ロ．アルカリ蓄電池に比べ寿命が長い。 ハ．蒸留水の補給が必要である。 ニ．アルカリ蓄電池に比べ起電力が小さい。

第4章

電気機器

4.1 変圧器

(1) 変圧比と電圧

変圧器は，電圧を高圧から低圧，低圧から高圧へと変成するもので，電圧と巻線数との間には次の関係がある。

$$\frac{V_1}{V_2}=\frac{E_1}{E_2}=\frac{N_1}{N_2}=a：変圧比 \quad (4・1)$$

V_1, V_2〔V〕：一次，二次電圧，
E_1, E_2〔V〕：一次，二次誘導起電力，
N_1, N_1, N_2〔回〕：一次，二次巻線数

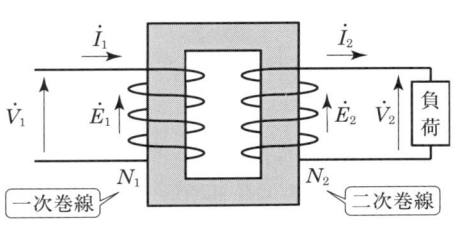

図4・1 変圧器の原理

(2) 変圧器のタップ電圧

低圧側（二次側）に接続される負荷の増減にともない，低圧側の電圧 V_2 は変動する。このため，高圧側のタップ電圧を切り替えることにより，低圧側の電圧を定格電圧に保っている。タップ電圧と各電圧との間には，次のような関係がある。

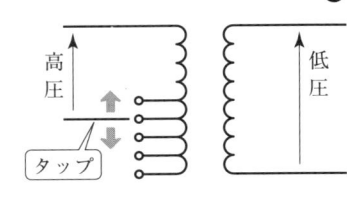

図4・2 変圧器のタップ電圧

$$V_2=\frac{E_2}{E_1}V_1 \text{〔V〕} \quad \left(二次電圧=\frac{二次定格電圧}{タップ電圧}\times 一次供給電圧\right) \quad (4・2)$$

変圧器の電圧は，一般に 6 600/210〔V〕のような形で表される。6 600〔V〕は一次側（高圧側）定格電圧，210〔V〕は二次側（低圧側）定格電圧を示している。

【重要問題 4-1】　定格電圧が 6 600/210〔V〕の変圧器において，一次タップ電圧を 6 600〔V〕に設定しているとき，二次電圧が 200〔V〕であった。二次電圧を 210〔V〕にするためには，タップ電圧をいくらにしたらよいか。

解答

式(4・2)において，一次供給電圧 ＝6 600〔V〕，二次定格電圧 ＝210〔V〕，タップ電圧 ＝6 600〔V〕を代入する。

$$200 = \frac{210}{6\,600} \times X \Rightarrow X = \frac{200 \times 6\,600}{210}$$

次に，

$$210 = \frac{210}{Y} \times \frac{200 \times 6\,600}{210} \Rightarrow Y = \frac{210 \times 200 \times 6\,600}{210 \times 210} \fallingdotseq 6\,286 \text{〔V〕}$$

(3) 変圧器の結線

変圧器の結線方法には，以下に示すΔ－Δ結線，Y－Y結線，V－V結線の他に，Δ－YやY－Δなどの組合せがある。基本的には前者の3通りの結線方法をしっかり理解することにより，さまざまな応用面への対応が可能となる。

a. 三相変圧器の基本的な考え方

図4・3の単相変圧器を下記b.～d.のように，3台または2台組み合わせたものが，三相に対応した変圧器である。

単相変圧器1台当たりの容量は，

$$P = I_1 E_1 = I_2 E_2 \text{〔VA〕} \quad (\times 10^{-3} \text{〔kVA〕}) \quad (4 \cdot 3)$$

I_1, I_2：一次，二次定格電流〔A〕，
E_1, E_2：一次，二次定格電圧〔V〕

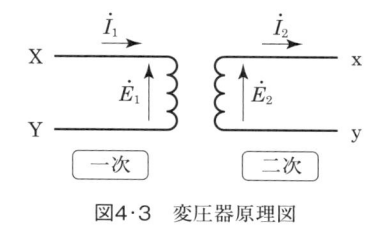

図4・3 変圧器原理図

b. Δ－Δ結線（一次側Δ結線，二次側Δ結線）

三相変圧器の容量は，単相変圧器3台を使用する関係から，単相変圧器1台の容量の3倍となる。

$$P_\Delta = 3I_1 E_1 = 3I_2 E_2 \text{〔VA〕} \quad (\times 10^{-3} \text{〔kVA〕}) \quad (4 \cdot 4)$$

単相変圧器1台の容量

E_1, E_2, I_1, I_2：一次，二次の電圧，電流

単相変圧器3台を使用したΔ－Δ結線を図4・4(b)に示す。両図を対応させると理解しやすい。

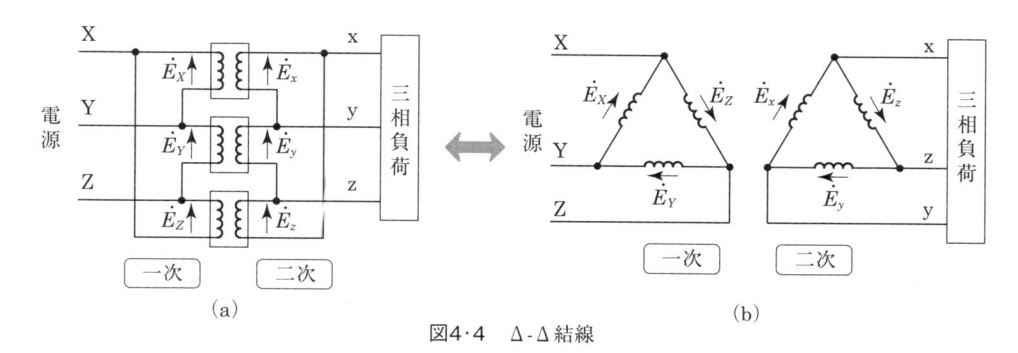

図4・4 Δ-Δ結線

c. Y−Y結線（一次側Y結線，二次側Y結線）

Δ−Δ結線，Y−Y結線とも，三相変圧器容量は，単相変圧器容量の3倍となる。

$$P_Y = 3I_1E_1 = 3I_2E_2 \text{ [VA]} \quad (\times 10^{-3} \text{ [kVA]}) \tag{4・5}$$

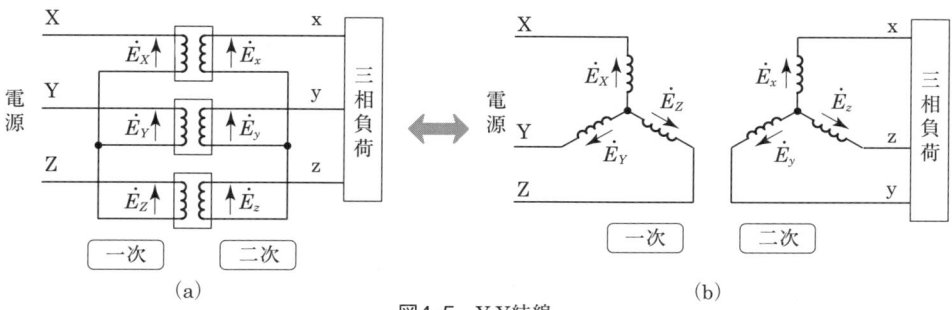

図4・5 Y-Y結線

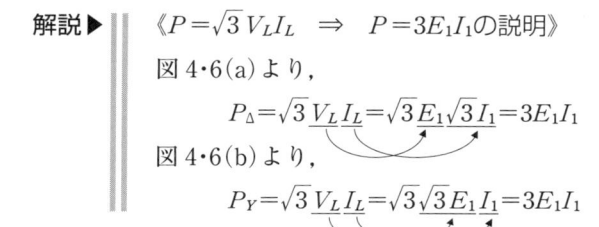

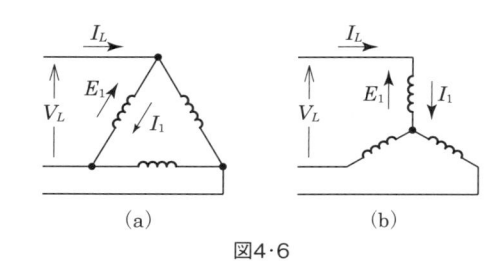

解説▶ 《$P = \sqrt{3}V_L I_L \Rightarrow P = 3E_1 I_1$ の説明》

図4・6(a)より，

$$P_\Delta = \sqrt{3}V_L I_L = \sqrt{3}E_1\sqrt{3}I_1 = 3E_1 I_1$$

図4・6(b)より，

$$P_Y = \sqrt{3}V_L I_L = \sqrt{3}\sqrt{3}E_1 I_1 = 3E_1 I_1$$

図4・6

d. V−V結線（一次側V結線，二次側V結線）

V結線は，2台の単相変圧器を使用して三相変圧を行う方法で，単相変圧器3台で運転中，1台の変圧器が故障した場合などに使用される。

変圧器2台の三相容量および利用率は次式で求められる。単相変圧器の2倍ではないことに注意する。

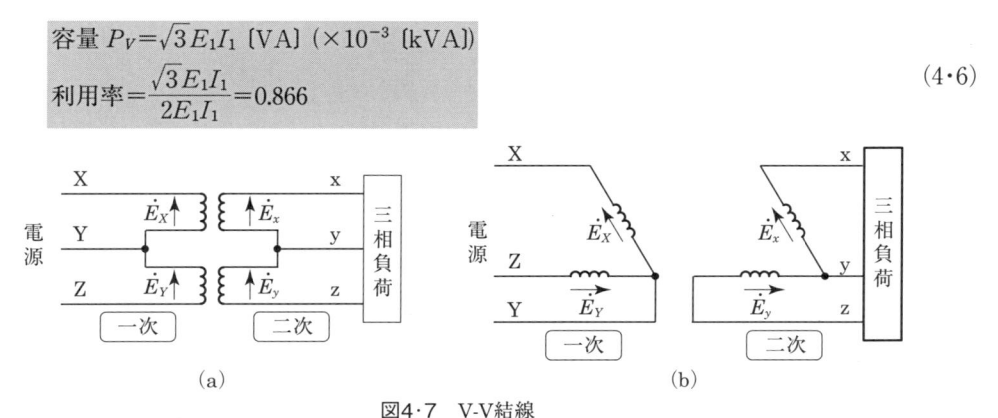

$$\text{容量 } P_V = \sqrt{3}E_1 I_1 \text{ [VA]} \quad (\times 10^{-3} \text{ [kVA]})$$
$$\text{利用率} = \frac{\sqrt{3}E_1 I_1}{2E_1 I_1} = 0.866 \tag{4・6}$$

図4・7 V-V結線

(4) 変圧器の損失

変圧器の損失は一般に負荷損と無負荷損に大別される。

a. 負荷損（電流の2乗に比例する。）

①銅　　　損：負荷電流によって巻き線内に生ずる銅損（$P_c = I^2 R$）。
②漂遊負荷損：鉄板の締め付けボルトなどによる渦電流により生ずる損失。

b. 無負荷損（鉄損）

①ヒステリシス損：周波数に反比例し，電圧の2乗に比例する（約80%）。
②うず電流損：周波数に無関係で，電圧の2乗に比例する（約20%）。

ここで，E：起電力，f：周波数，k_h, k_e：各比例定数とすると，ヒステリシス損，うず電流損は，次式で示される。

$$\text{ヒステリシス損}: P_h = k_h \frac{E^2}{f} \text{ [W/kg]} \tag{4·7}$$

損失を減少させるため，珪素（けいそ）を含有させる。

$$\text{うず電流損}: P_e = k_e E^2 \text{ [W/kg]} \tag{4·8}$$

損失を減少させるため，0.35〔mm〕程度の鉄鈑を成層する。

(5) 変圧器の効率（規約効率）：他に実測効率がある

計算に当たっては〔W〕か〔kW〕に必ず単位をそろえる必要がある。

a. 一般的な効率

$$\eta = \frac{\text{出力}}{\text{出力} + \text{損失}} \times 100 = \frac{\text{出力}}{\text{出力} + \text{無負荷損} + \text{負荷損}} \times 100 \text{[\%]} \tag{4·9}$$

出力，無負荷損，負荷損の単位は，〔W〕

b. n%負荷時の変圧器の効率（0≦n≦100%）

$$\eta_n = \frac{\text{出力}}{\text{出力} + \text{鉄損} + \text{銅損}} \times 100 = \frac{nVI\cos\theta}{nVI\cos\theta + P_i + n^2 P_c} \times 100 \text{ [\%]} \tag{4·10}$$

V：定格電圧〔V〕，P_i：鉄損〔W〕，P_c：銅損〔W〕，I：定格電流〔A〕，$\cos\theta$：力率，VI：変圧器容量〔VA〕，

n：負荷の割合 $\begin{bmatrix} 50〔\%〕：負荷であれば n=0.5 \\ 2分の1：負荷であれば n=0.5 \end{bmatrix}$

上式において，効率が最大になるのは，損失が最小になるときで，この条件は，鉄損＝銅損である。このときの負荷割合は，次式で示される。

$$P_i = n^2 P_c \Rightarrow n = \sqrt{\frac{P_i}{P_c}} \text{：効率が最大となる負荷割合} \tag{4·11}$$

解説▶ 効率の最大値は，

$$\eta_n = \frac{nVI\cos\theta}{nVI\cos\theta + P_i + n^2 P_c} \times 100 \ [\%] = \frac{nV\cos\theta}{nV\cos\theta + \dfrac{P_i}{I} + n^2 IR} \times 100 \ [\%]$$

損失部分について考えると，

$$\frac{P_i}{I} \times n^2 IR = P_i n^2 R = 一定$$

（鉄損と銅損を掛け合わせると，負荷電流 I に無関係の値となる）。

2数の積が一定のとき，2数が等しいとき，2数の和は最小となる（積定和小）。

$$P_i = n^2 P_c$$

$$n = \sqrt{\frac{P_i}{P_c}}$$

図 4·8 は，最大効率を得るための鉄損と銅損の関係を表したものである。

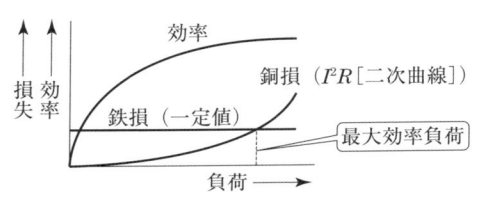

図4·8 変圧器の特性曲線

c. n 〔%〕負荷時の変圧器の全日効率（$0 \leq n \leq 100\%$）

$$\eta_d = \frac{TnVI\cos\theta}{TnVI\cos\theta + 24P_i + Tn^2 P_c} \times 100 \ [\%] \tag{4·12}$$

T：時間〔h〕，$\cos\theta$：力率

鉄損については，負荷に関係ない一定の損失であるため，鉄損に 24 倍した値が 1 日の損失量〔Wh〕（〔kWh〕）となる。

d. n 〔%〕負荷時の変圧器の損失電力

$$P_L = P_i + n^2 P_c \ [W] \quad (\times 10^{-3} \ [kW]) \quad (損失 = 鉄損 + 負荷割合^2 \times 銅損) \tag{4·13}$$

P_L：損失，P_i：鉄損，P_c：銅損

e. n 〔%〕負荷時の変圧器の 1 日の損失電力量

$$P_{Lh} = 24P_i + Tn^2 P_c \ [Wh] \quad (\times 10^{-3} \ [kWh])$$

（損失電力量 = 24× 鉄損 + 時間 × 負荷割合² × 鉄損） (4·14)

【重要問題 4-2】

定格容量 100〔kVA〕, 鉄損 500〔W〕, 全負荷時の銅損 1 200〔W〕の変圧器を, 100〔%〕負荷力率のもとで, 1日の5時間を全負荷, 8時間を50〔%〕負荷, 残りの11時間を無負荷で使用するとき, このときの全日効率を求めよ。

解答

全日効率の式（4·12）より,

$$\eta_d = \frac{TnVI\cos\theta}{TnVI\cos\theta + 24P_i + Tn^2P_c} \times 100 \ [\%]$$

$$= \frac{5\times1\times100\times1 + 8\times0.5\times100\times1}{5\times1\times100\times1 + 8\times0.5\times100\times1 + 24\times0.5 + (5\times1^2\times1.2 + 8\times0.5^2\times1.2)} \times 100 [\%]$$

$$= \frac{500+400}{500+400+12+6+2.4} \times 100 = \frac{900}{900+20.4} \times 100 \fallingdotseq 97.8 \ [\%]$$

ここで,

$$TnVI\cos\theta = T_1n_1VI\cos\theta_1 + T_2n_2VI\cos\theta_2 + \cdots + T_nn_nVI\cos\theta_n$$

$$Tn^2P_c = T_1n_1^2P_c + T_2n_2^2P_c + \cdots + T_nn_n^2P_c$$

であることに要注意。

(6) 変圧器の試験

a. 極性試験

V_1, V_2, V_3：電圧計の読みを示す。

巻き線の巻き方（図4·9(a), (b)に示す）により, V_3 は V_1, V_2 の差（減極性）か, V_1, V_2 の和（加極性）になる（日本では減極性に統一されている。変圧器を並列運転する場合に, 極性が重要となる）。

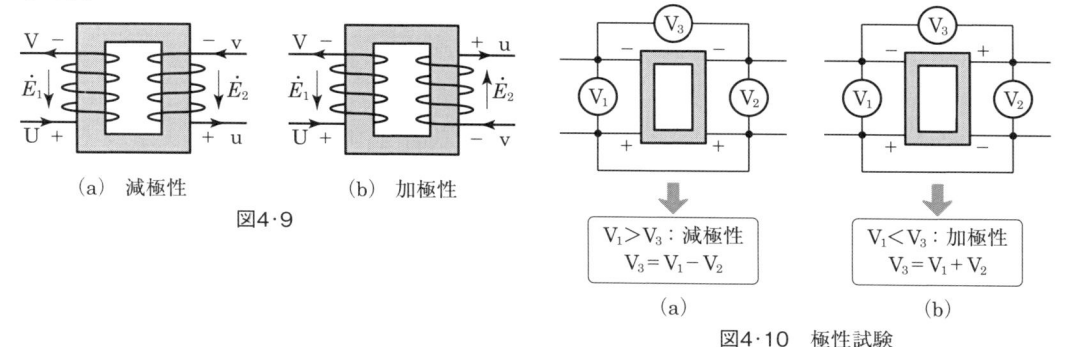

(a) 減極性　　(b) 加極性
図4·9

$V_1 > V_3$：減極性
$V_3 = V_1 - V_2$
(a)

$V_1 < V_3$：加極性
$V_3 = V_1 + V_2$
(b)

図4·10　極性試験

b. 無負荷試験（無負荷損の測定）

高圧側（一次側）を開放し, 低圧側（二次側）に, 定格電圧（定格周波数）を加える。このときの電力計の読みが無負荷損である。

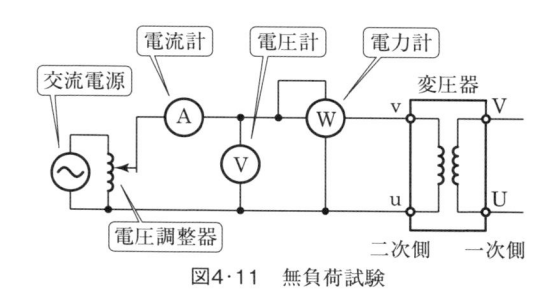

図4·11　無負荷試験

c. 負荷試験（負荷損の測定）

低圧側（二次側）を短絡する。高圧側（一次側）に電圧調整器により，定格電流を流す。このときの電力計の読みが銅損である。

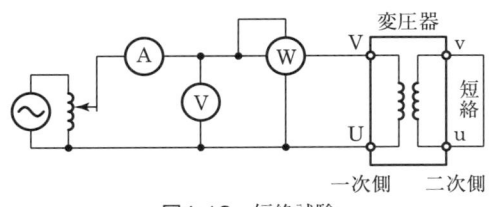

図4・12　短絡試験

d. インピーダンス電圧，インピーダンスワット，%インピーダンス

インピーダンス電圧，インピーダンスワット，%インピーダンスは，二次側を短絡した負荷試験の過程で，求めることができる。二次側（低圧側）を短絡した状態にする。

①インピーダンス電圧

一次側（高圧側）に定格電流を流すに必要な電圧：V_{1s}のこと（巻線のもつインピーダンスによる電圧降下：$I_{1n}Z$を表す）。

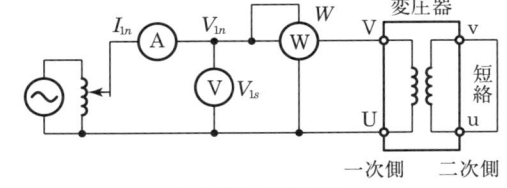

図4・13　短絡試験

②インピーダンスワット

一次側に定格電流を流したときの電力：Wのこと（定格負荷を接続したとき，巻線抵抗により生ずる損失（銅損：$I_{1n}^2 R$））。

③%インピーダンス

短絡試験より求めたインピーダンス電圧を，一次定格電圧で割り，100倍した値を%インピーダンスという。

$$\%Z = \frac{I_{1n}Z}{V_{1n}} \times 100 \; [\%] = \frac{V_{1s}}{V_{1n}} \times 100 \; [\%]$$

$$\left(\%インピーダンス = \frac{巻線インピーダンスの電圧降下}{一次定格電圧} \times 100 \right. \\ \left. = \frac{インピーダンス電圧}{一次定格電圧} \times 100 \; [\%] \right) \tag{4・15}$$

I_{1n}：定格一次電流[A]，V_{1n}：一次定格電圧[V]，V_{1s}：インピーダンス電圧[V]，$I_{1n}Z$：巻線インピーダンスの電圧降下[V]

(7) 単巻変圧器

単巻変圧器は図4・14に示すような構造を有し，一次，二次巻線の一部を共有するもので，分路巻線，直列巻線からなる。

①自己容量

$$P_s = V_s I_2 = (V_2 - V_1) I_2 \; [VA] \tag{4・16}$$

②線路容量（負荷容量）

$$P_l = V_1 I_1 = V_2 I_2 \; [VA] \tag{4・17}$$

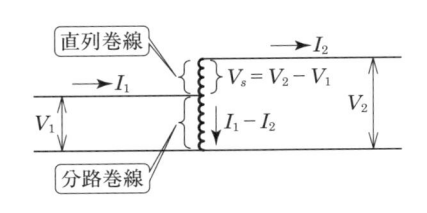

図4・14　単巻変圧器の原理図

4.1　変圧器

4.2 誘導電動機

誘導電動機は，固定子と回転子から成りたっている。固定子は電源に接続され，磁界を形成，三相誘導電動機は，回転磁界により回転子を，単相誘導電動機は，移動磁界により回転子を回転させている。回転子はかご形と巻線形に分類される。

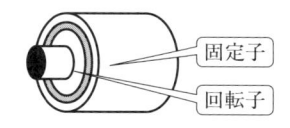

図4·15 誘導電動機の構造図

(1) 誘導電動機の種類

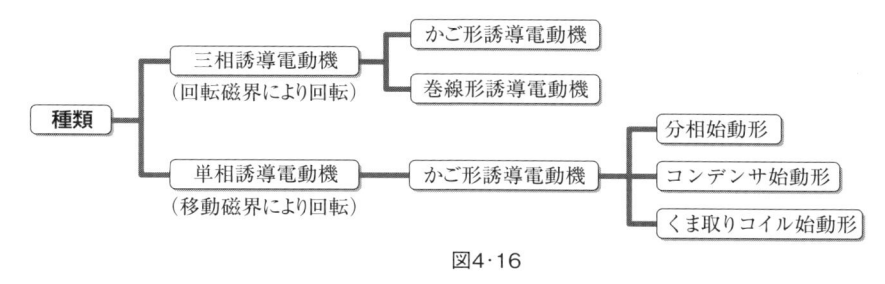

図4·16

(2) 同期速度・すべり・回転速度

①同期速度

$$N_s = \frac{120f}{p} \text{ [rpm]} \tag{4·18}$$

N_s：同期速度〔rpm〕（1分間当たりの回転数），f：周波数〔Hz〕（1秒間当たりの周波数），p：極数〔極〕

a. すべり

$$s = \frac{N_s - N}{N_s} \times 100 \text{ [\%]} \tag{4·19}$$

s：すべり〔％〕（$0 \leq s \leq 100$〔％〕），N：回転速度〔rpm〕（1分間当たりの回転数）

b. 回転速度

$$N = N_s(1-s) \text{ [rpm]} \tag{4·20}$$

すべり s は，小数に直した値を示す。

(3) 出力とトルク

誘導電動機の出力とトルクの間には，次式のような関係がある。

$$P = \omega T = \frac{2\pi NT}{60} = \frac{2\pi N_s\left(1-\frac{s}{100}\right)T}{60} \text{ [W]} \tag{4·21}$$

$$T = \frac{P}{\omega} = \frac{P}{\frac{2\pi N}{60}} = \frac{60P}{2\pi N} \text{ [N·m]}$$

$$T = \frac{K}{f} \times \frac{V^2 \frac{r_2}{s}}{\left(r_1 + \frac{r_2}{s}\right)^2 + (x_1 + x_2)^2} \quad [\text{N}\cdot\text{m}] \tag{4・22}$$

T：トルク〔N・m〕，P：出力〔W〕，ω：角速度〔rad/s〕，N：回転数〔rpm〕，s：すべり〔％〕，r_1, r_2：一次，二次抵抗〔Ω〕，x_1, x_2：一次，二次リアクタンス〔Ω〕，f：周波数〔Hz〕，V：供給電圧〔V〕，π：3.14

すべりが一定のとき，トルクは供給電圧の2乗に比例し，周波数に反比例する。

(4) 誘導電動機の始動法

通常始動時の電流は定格電流の5～6倍となる。このため始動電流を抑え，トルクの減少を抑えるため，以下の方法を用いる。

a. かご形誘導電動機（固定子巻線に加える電圧を調整）

①全電圧始動法

3.7〔kW〕以下程度までに使用。じか入れ始動法ともいう。小形誘導電動機に使用する。

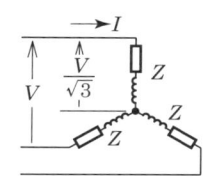

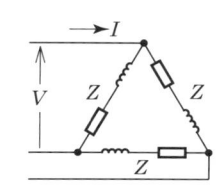

②Y－Δ始動法

図4・17　Y-Δ始動電圧・電流関係

20〔kW〕以下程度までに使用。始動時はY結線とし，運転時はΔ結線としている。これらの電圧，電流について比較すると，表4・1のようになる。表に示すように，Y始動にするとΔ始動に比べ始動電圧は$1/\sqrt{3}$〔倍〕，始動電流は$1/3$〔倍〕となる。また，始動トルクは，印加電圧の2乗に比例するので，$1/3$〔倍〕となる。

表4・1　Y－Δ始動法の電圧・電流の比較

	始動時	運転時	$\dfrac{\text{始動時}}{\text{運転時}}$
電　圧	$\dfrac{V}{\sqrt{3}}$〔V〕	V〔V〕	$\dfrac{\frac{V}{\sqrt{3}}}{V} = \dfrac{1}{\sqrt{3}}$〔倍〕
電　流	$\dfrac{\frac{V}{\sqrt{3}}}{Z} = \dfrac{V}{\sqrt{3}Z}$〔A〕	$\dfrac{\sqrt{3}V}{Z}$〔A〕	$\dfrac{\frac{V}{\sqrt{3}Z}}{\frac{\sqrt{3}V}{Z}} = \dfrac{V}{\sqrt{3}Z} \times \dfrac{Z}{\sqrt{3}V} = \dfrac{1}{3}$〔倍〕

③始動補償器始動法

11〔kW〕以上に使用。三相単巻変圧器を使用し，始動時に低い電圧を加え，定格近い回転数で電源から切り離す。

④リアクトル始動法

電源と固定子巻線間にリアクトルを接続，始動完了後開閉器で切り離す。始動時に負荷トルクが軽く，加速するに従い増加する送風機などに適する。

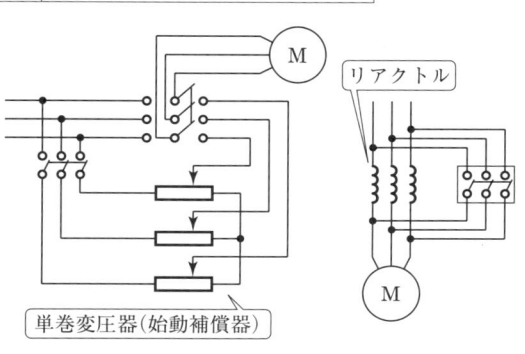

(a) 始動補償器始動法　　(b) リアクトル始動法

図4・18

b. 巻線形誘導電動機（回転子巻線の抵抗を調整）

◆二次抵抗始動法

　回転子巻線にスリップリングを介して抵抗器を接続する。始動時に抵抗を大きくすることにより，始動電流を小さく，始動トルクを大きくする。回転数の上昇とともに抵抗を減じ，定常状態でスリップリングを短絡する。

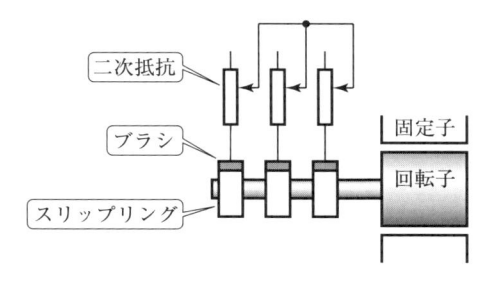

図4・19　二次抵抗始動法

(5) トルクの比例推移

　三相誘導電動機の回転子巻線（二次側）に抵抗を入れ，増減することにより最大トルクは一定で，始動トルクやすべりは種々変化する。これをトルクの比例推移という。

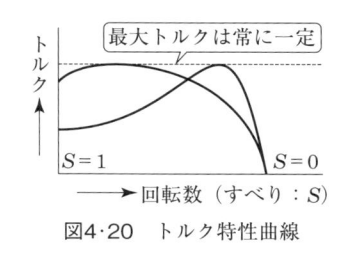

図4・20　トルク特性曲線

(6) 特殊かご形誘導電動

　始動時に二次リアクタンスの作用を利用し，見かけの抵抗を増加させ，運転時には通常の抵抗として動作させる構造の電動機が，特殊かご形誘導電動機で，図4・21(a)の二重かご形誘導電動機と，図(b)の深溝形かご形誘導電動機の2種類がある。

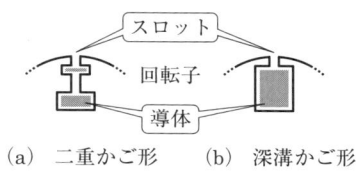

(a) 二重かご形　　(b) 深溝かご形
図4・21　特殊かご形誘導電動機

4.3　直流電動機・直流発電機

　直流機の構造は，電機子（電機子鉄心，電機子巻線）と界磁（界磁鉄心，界磁巻線），整流子等から構成されている。

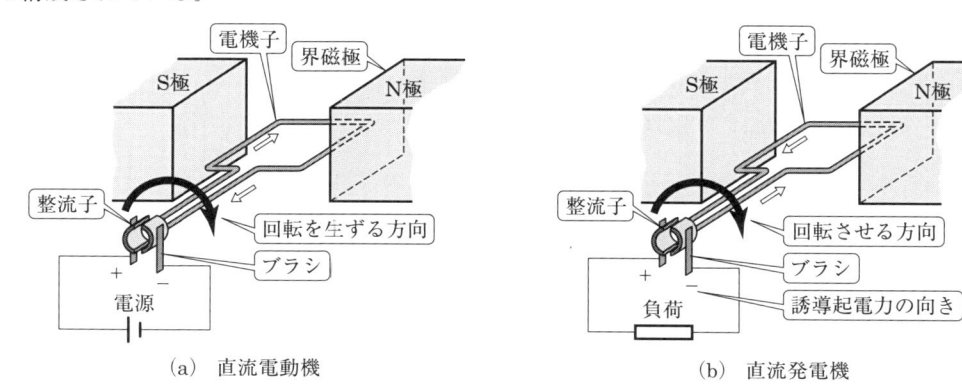

(a) 直流電動機　　　　　　　　(b) 直流発電機
図4・22　直流機の原理・構造図

(1) 直流発電機の誘導起電力

誘導起電力は次式により求めることができる。

$$E_g = K_g \Phi N \ [\text{V}] \tag{4・24}$$

E_g：誘導起電力〔V〕，K_g：比例定数，Φ：磁束〔Wb：ウェーバ〕，
N：電機子の回転速〔rps〕

(2) 直流電動機の回転速度・速度制御

a. 直流電動機の回転速度

回転速度は次式により求めることができる。

$$N = \frac{K_m(E - I_a R_a)}{\Phi} \ [\text{rps}] \tag{4・25}$$

E：印加電圧〔V〕，I_a：電機子電流〔A〕，R_a：電機子巻線抵抗〔Ω〕，Φ：界磁磁束〔Wb〕，
N：回転速度〔rps〕，K_m：比例定数

b. 直流電動機の速度制御

速度制御法には前記回転速度の式より3方法がある。

①電圧制御：印加電圧 V〔V〕を変化させる。
②抵抗制御：電機子回路に抵抗を挿入し，電機子抵抗 R_a〔Ω〕を変化させる。
③界磁制御：界磁回路に抵抗を挿入し，磁束を変化させる。

(3) 直流電動機のトルク

トルクは次式により求めることができる。

$$T = K_t \Phi I_a \ [\text{N・m}] \tag{4・26}$$

T：トルク〔N・m：ニュートン・メーター〕，I_a：電機子電流〔A〕，Φ：界磁磁束〔Wb：ウェーバ〕，
K_t：比例定数

(4) 直流電動機の種類と速度特性

a. 直巻電動機（変速度電動機ともいう）

①始動トルクは大きい。
②無負荷時の回転速度は極めて大きいので，注意が必要。
③用途：電車，巻上機，起重機等

b. 分巻電動機
c. 複巻電動機
d. 他励電動機

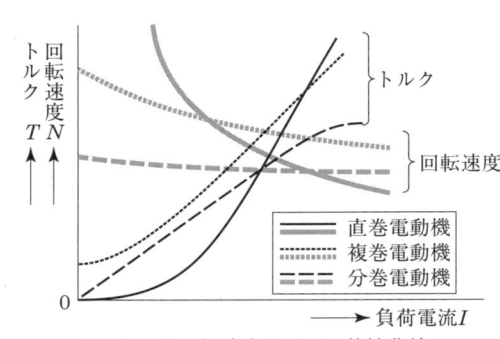

図4・23 回転速度・トルク特性曲線

4.4 同期電動機・同期発電機

(1) 同期電動機・同期発電機とは
①同期電動機は，負荷の軽重にかかわらず，常に一定速度で回転する。
②同期発電機は，負荷の増減にかかわらず，常に一定電圧・周波数を維持する。

(2) 同期電動機の位相特性曲線（別名V曲線）
負荷を一定にし，界磁電流の大きさを変化させると，電機子電流が変化する。

界磁電流を大きくすると ⇒ 進み電流
界磁電流を小さくすると ⇒ 遅れ電流
　　　　　　　　　　となり回転する。

図4・24はこの関係を図式化したもので，この曲線を位相特性曲線，またはV曲線という。

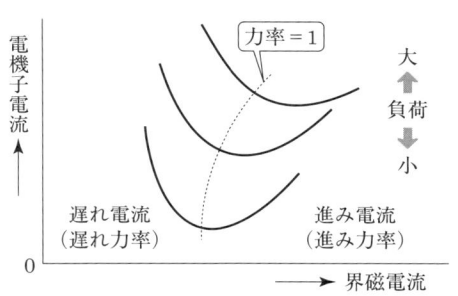

図4・24　位相特性曲線（V曲線）

(3) 同期電動機の並行運転
同機発電機2台以上を使用して，各発電機が互いに負荷を分担する方法を並行運転という。正常な運転を行うためには以下の条件が必要である。
①起電力が等しいこと。
②周波数が等しいこと。
③起電力の位相が等しいこと。
④起電力の波形が等しいこと。

4.5 絶縁材料

(1) 絶縁材料の種類と許容温度

表4·2 絶縁材料の種類と許容温度

絶縁材料の種類	最高許容温度〔℃〕	温度差〔℃〕	おもな絶縁材料
Y	90	15	木綿や紙などの植物繊維，ポリエチレンなど。
A	105	15	木綿や紙などの植物繊維をワニスに含浸したもの。
E	120	10	エポキシ樹脂，マイラクラフト紙など。
B	130	25	ガラス繊維や雲母，石綿と合成樹脂から構成される。
F	155	25	ガラス繊維や雲母，石綿と耐熱性に優れた合成樹脂を組み合わせたもの。
H	180	20	ガラス繊維や雲母とシリコン樹脂から構成される。
200	200		

参考▶ 《絶縁材料の種類と許容温度との関係》

覚え方の一例：語呂合わせにすると比較的覚えやすい。

① Y　A　E　B　F　H　200（八重歯フッソでしっかり）
　　ヤ　エ　バ　フッソ　hard　（しっかり）

② Y種絶縁の許容温度90〔℃〕を基準に，温度差を許容温度の低い方から，順に加えていくと，H種までの許容温度が求まるので覚えやすい。

(2) 絶縁材料の具備すべき電気的特性

①絶縁抵抗が大きい
②比誘電率が大きい
③耐絶縁破壊性を有する
④耐アーク性やコロナ性がよい

第4章　章末問題

(1) 変圧器

No	問題	答え
4-01	変圧器の出力と損失（鉄損：i，銅損：c）を示す特性曲線で，適切なものは。	イ．（図） ロ．（図） ハ．（図） ニ．（図）
4-02	単相変圧器2台をV結線で使用し，消費電力21〔kW〕，力率70〔%〕の三相負荷に電力を供給する場合，単相変圧器1台の適切な容量〔kVA〕は。	イ．10〔kVA〕 ロ．20〔kVA〕 ハ．30〔kVA〕 ニ．50〔kVA〕
4-03	鉄損0.5〔kW〕，全負荷銅損1.4〔kW〕の変圧器がある。この変圧器を1日の8時間を全負荷，8時間を50〔%〕負荷，8時間を無負荷で使用する場合，1日の損失電力量はいくらか。ただし，負荷の力率は100〔%〕とする。	イ．2.3〔kWh〕 ロ．18.0〔kWh〕 ハ．26.0〔kWh〕 ニ．28.8〔kWh〕
4-04	定格二次電圧105〔V〕の配電用変圧器の一次巻線のタップ電圧が6 600〔V〕であるとき，二次電圧は，96〔V〕であった。タップ電圧を6 300〔V〕に変更すると，二次電圧は，いくらか。	イ．92〔V〕 ロ．95〔V〕 ハ．101〔V〕 ニ．110〔V〕
4-05	変圧器2台をV結線して，1φ3W 210/105〔V〕，および3φ3W 210〔V〕を得るための結線で適切なものはどれか。	イ．（図） ロ．（図） ハ．（図） ニ．（図）

No	問題	答え
4-06	変圧器の鉄損に関する記述で正しいものはどれか。	イ．鉄損はうず電流損より小さい。 ロ．鉄損はヒステリシス損より小さい。 ハ．電源の周波数が変化しても鉄損は変わらない。 ニ．一次電圧が高くなると鉄損は増加する。

（2）誘導電動機・同期機

No	問題	答え
4-07	三相かご形誘導電動機の始動法で，不適切なものは。	イ．スター・デルタ始動法 ロ．リアクトル始動法 ハ．二次抵抗始動法 ニ．全電圧始動法
4-08	三相かご形誘導電動機が，定格電圧200〔V〕，負荷電流20〔A〕，力率80〔%〕，効率90〔%〕で運転されているとき，出力〔kW〕はいくらか。	イ．2.9〔kW〕 ロ．3.6〔kW〕 ハ．5.0〔kW〕 ニ．6.2〔kW〕
4-09	出力22〔kW〕，4極，50〔Hz〕の三相誘導電動機がある。すべり5〔%〕で運転中の1分間当たりの回転数はいくらか。	イ．750〔rpm〕 ロ．1 425〔rpm〕 ハ．1 429〔rpm〕 ニ．1 500〔rpm〕
4-10	図は三相かご形誘導電動機の特性曲線である。回転速度とトルクの関係を示す適切なものはどれか。	イ．a ロ．b ハ．c ニ．d
4-11	インバータによるかご形誘導電動機の速度制御で適切なものはどれか。	イ．電動機の極数切換による速度制御 ロ．電源電圧変化による速度制御 ハ．電動機のすべり変化による速度制御 ニ．電源周波数変化による速度制御
4-12	かご形誘導電動機のY－Δ形始動法の記述で誤っているのはどれか。	イ．始動トルクは，Y，Δとも全電圧で始動した場合と同一である。 ロ．固定子巻線をY結線で始動し，その後Δ結線に切り換える方法である。 ハ．始動時に固定子巻線の各相に定格電圧の$1/\sqrt{3}$の電圧が加わる。 ニ．Δ結線で全電圧で始動したときの始動電流の1/3である。

No	問題	答え
4-13	同期発電機を並行運転する際，不必要なものは。	イ．起電力が等しい。 ロ．発電機容量が等しい。 ハ．位相が等しい。 ニ．波形が等しい。

(3) 絶縁材料

No	問題	答え
4-14	絶縁材料のうちで，許容温度の最も高い物はどれか。	イ．B　　　ロ．F ハ．E　　　ニ．H

第5章

発電・送配電

5.1 発電方式

おもな発電方式について大別すると表5・1のようになる。

表5・1 発電方式の概要

発電の方式	原動機等の種別			動力源
水力発電	水車の種類 　ペルトン　（衝動形）　高落差用・少水量 　フランシス　（反動形）　中落差用・中水量 　プロペラ　（反動形）　低落差用・多水量 　カプラン　（反動形）　低落差用・多水量		落差 200m 以上 20～400m 5～70m 5～70m	水のエネルギー
汽力発電	蒸気タービンのランキンサイクル ボイラー → 過熱器 → タービン → 復水器 → 節炭器 効率向上対策：再生サイクル，再熱サイクル，再生再熱サイクルなどの方式がある。			重油，石炭のエネルギー
内燃力発電	内燃機関 4サイクル内燃機関の動作順序 　　　吸気 → 圧縮 → 爆発 → 排気			重油，軽油，ガスなどのエネルギー
原子力発電	蒸気タービン			原子核反応のエネルギー
地熱発電	蒸気タービン			地熱蒸気のエネルギー
風力発電	風　車			風のエネルギー

5.2 水力発電

(1) 発電機の出力

発電機：分子の位置

$$P_g = 9.8QH\eta_g\eta_w = 9.8QH\eta_{tg} \text{ [kW]} \tag{5・1}$$

効率〔％〕 ⇒ 小数に変換代入

P_g：発電機出力〔kW〕，Q：流量〔m³/s〕，H：有効落差〔m〕，
η_g：発電機効率〔％〕，η_w：水車効率〔％〕，η_{tg}：発電機総合効率〔％〕

(2) 揚水の所要電力

$$P_m = \frac{9.8QH}{\eta_{tm}} \text{ [kW]} \tag{5・2}$$

電動機：分母の位置

効率〔%〕 ⇒ 小数に変換代入

η_{tm}：電動機総合効率〔%〕, P_m：揚水所要電力〔kW〕

発電機効率 η_{tg} は分子に，電動機効率 η_{tm} は分母の位置にあることに要注意。

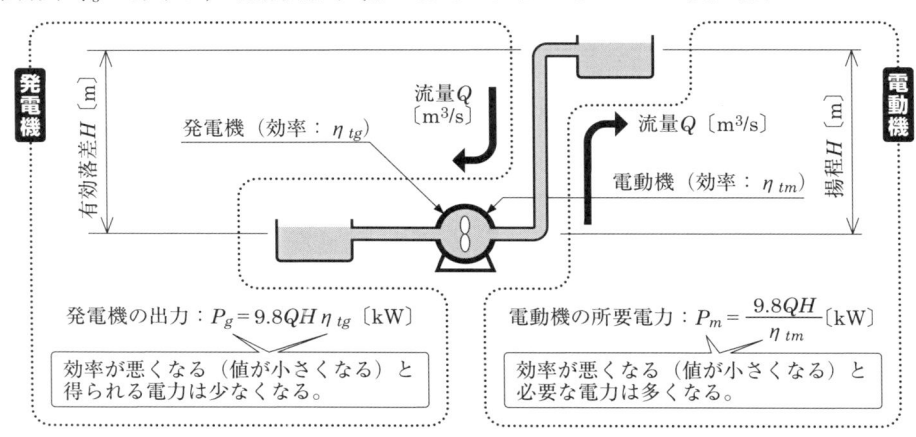

発電機側：有効落差 H [m]，発電機（効率：η_{tg}），流量 Q [m³/s]
発電機の出力：$P_g = 9.8QH\eta_{tg}$ 〔kW〕
効率が悪くなる（値が小さくなる）と得られる電力は少なくなる。

電動機側：流量 Q [m³/s]，電動機（効率：η_{tm}），揚程 H [m]
電動機の所要電力：$P_m = \dfrac{9.8QH}{\eta_{tm}}$ 〔kW〕
効率が悪くなる（値が小さくなる）と必要な電力は多くなる。

図5・1　発電機の出力と電動機の所要電力

5.3　汽力発電（火力発電）

(1) 汽力発電の概要

重油，天然ガス，石炭などの燃焼により発生した熱エネルギーを動力に変え，発電機を回転させて発電する方式が**火力発電**である。このうち，熱エネルギーで蒸気を発生させ，蒸気タービンを原動機とする発電方式が**汽力発電**である。

◆汽力発電のエネルギーの変換過程

熱エネルギー　⇒　機械エネルギー　⇒　電気エネルギー
（燃料）　　　　（蒸気タービン）　　（発電機）

(2) 汽力発電の熱サイクル

a. ランキンサイクル（基本的な熱サイクル）

ランキンサイクルの順序を図5・2と関連づけ覚えるとよい。

　節炭器　⇒　ボイラー　⇒　過熱器　⇒　蒸気タービン　⇒　復水器　⇒　給水ポンプ

①節炭器：煙道を通る燃焼ガスを利用，廃熱の回収を図る。
②ボイラー：水を加熱し飽和蒸気にする。
③過熱器：ボイラーで発生した蒸気を高圧高温にし，過熱蒸気として内部エネルギーを高める。

④蒸気タービン：蒸気のもつ熱エネルギーを機械エネルギーに変換する。
⑤復水器：低温蒸気を凝縮させて水に戻す。
⑥給水ポンプ：断熱圧縮を行う。

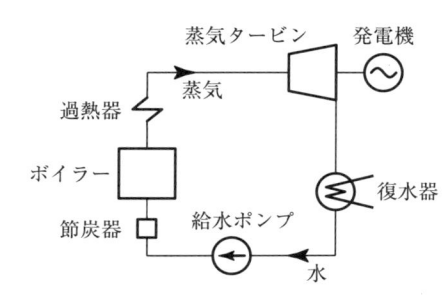

図5・2　ランキンサイクル

b. 再熱・再生・再生再熱サイクル
①再熱サイクル：熱効率向上のため，タービン内で膨張した蒸気をボイラーに戻し，再加熱し再度タービンに戻す。
②再生サイクル：熱効率向上のため，タービン内で膨張した蒸気の一部を抽気し，給水加熱器で給水を加熱利用する。
③再生再熱サイクル：図5・3のように両者を併用し，一層の熱効率の向上を目指したもの。

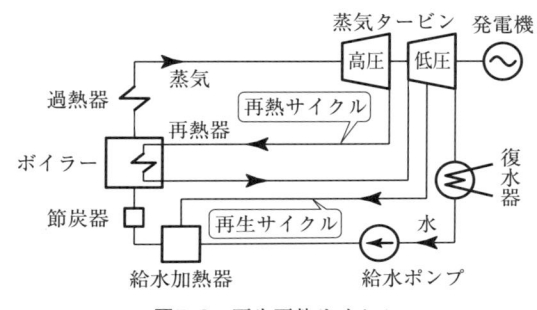

図5・3　再生再熱サイクル

5.4　内燃力発電

(1) ディーゼル発電設備
発電機の原動機として，予備電源や離島の電源などに利用される。

a. おもな特徴
利　点：①取り扱いが容易で始動停止が簡単。
　　　　②冷却水をほとんど必要としない。
　　　　③設置場所を選ばない。
欠　点：①自己始動ができず，空気圧縮装置や空気タンクを必要とする。
　　　　②往復運動を回転運動に変換するため振動や騒音を生ずる。
その他：①往復運動による振動を減少させるため，フライホイール（はずみ車）を軸に接続する。
　　　　②一定回転数を保つため，調速機を設置する。
　　　　③規定回転速度を10〔％〕超えると，非常調速機が働き停止する。

b. 4サイクル内燃機関の動作順序

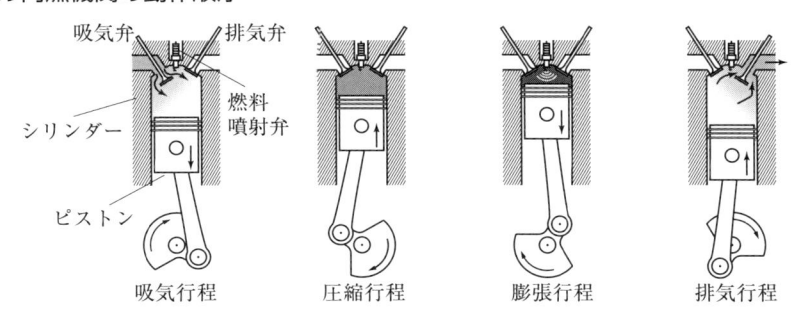

図5・4 4サイクル機関

c. 発電量

①燃料の発熱量の単位が〔kJ〕の場合，

$$P_d = \frac{QL}{3\,600}\eta \quad \text{[kWh]} \tag{5・3}$$

P_d：発電量〔kWh〕，Q：燃料1〔ℓ〕当たりの発熱量〔kJ/ℓ〕，L：燃料の消費量〔ℓ〕，η：熱効率〔%〕（小数に直して代入する）

②燃料の発熱量の単位が〔kcal〕の場合，

$$P_d = \frac{QL}{860}\eta \quad \text{[kWh]} \tag{5・4}$$

Q：燃料1〔ℓ〕当たりの発熱量〔kcal/ℓ〕

解説▶ 《発電量算出式の単位について》

①〔kJ〕の場合

$$Q \times L = \frac{\text{[kJ]}}{\text{[ℓ]}} \times \text{[ℓ]} = \text{[kJ]}$$

ここで，1〔J〕=1〔Ws〕であるから，

$$\text{[kJ]} = \text{[kWs]} = \frac{1}{3\,600}\text{[kWh]}$$

②〔kcal〕の場合

$$Q \times L = \frac{\text{[kcal]}}{\text{[ℓ]}} \times \text{[ℓ]} = \text{[kcal]}$$

ここで，860〔kcal〕=1〔kWh〕であるから，

$$\text{[kcal]} = \frac{1}{860}\text{[kWh]}$$

(2) ガスタービン発電設備

600〜800〔℃〕の高温ガスをタービン内で断熱膨張させて，動力を発生し発電する方式（圧縮した空気で燃料を燃焼させる）。

a. おもな特徴

利　点：①構造が汽力発電に比べて簡単であり，始動停止が容易。
　　　　②汽力発電のような多量な冷却水を要しない。
　　　　③熱エネルギーをタービンで回転運動に変換するため，振動が少ない。
欠　点：①騒音が大きい。
　　　　②高温に耐え得る耐熱構造であること。

b. 熱効率

①ガスタービン発電　20〜30〔％〕（圧縮空気用動力が大きく，効率面に影響を与える）
②ディーゼル発電　　30〜40〔％〕

c. システムによる分類

①クローズドサイクル：ガスタービン発電により生ずる排気を循環利用する方式。
②オープンサイクル：ガスタービン発電により生ずる排気を大気中に放出する方式。

5.5　エネルギーの活用

(1) コージェネレーションシステム（co-generation system）

1つの設備（エネルギー源）から，電気と熱の2つの異なるエネルギーを利用することにより，エネルギーの利用効率を高める，熱併給発電システム。

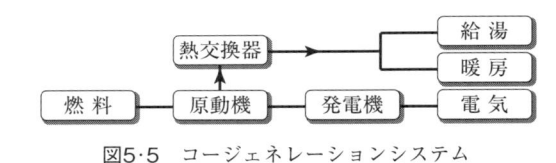

図5・5　コージェネレーションシステム

(2) コンバインドサイクルシステム（combined cycle system）

ガスタービンと蒸気タービンの複合システムで，エネルギーの利用効率の向上を図る。

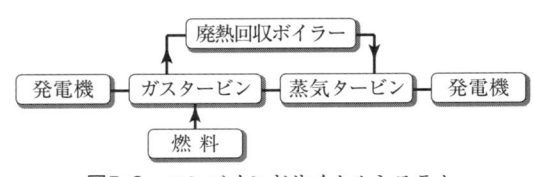

図5・6　コンバインドサイクルシステム

(3) デマンドコントローラ（demand control）

負荷量と稼働時間を自動制御することにより，電気設備全体の負荷を平均化し，最大需要電力の低減を図る。

(4) 浮動電池方式

この方式は図5·7に示すように，交流電源，整流器，蓄電池を組み合わせたもので，交流電圧を整流し，蓄電池を充電すると同時に，並列に接続された負荷に，電力を供給する方式である。

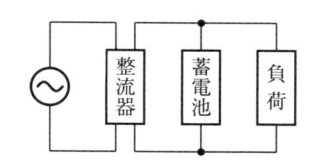

図5·7 浮動電池方式直流電源装置

(5) 無停電電源装置

短時間の停電や，電圧降下により大きな影響を受ける需要家（病院など）では，常に安定した電力の供給が必要となる。このための装置が無停電電源装置（UPS）である。

(6) 太陽電池（solar cell）

晴天時に太陽が地球表面に照射するエネルギーは，面積1〔m²〕当たり約1〔kW〕（面積1〔cm²〕当たり100〔mW〕）とされ，このエネルギーを電気エネルギーに変換するのが太陽電池である。太陽電池はpn接合で構成され，シリコン（Si）半導体の場合，起電力は約0.5〔V〕，出力は1〔m²〕当たり約100〔W〕である。

(7) 燃料電池

燃料が持つ化学エネルギーを直接電気エネルギーに変換する装置で，水の電気分解の逆現象を利用して，水素と酸素を反応させ，発電させる電池などがある。

5.6 送配電線路

(1) 単相回路の電圧降下，線路損失，電圧変動率

a. 電圧降下

図5·8（b）のベクトル図より線路の電圧降下 e〔V〕を求めると，

$$e = \sqrt{(IR\cos\theta + IX\sin\theta)^2 + \underline{(IX\cos\theta - IR\sin\theta)^2}}$$
$$\fallingdotseq IR\cos\theta + IX\sin\theta$$
$$= I(R\cos\theta + X\sin\theta) \text{〔V〕} \tag{5·5}$$

$IR\cos\theta + IX\sin\theta$ に比較し小さい値なので省略する。

$\dot{V}_S$：送電端電圧〔V〕，$\dot{V}_R$：受電端電圧〔V〕，R：往復の線路抵抗〔Ω〕，
X：往復の線路リアクタンス〔Ω〕，$\dot{Z}$：往復の線路インピーダンス〔Ω〕，
$\dot{I}$：線路電流（負荷電流）〔A〕，$\dot{e}$：電圧降下〔V〕，$\cos\theta$：負荷の力率〔%〕，
$\sin\theta$：負荷の無効率〔%〕

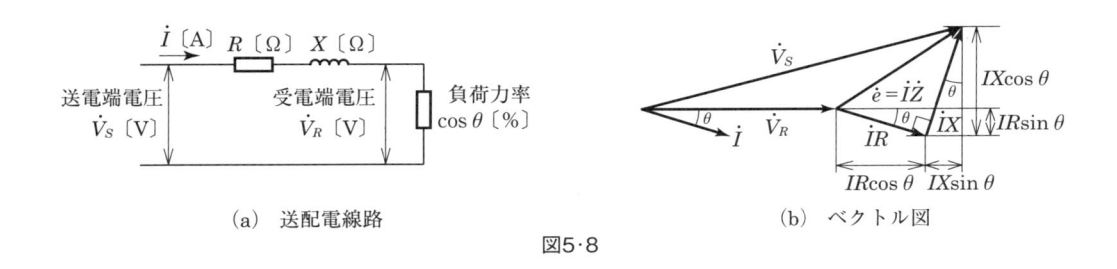

(a) 送配電線路

(b) ベクトル図

図5・8

b. 線路損失

$$P = I^2 R \text{[W]} \tag{5・6}$$

P：線路損失〔W〕，I：線路電流〔A〕，R：往復の線路抵抗〔Ω〕

c. 電圧変動率

$$\text{電圧変動率} \varepsilon = \frac{\text{受電端無負荷電圧} - \text{受電端全負荷電圧}}{\text{受電端全負荷電圧}} \times 100 \text{[\%]} \tag{5・7}$$

(2) 三相回路の電圧降下，線路損失，電圧変動率

a. 電圧降下

一相当たりの電圧降下 e〔V〕は，前記単相と同様に考え下記のようになる。

$$e = \sqrt{(IR\cos\theta + IX\sin\theta)^2 + (IX\cos\theta - IR\sin\theta)^2} = I(R\cos\theta + X\sin\theta) \text{[V]}$$

R：一相の線路抵抗〔Ω〕，X：一相の線路リアクタンス〔Ω〕

三相の電圧降下 e_3〔V〕は $\sqrt{3}$ 倍して，

$$e_3 = \sqrt{3}e = \sqrt{3}I(R\cos\theta + X\sin\theta) \text{[V]} \tag{5・8}$$

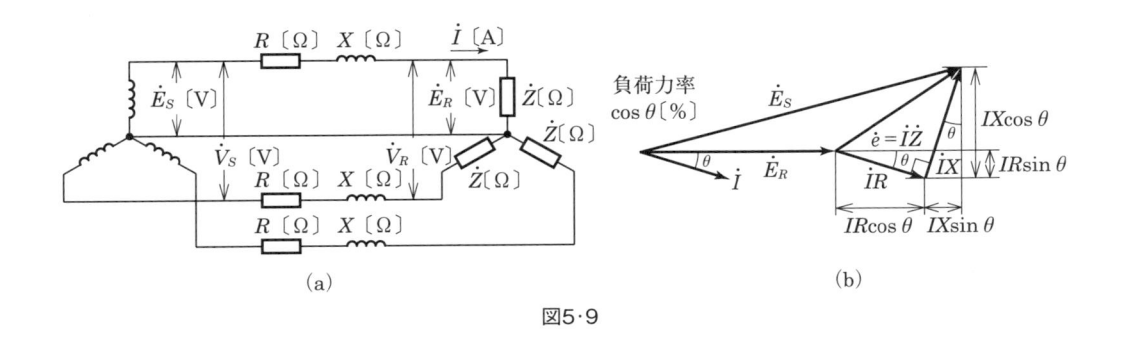

(a)

(b)

図5・9

b. 線路損失

$$P_L = 3I^2 R \text{[W]} \tag{5・9}$$

P_L：線路損失〔W〕，I：線路電流（負荷電流）〔A〕，R：一相の線路抵抗〔Ω〕

c. 電圧変動率

算出式は単相と同じであるので，式(5・7)を用いる。

(3) 回路の諸計算

a. 異なる負荷力率をもつ単相回路の計算

図5・10に示す回路図のような，異なる2つ（複数）の力率をもつ負荷回路電流の算出について考える。

①負荷が両者とも遅れ力率のとき

負荷電流 $\dot{I}_1$〔A〕の有効分 I_{1X}〔A〕，無効分 I_{1Y}〔A〕について求めると，

$$I_{1X} = I_1 \cos\theta_1 \quad (= \dot{I}_1 \text{の有効電流〔A〕})$$
$$I_{1Y} = I_1 \sin\theta_1 \quad (= \dot{I}_1 \text{の無効電流〔A〕})$$

負荷電流 $\dot{I}_2$〔A〕の有効分 I_{2X}〔A〕，無効分 I_{2Y}〔A〕について求めると，

$$I_{2X} = I_2 \cos\theta_2 \quad (= \dot{I}_2 \text{の有効電流〔A〕})$$
$$I_{2Y} = I_2 \sin\theta_2 \quad (= \dot{I}_2 \text{の無効電流〔A〕})$$

負荷電流 I〔A〕は，

$$I = \sqrt{(I_1\cos\theta_1 + I_2\cos\theta_2)^2 + (I_1\sin\theta_1 + I_2\sin\theta_2)^2} \text{〔A〕}$$

解説▶ 三角関数の公式より，

$$\cos^2\theta + \sin^2\theta = 1 \tag{5・10}$$
$$\sin\theta = \sqrt{1-\cos^2\theta} \tag{5・11}$$

図5・10　力率の異なる回路

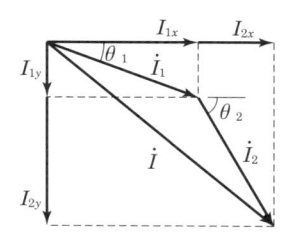

図5・11　ベクトル図

②負荷が進みと遅れ力率のとき

$\dot{I}_1$〔A〕が遅れ電流，$\dot{I}_2$〔A〕が進み電流のとき，この場合のベクトル図および負荷電流 $\dot{I}$ は，以下のようになる。

負荷電流 I〔A〕は前記計算と同様にして，

$$I = \sqrt{(I_{1X} + I_{2X})^2 + (I_{1Y} - I_{2Y})^2} \text{〔A〕}$$
$$= \sqrt{(I_1\cos\theta_1 + I_2\cos\theta_2)^2 + (I_1\sin\theta_1 - I_2\sin\theta_2)^2} \text{〔A〕}$$

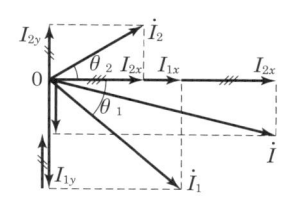

図5・12　ベクトル図

b. 三相3線式回路の計算（負荷力率100〔%〕の場合）

①一相当たりの電圧降下は，$v_P = (I_1+I_2)R_1 + I_2 R_2$〔V〕
②三相の電圧降下は，$v = \sqrt{3}\,v_P = \sqrt{3}\times\{(I_1+I_2)R_1 + I_2 R_2\}$〔V〕 (5・12)
③三相の線路損失は $P = 3\times\{(I_1+I_2)^2 R_1 + I_2^2 R_2\}$〔W〕

R_1, R_2：1条当たりの線路抵抗〔Ω〕，I_1, I_2：負荷電流〔A〕，
E_S：送電端の相電圧〔V〕，E_R：受電端の相電圧〔V〕

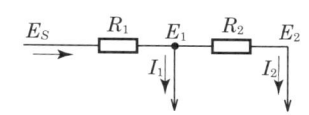

図5・13　三相3線式一相の回路図

c. 単相3線式回路

この回路についてはさまざまな種類の問題があり，出題頻度も高い。よく事象を理解することが必要である。

①負荷抵抗が抵抗のみ（力率 $\cos\theta$ が100〔％〕）の回路で，線路抵抗がない場合の計算（基本回路）。

◆中性線を流れる電流 I_N

電流 I_1 と I_2 の向きに注目する。

・$I_1 > I_2$ のとき，

$$I_N = I_1 - I_2 〔A〕（中性線電流は　右 \Rightarrow 左）$$

・$I_1 < I_2$ のとき，

$$I_N = I_2 - I_1 〔A〕（中性線電流は　左 \Rightarrow 右）$$

◆電圧 V〔V〕，電流 I_1，I_2〔A〕，抵抗 R_1，R_2〔Ω〕との関係

$$I_1 = \frac{V}{R_1} 〔A〕 ，I_2 = \frac{V}{R_2} 〔A〕$$

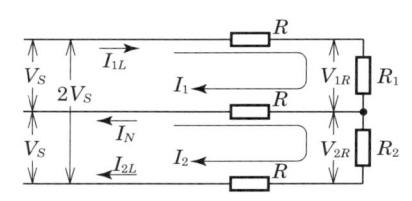

図5・14　単相3線式回路図（線路抵抗なし）

②負荷抵抗が抵抗のみ（力率 $\cos\theta$ が100〔％〕）の回路で，線路抵抗がある場合の計算

◆電圧降下（受電端電圧 V_{1R}，V_{2R} の算出に対応）

・$I_1 > I_2$ のとき，

$$\begin{aligned} V_S - V_{1R} &= I_1 R + (I_1 - I_2)R 〔V〕 \\ V_S - V_{2R} &= I_2 R - (I_1 - I_2)R 〔V〕 \end{aligned} \quad (5\cdot13)$$

　　　　　　　　↑符号に注意

「マイナス：中性線の電流が I_2 と逆向き」

・$I_1 < I_2$ のとき，

$$\begin{aligned} V_S - V_{1R} &= I_1 R - (I_2 - I_1)R 〔V〕 \\ V_S - V_{2R} &= I_2 R + (I_2 - I_1)R 〔V〕 \end{aligned} \quad (5\cdot14)$$

　　　　　　　　↑符号に注意

「マイナス：中性線の電流が I_1 と逆向き」

図5・15　単相3線式回路図（線路抵抗あり）

◆線路損失

$$P = RI_1^2 + RI_N^2 + RI_2^2 = RI_1^2 + R(I_1 - I_2)^2 + RI_2^2 〔W〕 \quad (5\cdot15)$$

◆負荷電流，受電端電圧

$V_{1R} = I_1 R_1$〔V〕（受電端電圧），$V_{2R} = I_2 R_2$〔V〕（受電端電圧），$I_{1L} = I_1$〔A〕（負荷電流），$I_{2L} = I_2$〔A〕（負荷電流）

③断線時の受電端電圧の計算（抵抗のみの負荷）

図5・16(a)の回路は，A点で断線すると図(b)のような回路になる。

全抵抗 R_0 は，
$$R_0 = R_1 + R_2 + 2R \ [\Omega]$$

したがって，回路電流 I は，
$$I = \frac{2V}{R_0} = \frac{2V}{R_1 + R_2 + 2R} \ [A]$$

各受電端電圧は，
$$V_1 = IR_1 \ [V] \ , \ V_2 = IR_2 \ [V]$$

となる。

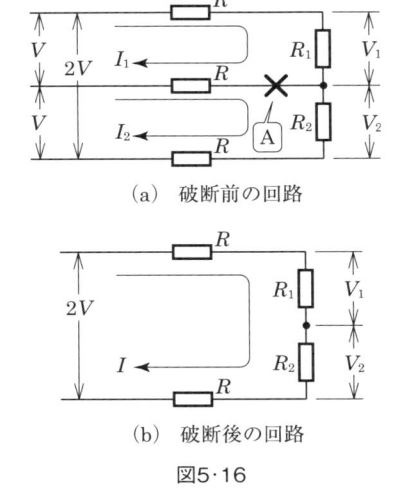

(a) 破断前の回路

(b) 破断後の回路

図5・16

(4) 変圧器と消費電力

図5・17の単相3線式回路において，変圧器の一次電圧が $V_1[V]$，二次電圧が $V_2, 2V_2[V]$ で，消費電力が $P_1, P_2, P_3[W]$（いずれも負荷は抵抗のみ $\cos\theta = 100[\%]$）であるときについて考える。

(a) 破断前の回路　　(b) 破断後の回路

図5・17

a. 変圧器1次側の電流 $I_1[A]$ を求める計算

図5・17(a)の破断前の回路より，
$$P = P_1 + P_2 + P_3 \ [W]$$

P：全消費電力[W]

変圧器の一次，二次間には，
$$V_1 I_1 = V_2 I_2 \ , \ P = VI\cos\theta$$

の関係があるから，
$$P = V_1 I_1 \cos\theta \ \Rightarrow \ I_1 = \frac{P}{V_1 \cos\theta} \ [A]$$

題意より，$\cos\theta = 1$

解説▶　①負荷が電力で表示される場合は，各電力の和が全消費電力となる。

②変圧器の損失が無いとすると，変圧器一次入力と二次出力は等しい。
$$V_1 I_1 = V_2 I_2 \ [VA]$$

（二次負荷が[W]表示の場合，力率 $\cos\theta$ を小数に直し，[W]を割れば，[W]は[VA]となり，一次側と二次側の単位が一致するので，計算が可能となる）

b. A点で断線したとき全消費電力を求める計算

電力の一般式 $P=\dfrac{V^2}{R}$ 〔W〕より，各負荷抵抗を求める。

$$R_1=\dfrac{V_2^2}{P_1}\ \text{〔Ω〕}\ ,\ R_2=\dfrac{V_2^2}{P_2}\ \text{〔Ω〕}\ ,\ R_3=\dfrac{(2V_2)^2}{P_3}\ \text{〔Ω〕}$$

図5・17(b)の断線時の回路より，P_2 と P_3 の直列接続に P_1 が並列に接続された回路となるので，合成抵抗，消費電力を求めると，次のようになる。

合成抵抗 R は，

$$R=\dfrac{R_1(R_2+R_3)}{R_1+(R_2+R_3)}\ \text{〔Ω〕}$$

消費電力 P は，

$$P=\dfrac{V_2^2}{R}=\dfrac{V_2^2}{\dfrac{R_1(R_2+R_3)}{R_1+(R_2+R_3)}}=\dfrac{R_1+(R_2+R_3)}{R_1(R_2+R_3)}V_2^2\ \text{〔W〕}$$

c. A点で断線したとき全消費電力を求める計算（荷負が抵抗〔Ω〕で表示される場合）

前項で求めた合成抵抗と同様に，R を求め，電力の算出式 $P=\dfrac{V_2^2}{R}$ 〔W〕より全消費電力を求めることができる。

(5) 架空電線路

a. 電線に加わる荷重の計算

$$W_t=\sqrt{(W+W_i)^2+W_w^2}\ \text{〔kg/m〕} \tag{5・16}$$

W：電線自重〔kg/m〕，W_w：風圧荷重〔kg/m〕，
W_i：氷雪荷重〔kg/m〕，W_t：合成荷重〔kg/m〕

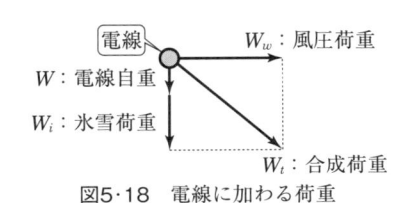

図5・18 電線に加わる荷重

b. 電線のたるみの計算

$$D=\dfrac{WS^2}{8T}\ \text{〔m〕} \tag{5・17}$$

S：径間〔m〕，D：たるみ〔m〕，T：水平張力〔kg〕，W：電線自重〔kg/m〕

参考▶ 《電線のたるみの覚え方》

電線のたるみは，『電線に止まっている2羽の鳩による』と覚える。

電線のたるみは：$D=$ 電線：W（wire）

止まっている：S（stop）

2羽：2

鳩：$8T$

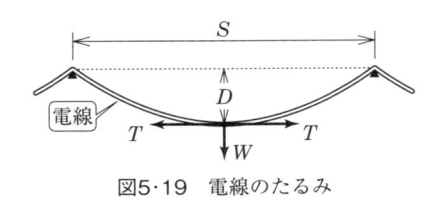

図5・19 電線のたるみ

c. 支線の張力の計算

$$\sin\theta = \frac{X}{\sqrt{X^2+Y^2}} = \frac{T}{T_S} \quad (5\cdot 18)$$

T：水平張力〔kg〕，T_S：支線の張力〔kg〕，Y：地面と電線との距離〔m〕，X：電柱と支線との距離〔m〕，$\sin\theta$：電柱と支線との角度〔度〕

$$T_S = \frac{T}{\sin\theta} = \frac{T}{\frac{X}{\sqrt{X^2+Y^2}}} = \frac{T}{X}\sqrt{X^2+Y^2} \text{〔kg〕} \quad (5\cdot 19)$$

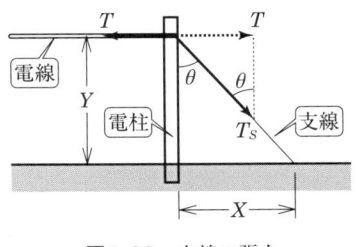

図5・20 支線の張力

計算結果を覚えるより，図を理解し算出できるようにした方が応用問題に対処しやすい。

d. 支線の必要条数の計算

$$\text{支線の条数}n \geq \frac{\text{支線の所要張力〔kg〕}\times\text{安全率}}{\text{支線1条の張力〔kg〕}} \text{〔条〕} \quad (5\cdot 20)$$

(6) 架空電線路の保護・特性

a. アークホーン（雷害防止）

　　がいしに大きな雷電圧が加わると，フラッシオーバを生じ，アークの高熱により，がいしの破壊や電線の溶断をきたすことになる。これを防止するため，アークホーン（連結がいしの上下に電極をもうけたもの）を設置し，アークの経路を変えることにより，破壊・溶断を防止する。

b. 架空地線・埋設地線（雷害防止）

　　送電線路上方に平行して架空地線（接地された線）設置することにより，避雷針と同様の機能をもたせ，遮へい作用により，送電線を直撃雷や誘導雷から保護する。しかし，架空地線の接地抵抗が高いと，雷電流が大きいため，接地箇所で大きな電圧が発生し，逆せん絡を生ずることになる。このため，塔脚四方の土中に埋設地線を張り，接地抵抗の減少を図る。

c. ダンパ（電線の振動防止）

　　架空電線が長年にわたり微風を受けると，電線の支持点付近が繰り返し応力を受けることになり，次第に疲労劣化し断線に至る。このため，電線の支持点付近にダンパ（重り）を取り付け，振動エネルギーを吸収させることにより，電線の劣化防止を図る。

d. コロナ放電

　　架空電線の電圧が高くなると，電線表面の電位傾度が大きくなり，空気の絶縁破壊を起こし，電線の腐食や線路損失，通信線への誘導障害などの弊害をもたらす。このため，電線を太く（鋼心アルミより線，多導体方式を使用）し，コロナ放電の減少を図る。

第5章　章末問題

（1）水力発電

No	問題	答え
5-01	水力発電に用いる水車の適応落差について，高い落差から低い落差の順に配列されているものはどれか。	イ．ペルトン水車，フランシス水車，プロペラ水車 ロ．プロペラ水車，フランシス水車，ペルトン水車 ハ．フランシス水車，プロペラ水車，ペルトン水車 ニ．フランシス水車，ペルトン水車，プロペラ水車
5-02	有効落差 80〔m〕，水量 20〔m³/s〕，水車と発電機の総合効率が，80〔%〕の水力発電所の出力は，何〔MW〕になるか。	イ．1.3〔MW〕 ロ．2.0〔MW〕 ハ．12.5〔MW〕 ニ．19.6〔MW〕
5-03	水力発電所の水路の経路順で適切なものはどれか。	イ．水圧管，取水口，水車，放水口 ロ．取水口，水車，水圧管，放水口 ハ．取水口，水圧管，水車，放水口 ニ．取水口，水圧管，放水口，水車
5-04	全揚程 H〔m〕，揚水量 Q〔m³/s〕，ポンプ効率 η〔%〕の揚水ポンプに必要な電力は，何〔kW〕か。	イ．$\dfrac{QH}{9.8\eta}$〔kW〕 ロ．$9.8QH\eta$〔kW〕 ハ．$\dfrac{9.8QH}{\eta}$〔kW〕 ニ．$\dfrac{9.8H\eta}{Q}$〔kW〕

（2）火力発電

No	問題	答え
5-05	汽力発電のランキンサイクルで適切なものはどれか。	イ．ボイラー，過熱器，復水器，タービン ロ．ボイラー，過熱器，タービン，復水器 ハ．過熱器，ボイラー，タービン，復水器 ニ．過熱器，ボイラー，復水器，タービン
5-06	汽力発電のエネルギー変換順序で，適切なものはどれか。	イ．燃料，蒸気，機械，電気の各エネルギー ロ．蒸気，機械，燃料，電気の各エネルギー ハ．燃料，機械，蒸気，電気の各エネルギー ニ．蒸気，燃料，電気，機械の各エネルギー

（3）内燃力発電

No	問題	答え
5-07	ディーゼル機関に使用される，はずみ車（フライホイール）の用途で適切なものは。	イ．回転が滑らかになる。 ロ．停止が容易になる。 ハ．始動が容易になる。 ニ．冷却効果が高まる。

No	問題	答え
5-08	内燃力機関により発電を行い，その排熱を暖冷房などに利用し，熱効率の向上を図る装置名は何か。	イ．コンバインドサイクル発電システム ロ．再熱再生システム ハ．コージェネレーションシステム ニ．ネットワークシステム
5-09	内燃力発電機を出力 100〔kW〕で，6〔時間〕稼働したところ，発熱量 40 000〔kJ/kg〕の燃料 200〔kg〕を要した。この発電機の熱効率は，何〔％〕か。	イ．25〔％〕 ロ．27〔％〕 ハ．30〔％〕 ニ．35〔％〕
5-10	発熱量 40 000〔kJ/ℓ〕の燃料を毎時 50〔ℓ〕使用する，出力 200〔kW〕の内燃力発電装置の熱効率は，何〔％〕か。	イ．36〔％〕 ロ．40〔％〕 ハ．49〔％〕 ニ．55〔％〕

（4）発電装置全般

No	問題	答え
5-11	発電方式に関する記述で不適切なものはどれか。	イ．揚水式発電は，軽負荷時に発電し，重負荷時に揚水する方式である。 ロ．燃料電池式発電は，水素と酸素との化学反応により電気を発生させる方式である。 ハ．風力発電は，風エネルギーを電気エネルギーに変換する方式である。 ニ．太陽光発電は，光エネルギーを電気エネルギーに変換する方式である。
5-12	風力発電に関する記述で不適切なものはどれか。	イ．出力変動が大きい。 ロ．風エネルギーを電気エネルギーに変換する。 ハ．プロペラ形風車は垂直軸形風車である。 ニ．プロペラ形風車は風の強弱により翼の角度調整が可能である。
5-13	太陽光発電（太陽電池使用）に関する記述で不適切なものはどれか。	イ．太陽電池の出力は直流のため交流使用時にはインバータが必要である。 ロ．太陽電池は pn 接合を利用し太陽光エネルギーを電気エネルギーに変換する。 ハ．1〔kW〕の出力を得るには約 1〔m²〕の表面積の太陽電池が必要である。 ニ．太陽光発電を一般電気と連携するには連携用保護装置が必要である。
5-14	非常用電源として用いられる，ディーゼル発電機をガスタービン発電機に変えた場合の比較で，不適切なものはどれか。	イ．低発電効率である。 ロ．大量の冷却水を必要とする。 ハ．吸排気装置の規模は大きい。 ニ．熱エネルギーを回転運動に変えるため，振動が少ない。

No	問題	答え
5-15	電気事業者の低圧配電系統に，太陽光発電設備を連携させる場合，不適切なものはどれか。	イ．電圧，周波数等で，他の需要家に悪影響を及ぼさない。 ロ．連携点での力率が適正になるようにする。 ハ．発電設備の異常時には，即時に配電系統と切り離す。 ニ．発電系統に事故が発生した場合でも，配電系統との連携を継続する。

(5) 送配電線回路

No	問題	答え
5-16	図において，電源電圧 200〔V〕，回路電流 10〔A〕，力率 80〔%〕，電線1条当たりの抵抗 0.6〔Ω〕，リアクタンス 0.8〔Ω〕のとき，受電端電圧 V_R〔V〕を求めよ。	イ．172.0〔V〕 ロ．180.0〔V〕 ハ．180.8〔V〕 ニ．190.4〔V〕
5-17	図の単相配電線路における，送電端電圧 V_S〔V〕を求めよ。	イ．6 396〔V〕 ロ．6 400〔V〕 ハ．6 492〔V〕 ニ．6 500〔V〕
5-18	図に示す単相2線式電線路の電流の値 I は何〔A〕か。	イ．124〔A〕 ロ．144〔A〕 ハ．156〔A〕 ニ．164〔A〕
5-19	図の三相3線式配電線路における受電端電圧 V_R〔V〕はいくらか。	イ．6 312〔V〕 ロ．6 408〔V〕 ハ．6 434〔V〕 ニ．6 504〔V〕

No	問題	答え	
5-20	図のような，三相負荷に電力を供給する配電線路の電圧降下は何〔V〕か。また，線路損失は何〔kW〕か。ただし，三相負荷の定格電圧200〔V〕，消費電力20〔kW〕，力率80〔%〕，電線1条当たりの抵抗0.1〔Ω〕，リアクタンスは無視するものとする。 電源電圧 3φ3W　1条の抵抗0.1Ω　リアクタンス0Ω　三相負荷 20kW cosθ：80%	イ．13〔V〕，0.9〔kW〕 ロ．13〔V〕，1.6〔kW〕 ハ．10〔V〕，0.9〔kW〕 ニ．10〔V〕，1.6〔kW〕	
5-21	図のように単相3線式回路に電力を供給する変圧器の1次電流 I〔A〕を求めよ。ただし，変圧器の損失，励磁電流等は無視するものとする。 I〔A〕 6600V 100V 100V　45A　120A	イ．1.4〔A〕 ロ．2.5〔A〕 ハ．4.0〔A〕 ニ．8.8〔A〕	
5-22	図のように単相3線式回路に電力を供給する変圧器の1次電流 I〔A〕を求めよ。ただし，変圧器の損失，励磁電流等は無視するものとする。 I〔A〕 6600V 100V 200V 100V　2.3kW　2.3kW　2.0kW	イ．0.5〔A〕	ロ．1.0〔A〕
		ハ．1.5〔A〕	ニ．2.0〔A〕

(6) 単相3線式回路

No	問題	答え
5-23	図の単相2線式配電線を，単相3線式に変更した場合，線路の損失は，およそ何ワット減少するか。ただし，負荷は10〔Ω〕の抵抗負荷，電線1条当たりの抵抗は0.1〔Ω〕とする。 単相2線式 単相3線式	イ．2〔W〕 ロ．10〔W〕 ハ．20〔W〕 ニ．54〔W〕
5-24	図の単相3線式配電線路において，V_1〔V〕，V_2〔V〕の組合せとして，適当なものは。 単相3線式	イ．$V_1=101$〔V〕，$V_2=92$〔V〕 ロ．$V_1=98$〔V〕，$V_2=95$〔V〕 ハ．$V_1=96$〔V〕，$V_2=90$〔V〕 ニ．$V_1=95$〔V〕，$V_2=92$〔V〕
5-25	図の単相3線式配電線路において，スイッチaのみを閉じたときの線路損失は，スイッチaとスイッチbの両方を閉じたときの線路損失の何倍か。 単相3線式	イ．$\dfrac{1}{4}$〔倍〕 ロ．$\dfrac{1}{2}$〔倍〕 ハ．1.0〔倍〕 ニ．2.0〔倍〕

No	問　題	答　え
5-26	単相3線式配電線路（100/200〔V〕）の記述で，不適切なものはどれか。	イ．中性線の断線により，100〔V〕負荷端子電圧が上昇することがある。 ロ．中性線は接地すると同時に，中性線にはヒューズを入れなければならない。 ハ．使用する電圧が200〔V〕であっても，対地電圧は，100〔V〕である。 ニ．100〔V〕に接続された負荷が，平衡していれば，中性線での電力損失は零である。

（7）架空電線路

No	問　題	答　え
5-27	架空電線路の支持物間の径間の弛みを表す式 $$D = \frac{WS^2}{8T}$$ の T の意味するものは何か。	イ．電線単位当たりの重量〔N/m〕 ロ．電線の張力〔N〕 ハ．径間長〔m〕 ニ．電線までの地上高〔m〕
5-28	図のような電線の水平張力が，T〔N〕である。配電線路の支線に加わる張力 T_S〔N〕を表す式はどれか。	イ．$\dfrac{A}{B} \times T$〔N〕 ロ．$\dfrac{A}{BT}$〔N〕 ハ．$\dfrac{\sqrt{A^2+B^2}}{A} \times T$〔N〕 ニ．$\dfrac{\sqrt{A^2+B^2}}{B} \times T$〔N〕
5-29	架空電線路の支持物の強度計算を行う際，不要なものはどれか。	イ．電線の張力 ロ．風雪荷重 ハ．電線の自重 ニ．電圧の値
5-30	同一高さの鉄塔に施設された架空電線において，今，電線のたるみを2倍にした場合，電線の張力はどのようになるか。	イ．$\dfrac{1}{4}$〔倍〕 ロ．$\dfrac{1}{2}$〔倍〕 ハ．2〔倍〕 ニ．4〔倍〕
5-31	架空電線路の雷対策で適切なものはどれか。	イ．がいしにアークホーンを取り付ける。 ロ．架空電線の線を太くする。 ハ．がいし表面に絶縁材を塗布する。 ニ．電線にダンパを取り付ける。

第6章

受電設備

6.1 需要率・負荷率・不等率

電気設備容量の決定に重要な需要率・負荷率・不等率について，これら3者を関連づけ覚えることが必要である。

(1) 需要率

需要家における電気設備の使用状態は，同一時刻にすべての設備を使用することは希である。需要家の最大需要電力を設備容量で除した値のことを**需要率**という。

$$需要率 = \frac{最大需要電力 [kW]}{設備容量 [kW]} \times 100 [\%]$$

$$= \frac{T \overset{A+C+D}{\diagup}}{A+B+C+D+E} \times 100 [\%] \quad (6\cdot1)$$

需要率 ≦ 1 （〔%〕でなく小数表示時）

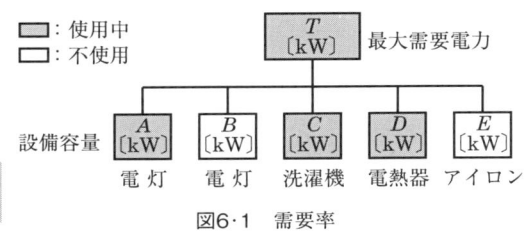

図6・1 需要率

(2) 負荷率

需要家における電気設備の使用状態は，時間帯により絶えず変化している。平均電力を最大需要電力で除した値を**負荷率**という。負荷率には，「日負荷率」，「月負荷率」などがある。

$$負荷率 = \frac{平均電力 [kW]}{最大需要電力 [kW]} \times 100 [\%] \quad (6\cdot2)$$

負荷率 ≦ 1 （〔%〕でなく小数表示時）

図6・2 日負荷率

〈計算例〉

図6・2より，

$$平均電力 = \frac{6 [時間] \times (2+4+6+2) [kW]}{24 [時間]} [kW]$$

最大需要電力 = 6 [kW]

となる。

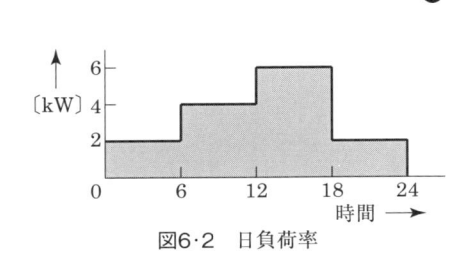

(3) 不等率

需要家群を対象に考えるとき，電気設備の使用状態は，個々さまざまで時間帯により絶えず変化し，最大需要電力を生ずる時間帯は異なる。「需要家個々の最大需要電力の和」を「需要家群を統合した最大需要電力」で除した値のことを**不等率**という。

$$不等率 = \frac{最大需要電力の和〔kW〕}{統合した最大需要電力〔kW〕} \quad (6\cdot3)$$

不等率 ≧ 1 （小数表示）

図6・3 不等率

〈計算例〉

最大需要電力の和 $= A_p + B_p + C_p$ 〔kW〕

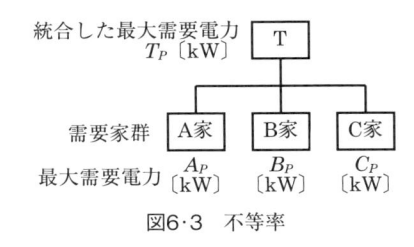

重要問題 6-1

設備容量が500〔kW〕，需要率60〔%〕のA工場と，設備容量が600〔kW〕，需要率50〔%〕のB工場に電力を供給している変電所がある。A，B工場間の不等率を1.2とするとき，変電所の最大電力〔kW〕を求めよ。

解答

$需要率 = \dfrac{最大需要電力}{設備容量} \times 100〔\%〕$ より，

A工場の最大需要電力 $=$ 需要率 $\times$ 設備容量 $= 0.6 \times 500 = 300$〔kW〕

B工場の最大需要電力 $=$ 需要率 $\times$ 設備容量 $= 0.5 \times 600 = 300$〔kW〕

$不等率 = \dfrac{最大需要電力の和}{統合した最大需要電力}$ より，

$統合した最大需要電力 = \dfrac{最大需要電力の和}{不等率} = \dfrac{300+300}{1.2} = 500$ 〔kW〕

解説▶ 需要率，負荷率，不等率に関する問題が，個々単独で出題される場合が多い。しかし，前記重要問題に示すように，組み合わされた問題も少なくない。3者の関係を含め意味合いをよく理解し，公式として覚えることが必要である。

6.2 力率改善と進相コンデンサ容量

(1) 力率改善の意義

自家用需要家の電路には，誘導リアクタンスを含む負荷が比較的多く，低力率の状態にある。力率が低いと，

① 線路電流の増加をきたし，電圧降下や電力損失が増加する。

② 変圧器等の設備容量の増加が必要となる。

これらの改善を図るために，**力率改善**が必要となる。

(2) 進相コンデンサの設置

① 高圧進相コンデンサの設置目的は力率改善にある。

② 高圧進相コンデンサは，高圧電路の力率改善による線路損失の減少を図るもので，低圧側電路の線路損失の減少を図るものではない。

③ 高圧進相コンデンサ設置により，高調波，波形ひずみ，コンデンサ投入時の突入電流などの発生源となる。このため，直列リアクトルを設置し抑制する。

(3) 進相コンデンサの容量計算

① 進相コンデンサの設置は，負荷に対し，並列に接続する。

② 進相コンデンサの容量計算に当たっては，ベクトル図を描き，これに基づき容量を算出するとわかりやすい。

a. 有効電力，無効電力，皮相電力の関係

3者は，図6・4に示すような三角形の関係にある。

　有効電力：抵抗負荷に対応（位相差無し）

　無効電力：リアクタンスに対応（誘導リアクタンス時
　　　　　90度の遅れ位相：下向き）

図6・4において，ピタゴラスの定理を適応すると，次式が成り立つ。

P：有効電力(電力) [kW]
Q：無効電力 [kvar]
S：皮相電力 [kVA]

図6・4 有効・無効・皮相電力の関係図

$$(\text{皮相電力})^2 = (\text{有効電力})^2 + (\text{無効電力})^2$$

$$S^2 = P^2 + Q^2 \tag{6・4}$$

b. 進相コンデンサの容量計算（$\cos\theta_1 \Rightarrow \cos\theta_2$）

図6・5に示すベクトル図より，進相容量 Q [kvar] を求めると，

$$Q = Q_1 - Q_2 = P\tan\theta_1 - P\tan\theta_2$$

$$= P(\tan\theta_1 - \tan\theta_2) \tag{6・5}$$

$$= P\left[\frac{\sin\theta_1}{\cos\theta_1} - \frac{\sin\theta_2}{\cos\theta_2}\right] \text{[kvar]} \tag{6・6}$$

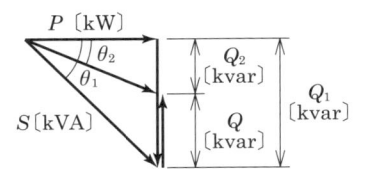

図6・5 コンデンサ容量算定ベクトル図

P：有効電力（電力）[kW]，S：皮相電力 [kVA]，

$\cos\theta_1$：力率改善前の力率，$\cos\theta_2$：力率改善後の力率，

Q：進相コンデンサ容量 [kvar]，

Q_1：力率改善前の無効電力 [kvar]，Q_2：力率改善後の無効電力 [kvar]

解説▶ ①三角関数の公式について

進相コンデンサの容量を求めるには，下記に示す公式が必要となる。

$$\sin^2\theta + \cos^2\theta = 1$$
$$\tan\theta = \frac{\sin\theta}{\cos\theta}$$
$$\sin^2\theta = 1 - \cos^2\theta$$
$$\underline{\sin\theta = \sqrt{1 - \cos^2\theta}}$$

覚えておきたい値	
$\cos\theta$	$\sin\theta$
0.8 ⇒	0.6
0.6 ⇒	0.8

(6・7)

②配電線の電流と力率改善の関係

図6・5より，皮相電力 S〔kVA〕は，力率が改善されると減少することがわかる。したがって，電圧が一定ならば電流は小さくなる。

（4）計算問題についての注意事項

a. 電力損失に関する計算

重要問題 6-2

定格電圧200〔V〕，消費電力10〔kW〕，力率60〔%〕の三相負荷がある。進相コンデンサを設置して，力率を80〔%〕に改善した場合，電力供給線路の電力損失は，力率改善前の何倍か。ただし，コンデンサ設置にともなう負荷電圧の変化はないものとする。

解答

三相電力の算出式（2・42）の $P = \sqrt{3}VI\cos\theta$〔W〕より，

力率改善前の電流 $I_F = \dfrac{P}{\sqrt{3}V\cos\theta_1} = \dfrac{10 \times 10^3}{\sqrt{3} \times 200 \times 0.6}$〔A〕

力率改善後の電流 $I_B = \dfrac{P}{\sqrt{3}V\cos\theta_2} = \dfrac{10 \times 10^3}{\sqrt{3} \times 200 \times 0.8}$〔A〕

電路の電力損失 $P_L = 3I^2R$〔W〕で求められるから，

$$\frac{\text{改善後の線路損失}\ P_{BL}}{\text{改善前の線路損失}\ P_{FL}} = \frac{3I_B^2 R}{3I_F^2 R} = \left[\frac{I_B}{I_F}\right]^2 = \left[\frac{10 \times 10^3}{\sqrt{3} \times 200 \times 0.8} \times \frac{\sqrt{3} \times 200 \times 0.6}{10 \times 10^3}\right]^2$$

$$= \left[\frac{0.6}{0.8}\right]^2 \fallingdotseq 0.56\ \text{〔倍〕}$$

$P_{BL} = 0.56 P_{FL}$〔倍〕

参考▶ 《線路損失はもとの何%か》

設問が前記の「改善前の何倍か」から「もとの何%か」に表現が変わった場合どれが分子で，どれが分母かしっかり見極めることが重要である。この場合，もとは改善前を指すことになる。したがって，0.56を100倍した56〔%〕となる。

b. 線路の電流に関する計算（a.の拡張問題）

重要問題 6-3

前問において，線路の電流はもとの何倍か

解答

$$\frac{\text{改善後の線路電流 } I_B}{\text{改善前の線路電流 } I_F} = \frac{0.6}{0.8} = 0.75 \text{ [倍]}$$

$I_B = 0.75 I_F$ [倍]

c. 進相コンデンサ容量に関する計算

重要問題 6-4

消費電力 200 [kW]，力率 60 [%] の負荷を，力率 80 [%] に改善するのに必要な進相コンデンサ容量 [kvar] はいくらか。

解答

$$Q = Q_1 - Q_2 = P \left[\frac{\sin\theta_1}{\cos\theta_1} - \frac{\sin\theta_2}{\cos\theta_2} \right]$$

$$= 200 \times \left[\frac{0.8}{0.6} - \frac{0.6}{0.8} \right]$$

$$= 200 \times \frac{0.8 \times 0.8 - 0.6 \times 0.6}{0.6 \times 0.8} \fallingdotseq 117 \text{ [kVA]}$$

図 6·6

d. 変圧器負荷に関する計算

重要問題 6-5

三相 3 線式 200 [V]，100 [kVA]，力率 60 [%] の負荷に電力を供給する変圧器がある。今，変圧器に 35 [kvar] 進相コンデンサを接続した場合，必要とする変圧器容量 [kVA] はいくらか。

解答

図 6·7 において題意より，

$S_1 = 100$ [kVA]

$P = 100\cos\theta_1 = 100 \times 0.6 = 60$ [kW]

三角形 ABC において，ピタゴラスの定理より，

$Q_1 = \sqrt{S_1^2 - P^2} = \sqrt{100^2 - 60^2} = 80$ [kvar]

ここで $Q = 35$ [kvar] であるから，

$Q_2 = Q_1 - Q = 80 - 35 = 45$ [kvar]

三角形 ABD において，ピタゴラスの定理を適応すると，

$S_2 = \sqrt{P^2 + Q_2^2} = \sqrt{60^2 + 45^2} = 75$ [kVA]

したがって変圧器の容量は，75 [kVA] となる。

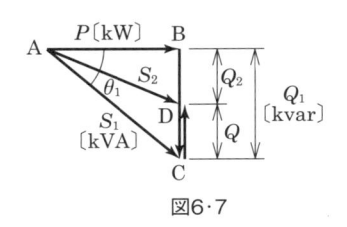

図 6·7

力率改善を行うことにより，皮相電力が，

$$S_1 = 100 \text{[kVA]} \Rightarrow S_2 = 75 \text{[kVA]}$$

と減少し，少ない変圧器容量ですむ。また，供給電圧が一定ならば電流が減少する。

> **重要事項**
>
> 《計算を行うに当たっての留意事項》
> ① 計算を行うに当たっては，小刻みに計算するのではなく，できるだけ最後の方で，約分などの処理後，一括計算する方が，小数を含む除数の計算の回数が少なく，誤差や間違いが少ない（必要に応じて同類項別・系統別に計算，最後に一括処理を行うと，処理手順が明確で見直しが比較的容易である）。
> ② 分母に無理数（$\sqrt{}$）を含む計算の場合，煩雑さを避けるため，分母を有理化（分子分母に同一の数字を乗じ，分母を（$\sqrt{}$）^{2}の形にする）するとよい。
> ③ 単相，三相の別を見極め，間違いのない計算処理を行うことが必要である。
> ④ 問題内に表示された物理量すべてが計算に必要な数字とは限らない。どれが解答に必要なものか，熟慮し処理することが必要である。また，改善前と改善後などの物理量を比較する場合，必ずしも全部の数字が与えられているとは限らない。このため，必要とする算出式に，提示されたもの以外の変数や定数を仮定（当てはめ）し，計算すると分かりやすい（仮定した諸量は最終的には約分される）。
> ⑤ 進相コンデンサ容量の算出には，ベクトル図より求めると分かりやすい。

6.3 短絡容量・短絡電流

高圧電気設備において，短絡事故が発生すると大きな短絡電流が流れることとなる。この短絡電流を迅速，かつ安全に遮断し，事故の波及を未然に防止することが必要である。このため設置されるのが高圧遮断器である。遮断器の容量は遮断容量で表し，短絡容量以上のものを使用する。

電路の線間電圧を V〔V〕，定格電流を I〔A〕，線路の合成インピーダンスを Z〔Ω〕，パーセント・インピーダンスを %Z〔%〕とすると，

$$\%Z = \frac{IZ}{V} \times 100 \text{[\%]} \Rightarrow \boxed{Z = \frac{\%ZV}{100I} \text{[Ω]}} \tag{6・8}$$

短絡点での短絡電流 I_S〔A〕は，

$$\boxed{I_S = \frac{V}{Z} = \frac{V}{\dfrac{\%ZV}{100I}} = \frac{I}{\%Z} \times 100 \text{ [A]}} \tag{6・9}$$

短絡事故が発生した時の，三相短絡容量（遮断容量）P_S〔VA〕は，送電容量を P〔VA〕とすると次式で表せる。

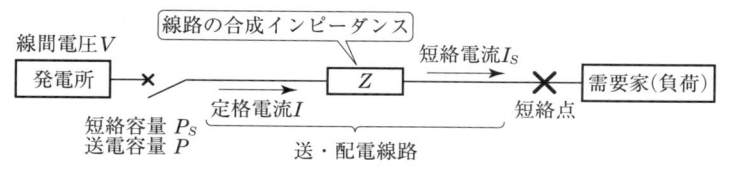

図6·8 短絡容量・短絡電流関係図

$$P_S = \sqrt{3}VI_S \text{ [VA]}$$
$$= \sqrt{3}V\frac{I}{\%Z} \times 100 \text{ [VA]} \qquad (6\cdot10)$$
$$= \sqrt{3}VI\frac{100}{\%Z}\text{[VA]} = P\frac{100}{\%Z} \text{ [VA]}$$

一般に%Zは，送電容量Pは10[MVA]を基準に表示されるので，短絡容量P_Sは，次式のようになる。

$$P_S = 10 \times \frac{100}{\%Z} \text{ [MVA]}$$

留意事項

①合成インピーダンスは，通常10[MVA]基準で表示する。

今，一次変電所の変圧器の%インピーダンス：20[MVA]基準で14[%]，二次変電所の電線路の%インピーダンス：10[MVA]基準で4[%]高圧配電線路の%インピーダンス：10[MVA]基準で2[%]であるとき，合成%インピーダンスを求めるには，各%インピーダンスを10[MVA]基準に補正し，算出すればよい。

$$合成\%インピーダンスZ = \frac{10}{20} \times 14 + 4 + 2 = 13 \text{ [\%]}$$

比例配分により，20：14＝10：A
　⇒　14×10＝20×A
　　　　$A = \frac{10}{20} \times 14$

②短絡電流，短絡容量等の計算に当たっての「%Z」の代入方法は，「%」のまま数値を代入し計算する。

重要問題 6-6

電源側の合成インピーダンスが10[MVA]基準で7[%]の高圧電路において，供給される需要家の受電点における三相短絡容量はいくらになるか。

解答

短絡容量$P_S = 10 \text{ [MVA]} \times \frac{100}{\%Z}$ [MVA]より，

$$10 \times \frac{100}{7} \fallingdotseq 143 \text{ [MVA]}$$

6.4 計器用変圧・変流器

(1) 計器用変圧器（VT：voltage transformer）

a. 使用目的
高圧電路の電圧の測定に使用する。
① 危険を回避するため低圧電圧計での測定を可能としたもの。
② 測定範囲の拡大。

b. 計器用変圧器と電圧計の接続
① 計器用変圧器2個を使用。
② 各変圧器の一次側には2個の限流ヒューズ（全4個）を設置する。
③ 変圧器二次側の中性線にD種接地工事（E_D）を施す。
④ 変圧器の二次側は短絡してはならない（大きな短絡電流が流れ焼損のおそれ）。
⑤ 変圧器の二次側電圧は110〔V〕に設定。

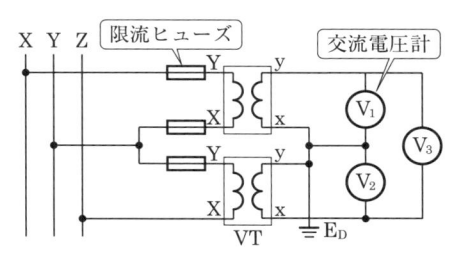

図6・9 計器用変圧器（VT）の接続図

(2) 変流器（CT：current transformer）

a. 使用目的
高圧電路の電流の測定に使用する。危険を回避するため低圧電流計での測定を可能としたもの（高圧で直接測定すると、大きな容量の電流計が必要となる。安全面と経済的観点から使用）。

b. 変流器と電流計の接続
① 変流器2個を使用。

$$\dot{I}_{2X} = \frac{\dot{I}_{1X}}{a}$$
$$\dot{I}_{2Y} = \frac{\dot{I}_{1Y}}{a}$$
$$\dot{I}_{2Z} = \frac{\dot{I}_{1Z}}{a}$$

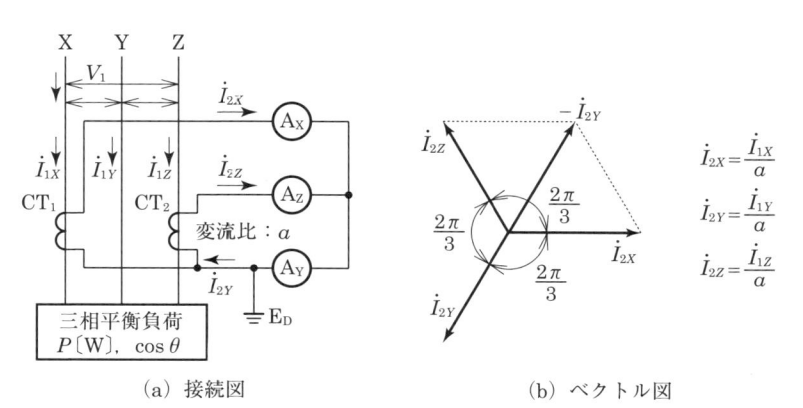

(a) 接続図　　　　　　　(b) ベクトル図

図6・10　変流器（CT）

②変流器二次側にD種接地工事（E_D）を施す。

③変流器の二次側は開放してはならない（大きな電圧が誘起し危険である）。

④変流器の二次側電流は5〔A〕に設定。

c．変流器の一次・二次電流

$|\dot{I}_{1X}|=|\dot{I}_{1Y}|=|\dot{I}_{1Z}|=I_1$〔A〕 ， $|\dot{I}_{2X}|=|\dot{I}_{2Y}|=|\dot{I}_{2Z}|=I_2$〔A〕

変流比：$a=\dfrac{\text{一次電流}I_1\text{〔A〕}}{\text{二次電流}I_2\text{〔A〕}}$ ⇒ 二次電流：$I_2=\dfrac{\text{一次電流}I_1\text{〔A〕}}{a}$ (6・11)

一次電流：$I_1=\dfrac{P}{\sqrt{3}\,V_1\cos\theta}$〔A〕 (6・12)

V_1：一次電圧〔V〕，P：三相電力〔W〕，$\cos\theta$：負荷の力率〔%〕

【重要問題 6-7】

30/5A のCT，および6 600/110 V のVTを用いて，単相回路の電力を測定したら，500〔W〕であった。回路の電力はいくらか。

〔解答〕

$$500\times\dfrac{6\,600}{110}\times\dfrac{30}{5}=180\,000\text{〔W〕}=180\text{〔kW〕}$$

6.5 保護協調

電力会社の配電用変電所の電力保護装置と，自家用高圧受電設備の保護装置との間で，各区分ごとに動作時間，動作電流などに時間差を設け適切に整定，他への波及事故防止を行う。

保護協調には次の3種類がある。

①過電流保護協調

②地絡保護協調

③絶縁協調

(1) 過電流保護協調

図6・11(a)において，C点で事故が発生したとき，事故点に近い遮断器CB_Bを動作させ，他へ悪影響を与えないようにしている。

このための方策として，区分ごとに負荷側から電源側へ遮断器の動作時間を順次遅く整定，時間差をもたせている。

図6・11(b)から明らかのように，区分Bより区分Aの遮断器の動作時間が遅いことがわかる。

(a) 配電線保護装置系列図

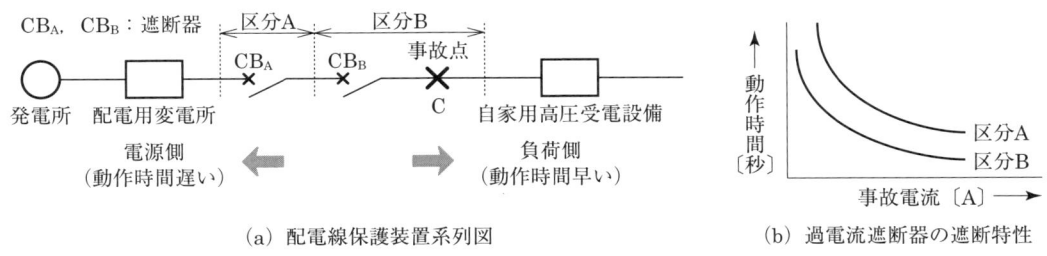

(b) 過電流遮断器の遮断特性

図6・11

(2) 地絡保護協調

地絡事故時に配電用変電所に設置された地絡保護装置と，高圧需要家に設置された地絡保護装置との間で行う協調。保護協調には次の2種類がある。

① 時限協調
② 地絡電流協調

a. 時限協調

高圧需要家の「地絡継電器」と「遮断器」の動作時限は以下のものを使用する。

① 地絡継電器：感度整定電流値により異なるが，0.1〜0.3〔秒〕程度の動作時限のものを使用する。
② 遮断器：3〔Hz〕，5〔Hz〕の動作時限のものを使用する（JIS C 4603）。3〔Hz〕の場合について，商用周波数に当てはめると次のようになる。

$$周波数 50〔Hz〕 \Rightarrow 遮断時間 0.06〔秒〕$$
$$60〔Hz〕 \Rightarrow 0.05〔秒〕 \quad (3/50=0.06,\ 3/60=0.05)$$

b. 地絡電流協調

高圧需要家に設置する「地絡継電器」の感度整定電流は概ね下記のものを使用する。

① 地絡継電器：感度整定電流 0.2〔A〕程度のものを使用。
② 感度整定電流についての留意事項：地絡継電器の感度整定電流には，0.1〜1.0〔A〕程度のものがあるが，感度整定電流が低いと保護機能は増大するが，電線路が長いと地面との静電容量が増大し，誤動作の原因となる。

(3) 絶縁協調

電力系統全体の観点から，経済性，運用性，技術性等を勘案し，電力設備の各部の絶縁強度を定め，合理的に雷などの過電圧から保護するシステム。

6.6 保護継電器

　保護継電器の使用目的は，配電線路や電気機器の故障時に，故障箇所を迅速に回路から切り離し，機器の損傷や停電などの事故の波及防止を図ることにある。また，継電器の動作表示を通し，故障箇所や種類を特定，故障部の迅速な復旧を図るものである。

　保護継電器のおもなものを列挙すると下記のようなものがある。

- ①過電流継電器　　：短絡や過電流により，整定値以上の電流が流れたとき，動作する継電器。
- ②地絡継電器　　　：地絡事故により，整定値以上の零相電流が流れたとき，動作する継電器。
- ③過電圧継電器　　：回路電圧が，整定値以上の電圧になったとき，動作する継電器。
- ④不足電圧継電器　：回路電圧が，整定値以下の電圧になったとき，動作する継電器。
- ⑤地絡方向継電器　：地絡事故時に，零相電流と零相電圧，および相互の位相関係により，動作させる方向性をもった継電器。

(1) 過電流継電器（OCR：overcurrent relay）

　過電流継電器は，変流器と遮断器とを組み合わせて用いるもので，過負荷による過電流，電路や機器の短絡事故による短絡電流が流れると，

　　異常電流を変流器が検出　⇒
　　過電流継電器が動作　⇒
　　遮断器の引きはずしコイルが励磁　⇒
　　遮断器が動作　⇒
　　電路が遮断

という一連の動作が行われる。過電流継電器には，誘導形と静止形の2種類があるが，誘導形について説明すると以下のとおりである。

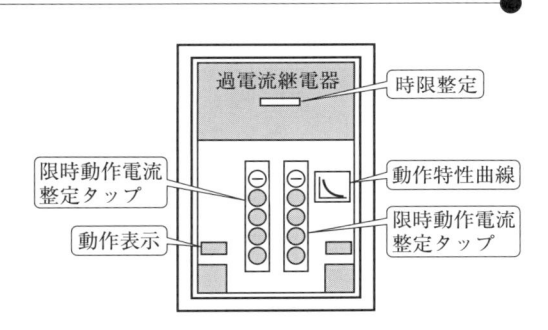

図6・12　過電流継電器略図

a. 電流整定タップ

　電流整定タップには，3，3.5，4，4.5，5〔A〕などのタップがある。タップはプラグの位置により変わり，整定電流を変えることができる。電流タップの整定値は次式で求められる。

$$\text{二次電流} = \text{一次電流} \times \frac{\text{二次側の定格電流}}{\text{一次側の定格電流}} = \text{電流整定タップ値}〔A〕 \tag{6・13}$$

$$\text{一次電流} = \frac{P}{\sqrt{3}\,V_1\cos\theta} \times k \;〔A〕 \tag{6・14}$$

（変流比 a の逆数）

k：余裕度（1.3～1.5：安定した動作を行わせる値）

参考▶　《電流整定タップ算出の具体例》

　契約電力100〔kW〕，供給電圧6〔kV〕，負荷力率80〔%〕，変流比$\frac{20}{5}$，余裕度を1.3とするとき，電流整定タップをいくらにしたらよいか。

$$\text{一次電流} = \frac{P}{\sqrt{3}\,V_1\cos\theta} \times k \;〔A〕 = \frac{100 \times 1\,000}{\sqrt{3} \times 6 \times 1\,000 \times 0.8} \times 1.3$$

$$\text{電流整定タップ値} = \frac{100 \times 1\,000}{\sqrt{3} \times 6 \times 1\,000 \times 0.8} \times 1.3 \times \frac{5}{20} \fallingdotseq 3.9 \;〔A〕$$

したがって電流整定タップ値は 4 となる。

b. 時限整定レバー

レバーを移動することにより，固定接点と可動接点の間隔を調整，動作時間を変える。0〜10 の時限目盛りがある。

c. CB 形高圧受電設備

過電流継電器特性 + CB の遮断特性は，図 6・13 ② に示す特性曲線となる。

d. 保護協調

図 6・13 に示す 2 つの特性曲線は，配電用変電所の過電流継電器特性と需要家変電設備の過電流継電器特性である。保護協調の観点から，両者は互いに重なることはなく，また，配電用の過電流継電器の動作時間が遅く設定されることから，① の特性曲線が，② の上方に位置する。

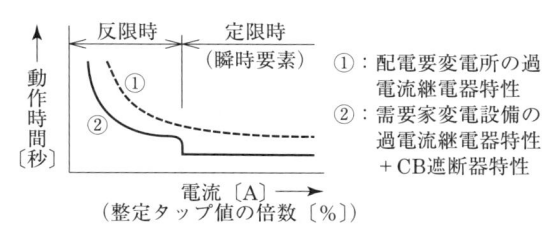

図6・13 高圧用変電設備の保護協調

① : 配電要変電所の過電流継電器特性
② : 需要家変電設備の過電流継電器特性 + CB遮断器特性

e. 時限レバー整定値と特性曲線

図 6・14 において，上部レバー値は 10 で下方に行くにしたがって，小さくなる。時限整定レバーは，目盛り 10 のとき 10/10 で，最大時限となる。

仮にレバーが 10 で動作時間が 2〔秒〕であれば，レバー 6 の設定動作時間は比例式を適用すると次式が成り立つ。

$$10 : 2 = 6 : X$$

$$X = 2 \times \frac{6}{10} = 1.2 \, 〔秒〕$$

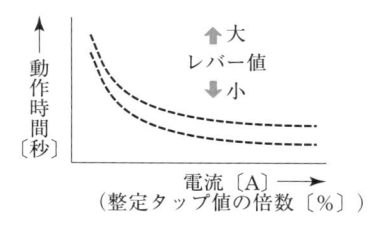

図6・14 時限レバー整定値と特性曲線

(2) 地絡継電器（GR : ground relay）

零相変流器（ZCT）と組み合わせて使用。地絡事故を生じた場合，次のような順で実行される。

　　零相変流器が地絡電流を検出 ⇒
　　増幅 ⇒
　　遮断器の引きはずしコイルが励磁 ⇒
　　遮断器が動作 ⇒
　　電路が遮断

◆ 零相変流器（ZCT : zero phase sequence current transformer）

零相変流器の負荷側で地絡事故が生じたとき，零相電流を検出するものである。定格零相電流は零相一次，二次電流の比で表される。

図6・15 地絡継電器略図

（3）地絡方向継電器（DGR：directional ground relay）

需要家構内の高圧ケーブルのこう長が長くなると，構内の対地静電容量 C_2 が増大し，構外の A 点で発生した地絡事故による地絡電流が，静電容量 C_2 を通し構内に設置された零相変流器に作用，遮断器が動作することとなる。このような構外で発生した地絡事故が，構内に波及しないようにするのが，地絡方向継電器である。

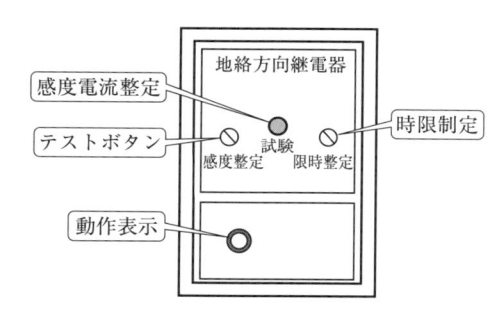

図6・16　地絡方向継電器略図

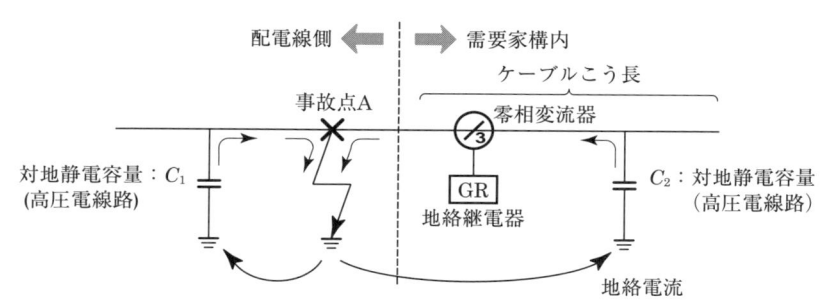

図6・17　構外で発生した地絡事故と構内関係略図

（4）不足電圧継電器（UVR：under voltage relay）

停電や電圧低下などで，整定電圧以下になった場合，遮断器を動作させ回路を開放する。動作に必要な電源は，計器用変圧器の二次側より得る。

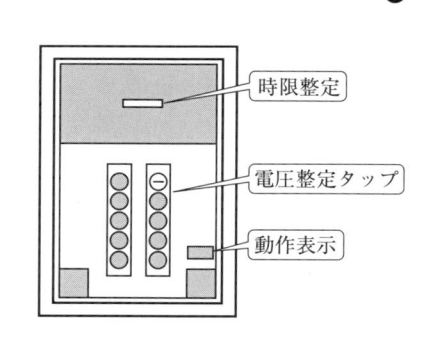

図6・18　不足電圧継電器略図

第6章　章末問題

(1) 力率改善

No	問 題	答 え
6-01	定格電圧 6 000〔V〕，負荷電流 50〔A〕，遅れ力率 60〔%〕の，三相負荷がある。進相コンデンサを接続して，力率を 80〔%〕に改善した場合，線路に流れる電流はいくらになるか。ただし，電圧，消費電力は変わらないものとする。	イ．24.0〔A〕 ロ．30.0〔A〕 ハ．37.5〔A〕 ニ．66.7〔A〕
6-02	消費電力 80〔kW〕，無効電力 120〔kvar〕の遅れ力率の負荷がある。今，60〔kvar〕の進相コンデンサを設置し，力率改善を行った場合，改善後の力率はいくらになるか。	イ．56〔%〕 ロ．60〔%〕 ハ．56〔%〕 ニ．80〔%〕
6-03	力率 60〔%〕（遅れ）の三相負荷に，並列に進相コンデンサを接続して，力率を 80〔%〕に改善した場合，負荷電圧を一定とすると，線路の電力損失は，もとの何倍になるか。	イ．0.56〔倍〕 ロ．0.75〔倍〕 ハ．1.33〔倍〕 ニ．1.78〔倍〕
6-04	遅れ力率 60〔%〕の三相負荷がある。今，この負荷に並列に進相コンデンサを接続して，力率を 100〔%〕に改善した。コンデンサ接続前の線路損失が 2.0〔kW〕とすると，改善後の線路損失はいくらになるか。	イ．0.72〔kW〕 ロ．1.20〔kW〕 ハ．3.33〔kW〕 ニ．5.56〔kW〕
6-05	容量 80〔kVA〕，遅れ力率 60〔%〕の負荷に進相コンデンサを並列に接続し，力率を 85〔%〕に改善した。コンデンサ容量で適切なものはどれか。ただし，$\cos\theta = 0.85$ のとき $\tan\theta = 0.62$ とする。	イ．6.2〔kvar〕 ロ．10.4〔kvar〕 ハ．34.2〔kvar〕 ニ．57.1〔kvar〕

(2) 需要率・負荷率・不等率

No	問 題	答 え
6-06	最大需要電力が 100〔kW〕の A 工場と 50〔kW〕の B 工場がある。A, B 工場間の不等率を 1.2 とすると，最大電力〔kW〕はいくらか。	イ．60〔kW〕 ロ．120〔kW〕 ハ．125〔kW〕 ニ．180〔kW〕

No	問　題	答　え
6-07	設備容量の合計が 800〔kW〕の工場がある。ある月の負荷率が 50〔%〕，需要率が 40〔%〕のとき，この工場の月の平均電力〔kW〕はいくらか。	イ．160〔kW〕 ロ．320〔kW〕 ハ．400〔kW〕 ニ．640〔kW〕
6-08	図に示す日負荷曲線を有する受電設備の日負荷率〔%〕はいくらか。 負荷〔kW〕: 0〜8時 100kW, 8〜16時 150kW, 16〜24時 50kW	イ．25.0〔%〕 ロ．50.0〔%〕 ハ．66.7〔%〕 ニ．150.0〔%〕
6-09	不等率を 1.2, 負荷統合力率を 80〔%〕とするとき，図の三相変圧器の適切な値〔kVA〕は。 電源 3φ6600V → 変圧器 → 最大需要電力100kW / 最大需要電力150kW / 最大需要電力200kW	イ．300〔kVA〕 ロ．432〔kVA〕 ハ．450〔kVA〕 ニ．470〔kVA〕
6-10	最大需要電力 600〔kW〕, 1ヵ月(30日)の使用電力量が, 108 000〔kWh〕の工場がある。この工場の月負荷率は何〔%〕か。	イ．20〔%〕 ロ．25〔%〕 ハ．30〔%〕 ニ．180〔%〕
6-11	設備容量 200〔kW〕, 需要率 80〔%〕の需要家と設備容量 300〔kW〕, 需要率 60〔%〕の需要家がある。両者間の不等率が, 1.25 のとき，最大電力は。	イ．272〔kW〕 ロ．400〔kW〕 ハ．425〔kW〕 ニ．600〔kW〕

(3) 短絡容量・短絡電流

No	問　題	答　え
6-12	配電線路 (電圧 6.6〔kV〕) に短絡事故があり，短絡箇所から電源側をみた，パーセントインピーダンスは %Z〔%〕(基準容量 10〔MVA〕)であった。短絡点での三相短絡電流〔A〕の値は。	イ．$\dfrac{10^6}{\sqrt{3} \times \%Z \times 6.6}$〔A〕 ロ．$\dfrac{10^6}{\%Z \times 6.6}$〔A〕 ハ．$\dfrac{10^3 \times \%Z}{6.6}$〔A〕 ニ．$\dfrac{10^6 \times \sqrt{3} \times \%Z}{6.6}$〔A〕

No	問 題	答 え
6-13	配電線路において，基準電圧を V 〔V〕，基準電流を I 〔A〕，パーセントインピーダンスを $\%Z$ 〔%〕とすると，三相短絡容量〔VA〕を表す式はどれか。	イ．$\dfrac{100\sqrt{3}\,VI}{\%Z}$ 〔VA〕 ロ．$\dfrac{100VI}{\%Z}$ 〔VA〕 ハ．$\dfrac{300VI}{\%Z}$ 〔VA〕 ニ．$\dfrac{100VI}{\sqrt{3}\,\%Z}$ 〔VA〕
6-14	配電線路（線間電圧 6.6〔kV〕）において，受電端からみた電源側のパーセントインピーダンスが 6〔%〕（基準容量 10〔MVA〕）であった。受電端での三相短絡電流〔kA〕はいくらか。	イ．8〔kA〕 ロ．15〔kA〕 ハ．25〔kA〕 ニ．44〔kA〕
6-15	高圧受電設備（公称電圧 6.6〔kV〕，周波数 60〔Hz〕）に使用する，遮断器の遮断容量〔MVA〕はいくらか。ただし，遮断器は，定格電圧 7.2〔kV〕，定格電流 600〔A〕，定格遮断電流 12.5〔kA〕とする。	イ．90〔MVA〕 ロ．145〔MVA〕 ハ．150〔MVA〕 ニ．160〔MVA〕
6-16	配電用変圧器（出力 10〔MVA〕，内部パーセントインピーダンスが 8〔%〕）から，合成パーセントインピーダンスが 4〔%〕（10〔MVA〕基準），電圧 6.6〔kV〕の配電線路により，受電する需要家の遮断器の遮断電流〔kA〕で適切なものは。	イ．4.0〔kA〕 ロ．7.0〔kA〕 ハ．8.0〔kA〕 ニ．12.5〔kA〕
6-17	工場に設置する受電用遮断器の遮断容量を決定するために必要な事項はどれか。	イ．負荷電流の最大値 ロ．受電点での三相短絡電流値 ハ．契約電力値 ニ．変圧器の容量値

第7章 電気工事

7.1 電圧と接地工事 （電技・解釈 第2,19,20,24,27,29条）

(1) 電圧の種別

電圧は一般に，低圧，高圧，特別高圧の3種類に大別できる。

① 低　　圧（直流：750〔V〕以下，交流：600〔V〕以下）
② 高　　圧（直流：750〔V〕を超えるもの，交流：600〔V〕を超え7 000〔V〕以下）
③ 特別高圧（7 000〔V〕を超えるもの）

(2) 接地工事

通常時，無電圧状態にある部分に，漏電などで充電化されることにより，感電死傷事故や火災事故などの災害が発生する。これらを防止するため，充電化する部分と大地とを接続する工事が接地工事である。

a. 接地工事の種類

表7・1　接地工事の種類

接地工事の種類	接地抵抗の最大値	接地線の最小太さ	接地抵抗の緩和特例	接地箇所
A種接地工事	10〔Ω〕	直径2.6〔mm〕		高圧機器の外箱（変圧器，避雷器，進相コンデンサー，OCB，高圧電動機，始動器等）
B種接地工事	$\dfrac{150}{I}$〔Ω〕 (I：変圧器高圧側の1線地絡電流)	直径2.6〔mm〕	高・低圧混触時，低圧側電路が150〔V〕を超えた場合 ① 2〔秒〕以内に遮断するなら $\dfrac{300}{I}$〔Ω〕 ② 1〔秒〕以内に遮断するなら $\dfrac{600}{I}$〔Ω〕	高・低圧結合変圧器の低圧側中性線
D種接地工事	100〔Ω〕	直径1.6〔mm〕	電路に地気を生じたとき，0.5〔秒〕以内に遮断するなら，500〔Ω〕でよい。	300〔V〕以下の機械器具の鉄台，外箱等
C種接地工事	10〔Ω〕	直径1.6〔mm〕	電路に地気を生じたとき，0.5〔秒〕以内に遮断するなら，500〔Ω〕でよい。	300〔V〕を超える機械器具の鉄台，外箱等

b. 接地工事の方法

A種，B種接地工事の接地線が，人に触れるおそれがある場合の接地方法。

①接地線は合成樹脂管などで，地表上から2〔m〕以上覆う。

②接地線を鉄柱などに沿って施設するときは，接地棒（接地極）を鉄柱などから，1〔m〕以上離す。

③接地棒は，地表上から，0.75〔m〕以上の深さに埋設する。

④地表0.6〔m〕，地下の接地線には，絶縁電線（OW線：屋外電線を除く），ケーブルを使用する。

⑤接地極には板状や棒状の銅製，鋼製（銅被覆，炭素被覆，亜鉛メッキ）や，厚鋼管などを使用する。

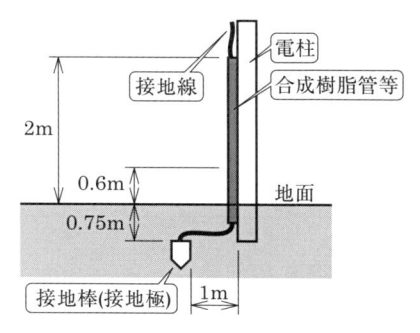

図7・1 接地工事の方法

7.2 低圧屋内配線工事

(1) 低圧屋内配線工事の種類と施設場所

表7・2 低圧屋内配線の工事の種類と施設場所　　　　（電技・解釈　第174条）

電気工事の種類	展開した場所 乾燥した場所	展開した場所 その他の場所	点検できる隠ぺい場所 乾燥した場所	点検できる隠ぺい場所 その他の場所	点検できない隠ぺい場所 乾燥した場所	支持点間の距離（以下）	収める電線断面積の総和（以下）
金属管工事	○	○	○	○	○		
ケーブル工事	○	○	○	○	○	2〔m〕	
合成樹脂管工事	○	○	○	○	○	1.5〔m〕	
2種金属可とう電線管工事	○	○	○	○	○		
がいし引き工事	○	○	○	○		2〔m〕	
ダクト工事　バスダクト工事	○	△	○			3〔m〕	
ダクト工事　金属ダクト工事	○		○			3〔m〕	20〔%〕
ダクト工事　ライティングダクト工事	△		△			2〔m〕	
ダクト工事　セルラダクト工事			△		△		
ダクト工事　フロアダクト工事					△		
線ぴ工事　合成樹脂線ぴ工事	△		△				
線ぴ工事　金属線ぴ工事	△		△				
1種金属可とう電線管工事	△		△				

※この4種類の工事については，ほとんどの施設場所に適合することに注目。

施工範囲　○：600〔V〕以下
　　　　　△：300〔V〕以下

(2) 用語の説明

① 展開した場所：屋内の天井下面，側面など。
② 点検できる隠ぺい場所：点検口のある天井裏，屋根裏，戸だな，押入などの電気工作物の接近・点検が容易に可能な場所。
③ 点検できない隠ぺい場所：天井のふところ，コンクリート床内部，壁内部などの造営材を壊さないと，電気工作物への接近・点検ができない場所。

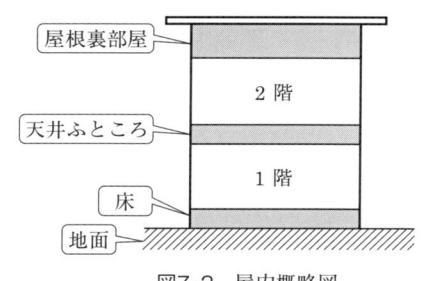

図7・2　屋内概略図

(3) 低圧屋内配線工事の概要

表7・3は，低圧屋内配線工事の種類と，その施行方法の概要を示したものである。各施工方法の相違点などを関連付け，理解すると覚えやすい。

表7・3　低圧屋内配線工事の概要

工事の種類	各低圧屋内配線工事のおもな施工法の概要
①金属管工事 （電技・解釈　第178条）	①使用電線 ・絶縁電線（屋外用ビニル絶縁電線を除く）で，より線（短小の金属管，または，直径3.2〔mm〕以下は，この限りでない）あること。 ②管の厚さ ・コンクリートに埋め込む場合1.2〔mm〕以上。その他1.0〔mm〕以上。 ・管長4〔m〕以下，乾燥した展開場所に施設する場合0.5〔mm〕以上。 ③金属管内では電線に接続点を設けない。 ④管の接続 ・管相互，ボックスなどは，堅牢かつ電気的に完全に接続する。 ⑤曲げ半径 ・管内径の6〔倍〕以上。 ⑥接地工事 ・300〔V〕以下：管にはD種接地工事を施す（管長4〔m〕以下，乾燥した場所に施設する場合，または対地電圧150〔V〕以下で，管長8〔m〕以下を乾燥した場所か，人が容易に触れないようにする場合，この限りでない）。 ・300〔V〕を超える場合：C種接地工事を施す（人が触れるおそれがないようにすれば，D種地工事で可）。
②合成樹脂管工事 （電技・解釈　第177条）	①使用電線 ・絶縁電線（屋外用ビニル絶縁電線を除く）で，より線（短小の合成樹脂管，または，直径3.2〔mm〕以下は，この限りでない）であること。 ②管の厚さ ・2〔mm〕以上（点検できる場所で，乾燥した人が触れるおそれがない場合，この限りでない）。 ③管の支持点間の距離1.5〔m〕以下 ④管の差し込み深さ ・管外径の1.2〔倍〕以上（接着剤使用の場合0.8〔倍〕以上） ⑤曲げ半径 ・管内径の6〔倍〕以上。 ⑥合成樹脂管内では電線に接続点を設けない。

工事の種類	各低圧屋内配線工事のおもな施工法の概要
③ケーブル工事 （電技・解釈 第187条）	①使用電線 ・ケーブル，または3, 4種各キャブタイヤケーブル（使用電圧が，300〔V〕以下で，展開した場所，または点検できる隠ぺい場所の場合2種キャブタイヤケーブル系で可）。 ②ケーブルの支持点間の距離 ・造営材の下面，または側面に沿って取り付ける場合2〔m〕以下。 ・垂直に取り付ける場合6〔m〕以下。 ・キャブタイヤケーブルの場合1〔m〕以下。 ③接地工事 ・管など電線を収める防護装置の金属部分に接地を施す。 ・300〔V〕以下：管にはD種接地工事を施す（防護装置の金属部分が4〔m〕以下で乾燥した場所に施設する場合，または直流300〔V〕，または交流対地電圧150〔V〕以下で，防護装置が8〔m〕以下で乾燥した場所か，人が容易に触れないようにすれば，接地を省略してもよい）。 ・300〔V〕を超える場合：C種接地工事を施す（人が容易に触れないようにすれば，D種接地工事で可）。
④可とう電線管工事 （電技・解釈 第180条）	①使用電線 ・絶縁電線（屋外用ビニル絶縁電線を除く） ・より線（直径3.2〔mm〕以下は，この限りでない） ②管内では，電線に接続点を設けない。 ③2種金属製可とう電線管を湿気・水気の多い場所で使用する場合，防湿装置を施す。 ④2種金属製可とう電線管を使用する（点検できる，乾燥した場所であれば，この限りでない）。 ・300〔V〕を超える場合は，電動機使用部分のみ可。 ⑤管相互などは，堅牢かつ電気的に完全に接続。 ⑥1種金属製可とう電線管には，直径1.6〔mm〕以上の裸軟銅線を全長にわたり施設し，電気的に完全に接続する（管長4〔m〕以下は，この限りでない）。 ⑦接地工事 ・300〔V〕以下：管にはD種接地工事を施す（管長4〔m〕以下は，この限りでない）。 ・300〔V〕を超える場合：C種接地工事を施す（人が触れるおそれがないようにすれば，D種接地工事で可）。
⑤がいし引き工事 （電技・解釈 第175条）	①使用電線 ・絶縁電線（屋外用ビニル絶縁電線，引き込み用絶縁電線を除く）。 ②電線相互間の離隔距離：6〔cm〕以上 ③電線と造営材との離隔距離 ・300〔V〕以下の場合2.5〔cm〕以上 ・300〔V〕超える場合4.5〔cm〕以上 ④電線の支持点間の距離 ・電線を造営材の上面・側面に沿って取り付ける場合2〔m〕以下 ・その他6〔m〕以下 ⑤電線が造営材を貫通する場合 ・貫通する部分の電線を電線ごとに難燃性，耐水性のもので絶縁する。
⑥金属線ぴ工事 （電技・解釈 第179条）	①使用電線 ・絶縁電線（屋外用ビニル絶縁電線を除く）。 ②線ぴ内では，電線に接続点を設けない（2種線ぴにより，電線を分岐する場合や接続点が容易に点検できる場合，D種接地工事が施されている場合は，この限りでない）。 ③接地工事 ・線ぴにはD種接地工事を施す（全長4〔m〕以下，または対地電圧150〔V〕以下で，全長8〔m〕以下を，人が容易に触れるおそれのないようにするか，乾燥した場所に施設すれば，この限りでない）。

工事の種類	各低圧屋内配線工事のおもな施工法の概要
⑦合成樹脂線ぴ工事 （電技・解釈 第176条）	①使用電線 ・絶縁電線（屋外用ビニル絶縁電線を除く）。 ②合成樹脂線ぴは，溝の幅，深さが3.5〔cm〕以下であること（人が容易に触れるおそれがない場合．幅が5〔cm〕以下まで使用可）。 ③線ぴ内では，接続点を設けない（合成樹脂製ジョイントボックス内であれば，この限りでない）。
⑧金属ダクト工事 （電技・解釈 第181条）	①使用電線 ・絶縁電線（屋外用ビニル絶縁電線を除く）。 ②ダクト収納可能，電線断面積（含む絶縁被覆）の総和は，ダクト内部断面積の20〔%〕以下。 ③ダクト内では，電線に接続点を設けない（電線を分岐する場合，接続点が容易に点検できれば，この限りでない）。 ④ダクトは，幅が5〔cm〕を超え，厚さが1.2〔mm〕以上。 ⑤ダクトの支持点間の距離は，3〔m〕以下（関係者以外出入りできない場所で，垂直に取り付ける場合6〔m〕以下）。 ⑥ダクトの終端部は閉そくする。 ⑦ダクト相互等は，堅牢かつ電気的に完全に接続。 ⑧接地工事 ・300〔V〕以下：ダクトにはD種接地工事を施す。 ・300〔V〕を超える場合：C種接地工事を施す（人が容易に触れないようにすれば，D種接地工事で可）。
⑨バスダクト工事 （電技・解釈 第182条）	①ダクトの支持点間の距離3〔m〕以下（垂直に取り付ける場合，6〔m〕以下）とする。 ②ダクト相互は，堅牢かつ電気的に完全に接続。 ③ダクトの終端部は閉そくする。 ④接地工事 ・300〔V〕以下：ダクトにはD種接地工事を施す。 ・300〔V〕を超える場合：C種接地工事を施す（人が触れるおそれがないようにすれば，D種接地工事で可）。
⑩フロアダクト工事 （電技・解釈 第183条）	①使用電線 ・絶縁電線（屋外用ビニル絶縁電線を除く）。 ・より線（直径3.2〔mm〕以下は，この限りでない）。 ②フロアダクト内では，電線に接続点を設けない（電線を分岐する場合，接続点が容易に点検できれば，この限りでない）。 ③ダクト相互などは，堅牢かつ電気的に完全に接続。 ④ダクトの終端部は閉そくする。 ⑤電気用品安全法の適応を受けるフロアダクト等の鋼鈑の厚さは，2〔mm〕以上とする。 ⑥D種接地工事を施す。
⑪ライティングダクト工事 （電技・解釈 第185条）	①支持点間の距離2〔m〕以下とする。 ②ダクトの終端部は閉そくし，ダクトは造営材を貫通しない。 ③ダクトの開口部は下向きに施設するが，人が容易に触れるおそれがないか，塵埃（じんあい：ほこりなど）が侵入しなければ横向きでも可。 ④ダクト相互，および電線相互は堅牢かつ電気的に完全に接続。 ⑤D種接地工事を施す（対地電圧が150〔V〕以下で，ダクトの長さが4〔m〕以下の場合はこの限りでない）。 ⑥ダクトを人が容易に触れるおそれのある場所に施設するときは，電路に地絡を生じたときに，自動遮断する装置を施設する。

工事の種類	各低圧屋内配線工事のおもな施工法の概要
⑫セルラダクト工事 （電技・解釈 第184条）	①使用電線は，絶縁電線（屋外用ビニル絶縁電線を除く）で，より線であること（直径3.2〔mm〕以下を除く）。 ②セルラダクト内では，電線に接続点を設けない（電線を分岐する場合，接続点が容易に点検できれば，この限りでない）。 ③ダクトの終端部は閉そくする。 ④D種接地工事を施す。 ⑤ダクト相互は電気的に完全に接続。

各工事において電線を接続する場合は，電線の電気抵抗を増加させないように接続するほか，電線の引張強さを20％以上減少させない。（電技・解釈 第12条）

7.3 高圧屋内配線工事 （電技・解釈 第202条）

高圧屋内配線の工事は，次の2種類のいずれかにより施工する。

①がいし引き工事（乾燥した展開場所のみ可）
②ケーブル工事

表7・4 高圧屋内配線工事の概要

項　目	がいし引き工事	ケーブル工事
①使用電線	・高圧絶縁電線 ・特別高圧絶縁電線 ・引下げ用高圧絶縁電線	・ケーブル ・高圧用3種移動電線キャブタイヤケーブル（クロロプレンキャブタイヤケーブル，クロロスルホン化，ポリエチレンキャブタイヤケーブル）。
②電線の太さ	・直径2.6〔mm〕以上の軟銅線	
③支持点間の距離	・6〔m〕以下，造営材に沿って取付ける場合2〔m〕以下	・造営材の下面・側面，2〔m〕以下（人が触れないように垂直に施設6〔m〕以下）。 ・キャブタイヤケーブル1〔m〕以下。
④電線相互の離隔距離	・8〔cm〕以上	
⑤電線と造営材との離隔距離	・5〔cm〕以上	・接触可。損傷しないように施設する。
⑥造営材貫通工事	・電線ごとに別個の堅牢な難燃性，耐水性のもので絶縁。	
⑦接地工事		・ケーブルを金属管等に収める場合 　　⇒ A種接地工事。 （人が容易に触れるおそれがない場合 　　⇒ D種接地工事）
⑧他の電線等の離隔距離	・高圧，低圧，弱電流電線，水管，ガス管などと接近，または交差する場合の離隔距離0.15〔m〕以上。 ・高圧屋内配線をケーブルで施設する場合：「他の電線等の間に耐火性の堅牢な隔壁を施設する場合」，「ケーブルを耐火性の堅牢な管に収める場合」，「他の高圧屋内配線がケーブルである場合」この限りでない。他の低圧屋内配線が，裸電線によるがいし引き工事の場合，離隔距離は，0.3〔m〕以上。	

7.4 架空電線

(1) 架空電線の種類および太さ

表7·5 架空電線の種類と電線の太さ

使用電線の種類など	電線などの太さ
①高圧架空電線（高圧絶縁電線，特別高圧絶縁電線，ケーブル）（電技・解釈 第66条）300〔V〕を超える低圧，または高圧架空電線	市街地に施設の場合：直径5〔mm〕以上の硬銅線 市街地外に施設の場合：直径4〔mm〕以上の硬銅線
②低圧架空電線（絶縁電線，多心型電線，ケーブル）（電技・解釈 第66条）	300〔V〕以下：直径3.2〔mm〕以上 （絶縁電線の場合：直径2.6〔mm〕以上）の硬銅線
③高圧引込電線（電技・解釈 第99条）（高圧絶縁電線，特別高圧絶縁電線，引下げ用高圧絶縁電線：がいし引きによる）	直径5〔mm〕以上の硬銅線
④低圧引込み電線（電技・解釈 第97条）（絶縁電線，ケーブル）	直径2.6〔mm〕以上（径間が15〔m〕以下の場合の直径2.0〔mm〕以上）の硬銅線

(2) 低高圧架空電線と工作物などとの離隔距離

a. 地表・軌道・歩道橋などとの高さ

表7·6 架空電線の高さ

項目	架空電線の条件	高さ・離隔距離など
架空電線の高さ（電技・解釈 第68条）	①電線が道路横断する場合の地表上の高さ（高低圧線）	6〔m〕以上
	②横断以外の架空電線の地表上の高さ （高圧線）	5〔m〕以上
	（低圧線）	4〔m〕以上
	③鉄道などを横断する場合の軌道上の高さ（高低圧線）	5.5〔m〕以上
	④横断歩道橋路面上からの高さ （高圧線）	3.5〔m〕以上
	（低圧線）	3〔m〕以上
引込み線の高さ（電技・解釈 第97条，第99条）	⑤引込み線の地表上の高さ （高圧線）	3.5〔m〕以上
	（低圧線）	・道路横断5〔m〕以上 ・一般の場合4〔m〕以上（技術上やむを得ない場合2.5〔m〕以上）

b. 架空電線（低圧，高圧，弱電流電線）の併架，共架

表7·7 架空電線類を同一支持物に施設するときの離隔距離

項目	架空電線の条件	離隔距離
低高圧架空電線の併架（電技・解釈 第72条）	①低圧架空電線と高圧架空電線（低圧線は高圧線の下に施設）	0.5m以上
	高圧架空電線にケーブル使用の場合	0.3m以上
低高圧架空電線と架空弱電流電線との共架（電技・解釈 第88条）	②低圧架空電線と架空弱電流電線	0.75m以上
	架空弱電流電線路等の管理者の承諾時	0.6m以上
	③高圧架空電線と架空弱電流電線	1.5m以上
	架空弱電流電線路等の管理者の承諾時	1.0m以上

c. 各種工作物などとの離隔距離（架空電線が絶縁電線とケーブルの場合）

表7・8　架空電線と工作物などとの離隔距離

項　目	架空電線と他の工作物の種類・条件など （対象とする電線）	離隔距離	
		絶縁電線	ケーブルなど
他の工作物との離隔距離	①植物（電技・解釈 第86条）　　（高低圧線）	接触しないようにする	
	②アンテナ（電技・解釈 第79条）　（高圧線）	0.8〔m〕以上	0.4〔m〕以上
	（低圧線）	0.6〔m〕以上	0.3〔m〕以上
	③建造物上方（電技・解釈 第76条） （高低圧線）	2〔m〕以上	1〔m〕以上
	④建造物下方・側方（電技・解釈 第76条） （高低圧線）	1.2〔m〕以上	
	人が容易に触れるおそれがないよう施設する場合	0.8〔m〕以上	0.4〔m〕以上
高低圧架空電線，および架空弱電流電線などの接近または交差	⑤架空弱電流電線（電技・解釈 第78条） （高圧線）	0.8〔m〕以上	0.4〔m〕以上
	（低圧線）	0.6〔m〕以上	0.3〔m〕以上
	⑥低圧架空電線相互　　（電技・解釈 第81条）	0.6〔m〕以上	0.3〔m〕以上 （いずれか一方がケーブルなどのとき）
	⑦高圧架空電線相互　　（電技・解釈 第83条）	0.8〔m〕以上	0.4〔m〕以上 （いずれか一方がケーブルのとき）
	⑧高圧架空電線と低圧架空電線 （電技・解釈 第82条）	0.8〔m〕以上	0.4〔m〕以上 （高圧架空電線がケーブルなどのとき）

(3) 図による各種離隔距離

a. 低高圧架空電線の高さ

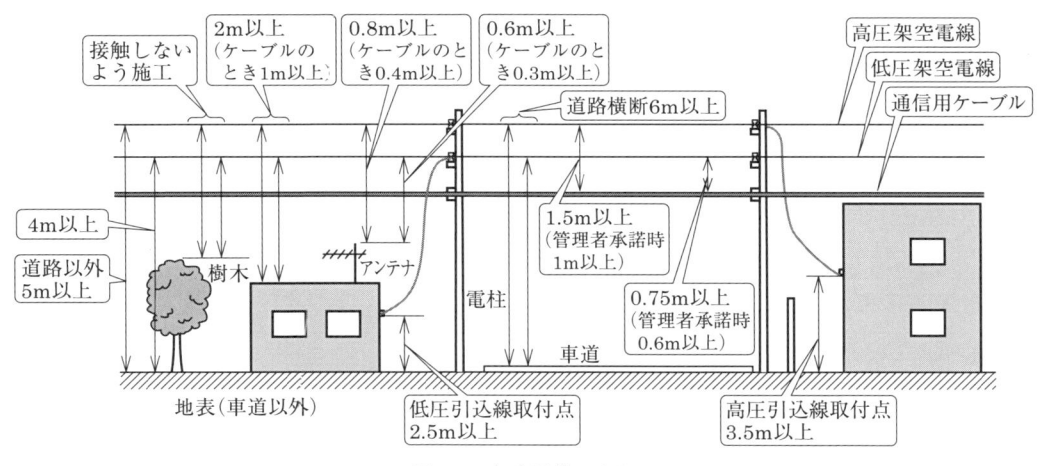

図7・3　架空電線の高さ

b. 低高圧架空電線の構造物との離隔距離

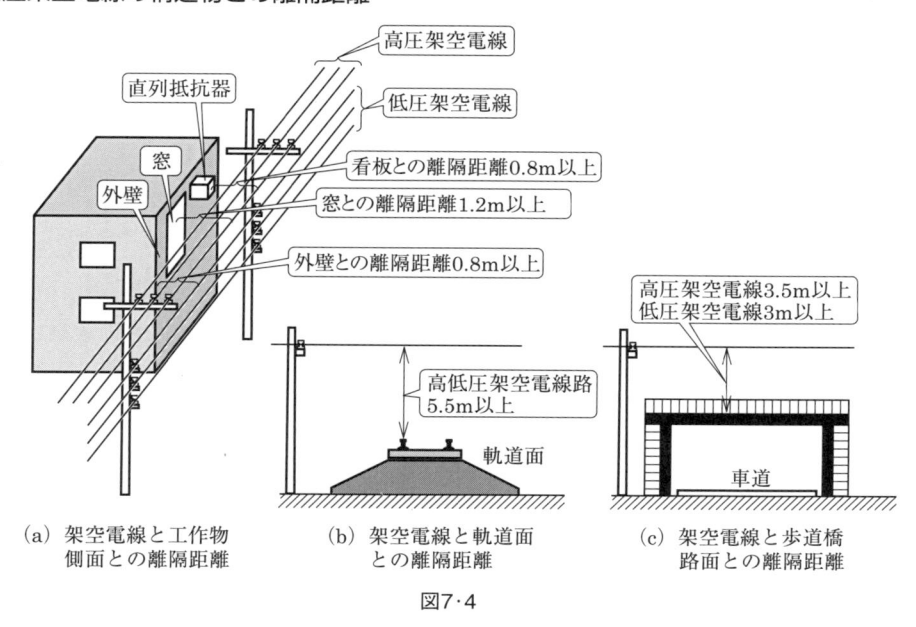

図7・4
(a) 架空電線と工作物側面との離隔距離
(b) 架空電線と軌道面との離隔距離
(c) 架空電線と歩道橋路面との離隔距離

7.5 高圧機器の施設 （電技・解釈 第30条）

　高圧または特別高圧の機器は，危険防止の観点から，取扱者以外の者が，容易に触れるおそれがないように施設する。

(1) 一般の場所で柵を設ける場合

　機械器具の周囲に人が触れるおそれがないよう，適当な柵，塀などを設け，柵，塀からの高さ H〔m〕と柵，塀から充電部分までの距離 D〔m〕の和を5〔m〕以上とし，危険である旨の表示をする。

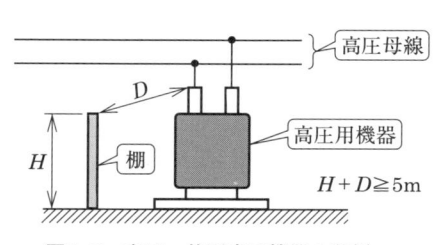

図7・5　高圧・特別高圧機器の設置

(2) 柱上変圧器などを架空電線路などに施設する場合

　機械器具を地表上 4.5〔m〕（市街地以外 4.0〔m〕）以上の高さに設置し，人が触れないように施設する（物が接触しない高さを4〔m〕とし，市街地では安全に考慮し，0.5〔m〕を加える）。

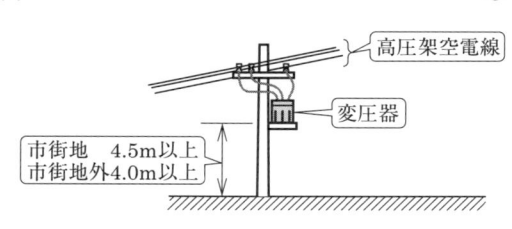

図7・6　柱上変圧器などの設置

7.6 アークを生ずる高圧器具の施設 （電技・解釈 第36条）

　高圧用，または特別高圧用の開閉器，遮断器，避雷器その他これに類する器具で，動作時にアークを生ずるものは，木製の壁，または天井，その他の可燃性のものから，高圧では1〔m〕以上，特別高圧では2〔m〕以上離す。

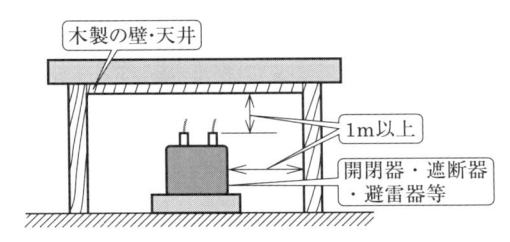

図7・7　アークを生ずる高圧器具の設置例

7.7 高圧受電設備の施設 （電技・解釈 第43条）

①柵・へいなど，堅牢な壁で施設する。
②出入口には，立入禁止の表示，および施錠を施設する。
③キュービクル受電設備では，金属製の箱にD種接地工事を施す。

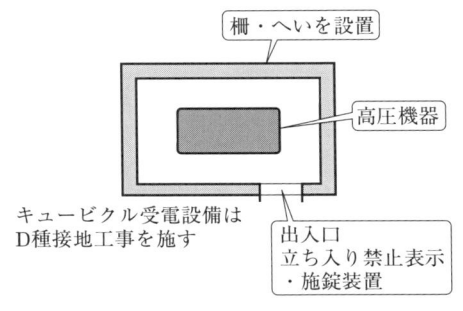

図7・8　高圧受電設備鳥瞰図略図

7.8 電柱の敷設・屋側電線路 （電技・解釈 第56, 58, 92条）

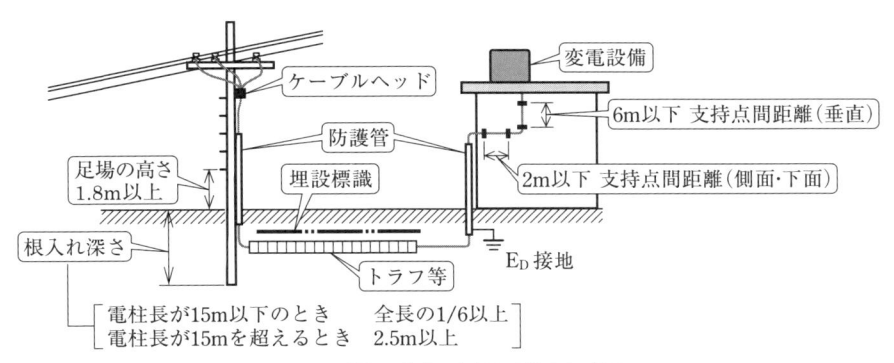

図7・9　電柱の敷設・屋側電線路概略図

(1) 電柱（鉄筋コンクリート柱，木柱）
a. 根入れの深さ
　①電柱の全長が 15〔m〕以下のとき……………全長の 1/6 以上
　②電柱の全長が 15〔m〕を超えるとき……………2.5〔m〕以上
b. 足場の金具の高さ
　①地表上……………………………………………1.8〔m〕以上

(2) 高圧屋側電線路
a. 使用電線
　ケーブルを使用し，堅牢な管，またはトラフに収めるか，人が触れるおそれがないように敷設する。
b. ケーブルの支持点間の距離
　①造営材の側面・下面に取付けるとき……………2〔m〕以下
　②造営材に垂直に取付けるとき……………………6〔m〕以下
c. 他の屋側電線路との離隔距離
　①低圧電線，弱電流電線，水管，ガス管など……0.15〔m〕以上
d. 接地工事
　①ケーブル収納防護装置（管，接続用箱など）…A 種接地工事
　②人が触れるおそれがないとき……………………D 種接地工事

7.9　架空ケーブルの施工　（電技・解釈 第65条）

①ちょう架用線には，断面積 22〔mm²〕以上の亜鉛メッキ鉄より線を使用する。
②ちょう架用ハンガーの間隔は，0.5〔m〕以下にする。
③ちょう架用線，およびケーブルの被覆に使用する金属には，D 種接地工事を施す。

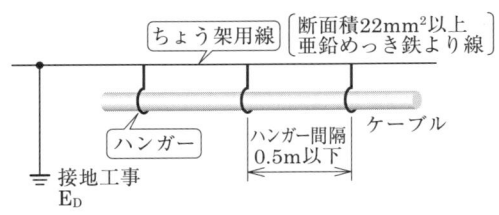

図7・10　架空ケーブルの施工方法

7.10　支線の施工　（電技・解釈 第63条）

①支線は，素線 3 条以上，素線直径 2〔mm〕以上の金属線を使用する。
②地中，および地表上 0.3〔m〕までの部分に，亜鉛メッキを施した鉄棒を使用し，腐食し難い根かせに，堅牢に取り付ける。
③安全率は，2.5 以上とする。

巻付グリップ：支線棒と支線，支線と玉がいしなどの取付けに用いる。

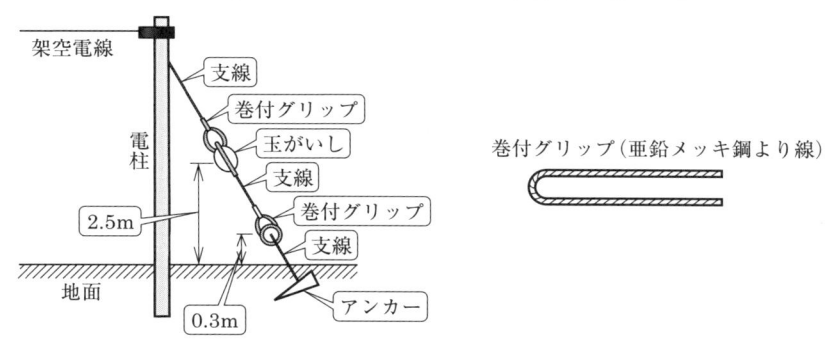

図7・11　支線の施工方法

7.11　地中電線路の施設　（電技・解釈 第134条）

①電線にはケーブルを使用する。
②施設方法は，「直接埋設式」，「管路式」，「暗きょ式」による。
③直接埋設式地中電線路の埋設深さ，および施設方法。
  ◆車両その他重量物の受けるおそれがある場所…1.2〔m〕以上。
  ◆その他の場所……………………………………0.6〔m〕以上。
  ◆地中電線を堅牢なトラフ，その他の防護物に収める。車両その他の重量物の受けるおそれがない場合，上部を堅牢な板，またはといで覆い施設する。

7.12　ケーブル埋設標識シートの施設　（電技・解釈 第134条）

高圧，または特別高圧の地中電線路を，「直接埋設式」，「管路式」で施設する場合，下記による。
①おおむね2〔m〕（他人が立ち入らない場所。十分当該電線路の位置が確認できる場合，この限りでない）の間隔で，「物件の名称」，「管理者名」，「電圧」を表示する。需要家所内にあっては，「電圧」を表示する。
②ケーブル埋設標識シートは，埋設長が15〔m〕以下の場合，省略可。
③ケーブル埋設標識シートの「地色：だいだい色」，「文字：赤色」とする。

解説▶ 地中電線路の施設は，次の方法により施工する。

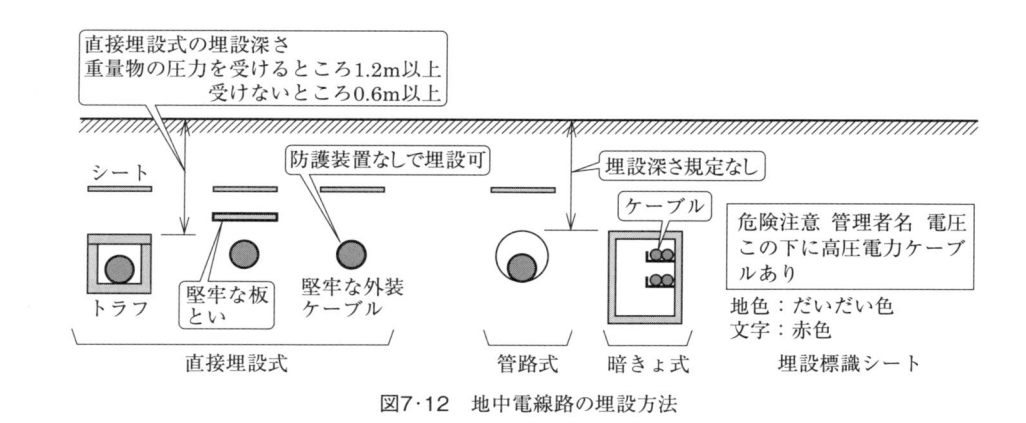

図7・12 地中電線路の埋設方法

7.13 高低圧電線・ケーブル

(1) ケーブルヘッド

高圧ケーブル端末処理（ケーブルヘッド）には，いくつかの処理方法がある。以下にモールドストレスコーン形ケーブル端末と，テープ処理形ケーブル端末の2種について示す。

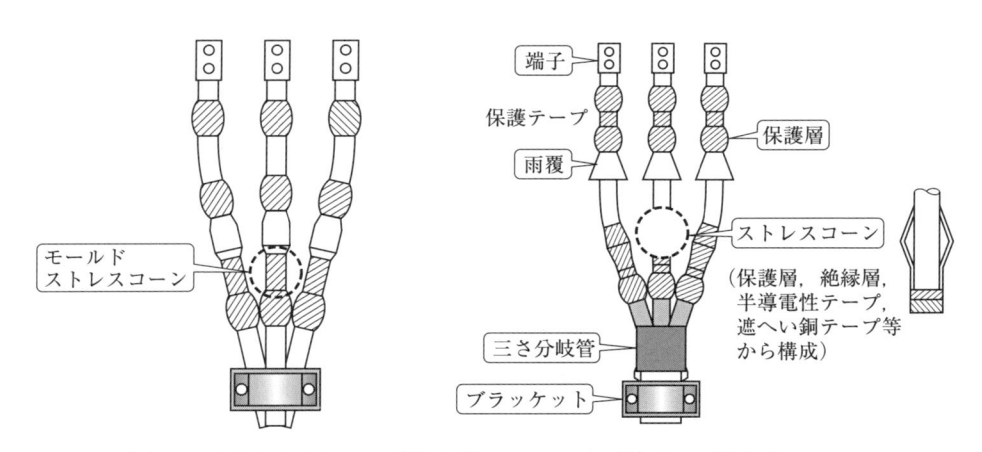

(a) モールドストレスコーン差込み形　　(b) テープ処理形

図7・13 ケーブルヘッド概略図

a. おもな端末処理機材

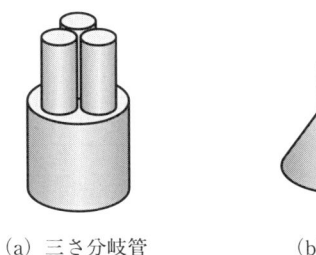

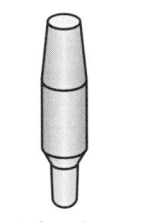

　　(a) 三さ分岐管　　(b) 雨覆　　(c) モールドストレスコーン

図7・14　端末処理機材

b. ストレスコーン

　高圧ケーブルの端末部に使用する円すい状の機材。遮へい銅テープの切断部分に電界が集中し，絶縁破壊を起こすのを防止するため，遮へい銅テープを円すい状に広げ，電界が集中するのを緩和する。

(2) 高圧用ケーブル

① CVケーブル（架橋ポリエチレン絶縁ビニルシースケーブル）

② CVTケーブル（トリプレックス形架橋ポリエチレン絶縁ビニルシースケーブル）

(a) CVケーブル　　(b) CVTケーブル

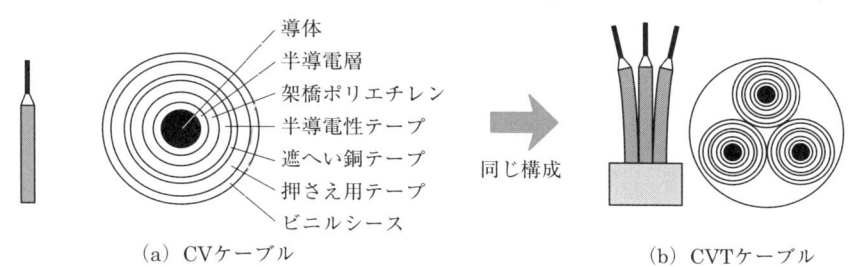

図7・15　高圧用ケーブル

参考▶　《高圧ケーブルを構成する用語について》
架橋ポリエチレン：ポリエチレン合成樹脂を放線などの化学処理により，分子結合を強め，耐熱性や絶縁性を向上させたもの。
　・外被がビニルのとき…………CVケーブル
　・外被がポリエチレンのとき……CEケーブル
　C：架橋ポリエチレン，E：ポリエチレン，V：ビニルを表している。

(3) 高圧用電線

① OC（屋外用高圧架橋ポリエチレン絶縁電線）

② OE（屋外用高圧ポリエチレン絶縁電線）

③ PDC（高圧引下げ用架橋ポリエチレン絶縁電線）

④ PDP（高圧引下げ用エチレンプロピレンゴム電線）

⑤ KIC（高圧機器内配線用架橋ポリエチレン絶縁電線）
⑥ KIP（高圧機器内配線用EPゴム絶縁電線）

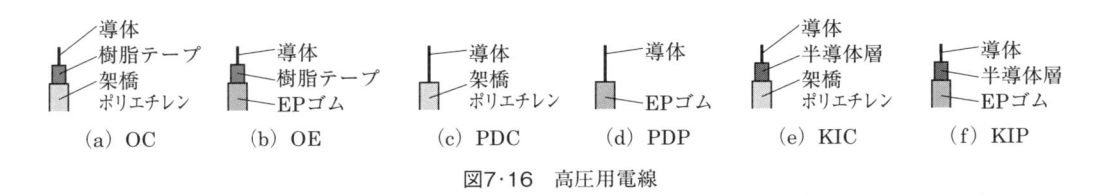

図7·16　高圧用電線

(4) 低圧用電線・ケーブル

① MIケーブル（mineral insulated cable：耐熱用電線）
② CV（600〔V〕架橋ポリエチレン絶縁電線）
③ IV（600〔V〕ビニル絶縁電線）
④ VVF（ビニル外装ケーブル平形）
⑤ VVR（ビニル外装ケーブル丸形）
⑥ 2種クロロプレンキャブタイヤケーブル
⑦ 3種，4種クロロプレンキャブタイヤケーブル

4種クロロプレンキャブタイヤケーブルは，3種クロロプレンキャブタイヤケーブルの心線間にゴムを添加補強したケーブル。

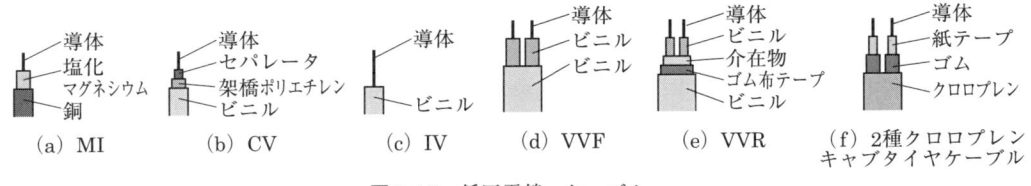

図7·17　低圧電線・ケーブル

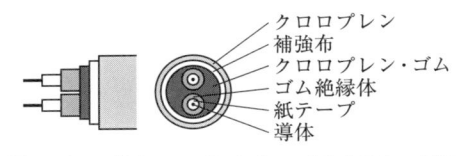

図7·18　3種クロロプレンキャブタイヤケーブル

参考▶　《高・低圧電線（およびケーブル）を構成する用語について》
・VVF：V（ビニル），F（平形）
・VVR：V（ビニル），R（丸形）
・IV：I（絶縁）
・MI：M（無機質）

7.14 コンセント

使用電圧が異なる電気器具（100〔V〕，200〔V〕用）を間違ってコンセントに差し込まないよう，使用電圧，電流によりコンセントの形状が異なっている。表7・9にコンセントの形状を示す。

表7・9 使用電圧・電流とコンセント形状の概観

使用電圧 \ 使用電流 / コンセント種別	15〔A〕 一般用コンセント	15〔A〕 接地極付コンセント	20〔A〕 一般用コンセント	20〔A〕 接地極付コンセント	30〔A〕 一般用コンセント	30〔A〕 接地極付コンセント
単相 100〔V〕	125〔V〕，15〔A〕用		125〔V〕，20〔A〕用		—	—
単相 200〔V〕	250〔V〕，15〔A〕用		250〔V〕，20〔A〕用		250〔V〕，30〔A〕用	
三相 200〔V〕	250〔V〕，15〔A〕用		250〔V〕，20〔A〕用		250〔V〕，30〔A〕用	

7.15 可燃性ガスなどの存在する場所の低圧室内電気設備の施設 （電技・解釈 第69条）

可燃性ガスや引火性ガスが漏れ滞留し，電気設備が点火源となり，爆発するおそれがある場所の低圧屋内電気設備は，以下のように施設する。

① 低圧屋内配線，小勢力回路，出退表示灯回路などの配線は，金属管工事またはケーブル工事（キャブタイヤケーブルを除く）により施工する。

② 管相互および管とボックス，電気機械器具などとは，5山以上のネジで接続するか，同等以上の効力のある方法で堅ろうに接続する。

③ 可とう性を必要とする電動機の接続部分には，耐圧防爆型または安全増防爆型のフレキシブルフィッチングを使用し，電気機械器具には防爆性能を有する構造のものを使用する。

④ 移動電線には接続点のない3種，4種のキャブタイヤケーブル類を使用する。

7.16 リングスリーブの圧着接続

　圧着ペンチを利用して電線をリングスリーブ接続する際には，表7・10に示すように圧着ペンチのダイスと電線の本数，およびリングスリーブの大きさの3者が合致するものを使い，十分圧着する必要がある。圧着ペンチは圧着が十分でないと握りが開かない構造になっている。

表7・10　リングスリーブの圧着接続例

圧着ペンチ		リングスリーブの大きさ	電線の太さ（直径）	
ダイス	圧着マーク		1.6mm	2.0mm
ⓈⓘⓝⒹ(小)	○	小	2本	
小	小	小	3～4本	2本
中	中	中	5～6本	3～4本

第7章　章末問題

(1) 低圧工事

No	問　題	答　え
7-01	湿気のある点検できる隠ぺい場所に敷設する低圧屋内配線で，適切な組合せはどれか。	イ．金属管工事・2種金属製可とう電線管工事 ロ．ケーブル工事・金属線ぴ工事 ハ．がいし引き工事・ライティングダクト工事 ニ．合成樹脂管工事・金属ダクト工事
7-02	可燃性ガスを扱う場所に敷設する低圧屋内配線に関する記述で，不適切なものはどれか。	イ．スイッチ，コンセントには，耐圧防爆形のものを使用。 ロ．移動電線には，3種クロロプレンキャブタイヤケーブルを使用。 ハ．配線は金属管工事により敷設し，付属品には，耐圧防爆形を使用。 ニ．配線用金属管と電動機とを金属製の可とう電線管で結んだ。
7-03	電線の接続について，不適切ものはどれか。	イ．電線の分岐部分では，電線に張力がかからないようにする。 ロ．絶縁電線相互の接続は，引張り強度を20〔%〕以上減少させない。 ハ．絶縁電線相互の接続は，電気抵抗を10〔%〕以上増加させない。 ニ．絶縁電線相互の接続には，絶縁電線と同等以上の絶縁効力のある接続器を使用する。
7-04	配線工事の圧着接続に使用する工具に関する記述で，不適切なものはどれか。	イ．圧着接続工具は，圧着完了前でもダイス部を開くことが可能である。 ロ．圧着端子や圧着スリーブには，使用ダイスのマークが表示される。 ハ．圧着端子と圧着スリーブは，同一の圧着工具で接続が可能である。 ニ．1.6〔mm〕の太さの電線3〜4本の接続には，リングスリーブ小を使用する。
7-05	ライティングダクトを人が容易に触れるおそれがある場所に敷設する場合，不適切な工事はどれか。	イ．乾燥した場所なので，漏電遮断器の敷設を省略した。 ロ．ダクトの開口部を下にし，敷設した。 ハ．ダクトを造営材に2〔m〕間隔で固定した。 ニ．ダクト長が4〔m〕，対地電圧が，150〔V〕以下なので，接地工事を省略した。
7-06	アクセスフロアに関する記述で不適切なものはどれか。	イ．フロア内は，電源ケーブルと弱電線が接触しないよう隔壁を設けた。 ロ．コンセントはフロア内に設置しない。 ハ．フロア内では，ビニル外装ケーブル以外の使用は不可。 ニ．フロアの貫通部は，移動電線が損傷しないよう処置する。

No	問題	答え
7-07	電灯 A を 3 箇所で点滅するための回路はどれか。	イ. ロ. ハ. ニ.（回路図）
7-08	400〔V〕の低圧屋内配線を、点検できない隠ぺい場所に敷設する場合不適切なものはどれか。	イ. 金属管工事 ロ. 合成樹脂管工事 ハ. ケーブル工事 ニ. 金属ダクト工事
7-09	金属管工事で使用する材料はどれか。	イ. インサートマーカ ロ. ストレートボックスコネクタ ハ. ユニバーサル ニ. TS カップリング

(2) 高圧工事

No	問題	答え
7-10	高圧屋内配線を乾燥した、展開した場所に敷設する場合、適応工事はどれか。	イ. 金属管工事 ロ. がいし引き工事 ハ. バスダクト工事 ニ. 合成樹脂管工事
7-11	高圧屋内配線を乾燥した、展開した場所で、人が容易に触れないように敷設する場合、不適切な工事はどれか。	イ. 高圧ケーブルを金属ダクトに収め敷設。 ロ. 高圧絶縁電線をがいし引きで敷設。 ハ. 高圧絶縁電線を金属管に収め敷設。 ニ. 高圧ケーブルを金属管に収め敷設。
7-12	高圧 CV ケーブルを屋内に敷設する場合、不適切なものはどれか。	イ. 高圧 CV ケーブルを造営材の側面に沿って、2〔m〕間隔で支持した。 ロ. 高圧 CV ケーブルを人が触れるおそれのない箇所に、垂直に 6〔m〕間隔で支持した。 ハ. 高圧 CV ケーブルと低圧ケーブルを、同一ケーブルラックに 10〔cm〕離して敷設した。 ニ. 高圧 CV ケーブルを乾燥箇所に金属管に収め敷設、金属管には A 種接地工事を行った。

(3) 接地工事

No	問題	答え
7-13	B種接地工事の接地抵抗値を決定する際，適切なものはどれか。	イ．変圧器の容量 ロ．変圧器の低圧側電路の長さ ハ．変圧器の高圧側の1線地絡電流 ニ．変圧器の高圧側のヒューズの定格値
7-14	人が触れるおそれのある，300〔V〕を超える低圧屋内配線を，金属管に収めたビニル外装ケーブルによって敷設する場合，金属管に施す接地工事の種類はどれか。	イ．A種接地工事 ロ．B種接地工事 ハ．C種接地工事 ニ．D種接地工事
7-15	接地極の材料として不適切なものはどれか。	イ．銅板 ロ．アルミ板 ハ．銅被覆鉄棒 ニ．亜鉛メッキ鉄棒

(4) その他の工事

No	問題	答え
7-16	引込柱の支線に使用される材料で適切な組合せはどれか。	イ．玉がいし，アンカー，亜鉛メッキ金属より線 ロ．スリーブ，巻付グリップ，アンカー ハ．玉がいし，アンカー，スリーブ ニ．玉がいし，アンカー，耐張クランプ
7-17	ちょう架用線（メッセンジャワイヤ）に用いる鉄より線の最小太さ〔mm^2〕以上と，ハンガー間隔〔m〕以下の組合せで適切なものはどれか。	イ．22〔mm^2〕以上，0.5〔m〕以下 ロ．22〔mm^2〕以上，1.0〔m〕以下 ハ．38〔mm^2〕以上，0.5〔m〕以下 ニ．38〔mm^2〕以上，1.0〔m〕以下

第8章 電気工作物の検査・試験

8.1 電気工作物の検査・試験について

電気工作物の検査は，**竣工検査**（電気設備の新設時に行われる検査）と，**定期検査**（定期的に行われる検査）の2つがある。これらの検査の目的は，電気設備が電気設備技術基準などに適合しているか否かの確認，および現状の設備の状況を把握し，事故を未然に防ぐために行われる。

検査の種類には以下のものがある。

① 導通試験　　　　② 絶縁抵抗測定　　　③ 接地抵抗測定
④ 絶縁耐力試験　　⑤ 過電流継電器試験　⑥ 地絡継電器試験

8.2 導通試験

竣工検査時に，据え付け状態の点検，および回路の誤結線，電線の破損，電線・器具などの不完全接続などの確認の意味から**導通試験**を行う。一般的試験方法としては，電源側の開閉器を短絡し，負荷側（コンセントなど）から，回路計や絶縁抵抗計により，導通状態を確認する。

8.3 絶縁抵抗測定

(1) 絶縁抵抗計（メガー）の外観

L端子：線路端子（ライン Line）
E端子：接地端子（アース Earth）
G端子：保護端子（ガード Guard）

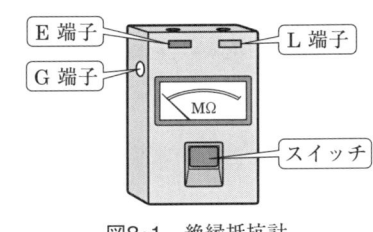

図8・1　絶縁抵抗計

(2) 絶縁抵抗の測定法

電路の絶縁抵抗の測定は，絶縁抵抗計（メガー：megger）により，「電路相互間」，「電路と大地間」の2種類の測定について行う。測定に当たっては，開閉器か過電流遮断器で回路を区分し，各

区分ごとに行う。

a. 電路相互間の測定
　①負荷は電路から外す
　②点滅器などは閉じる

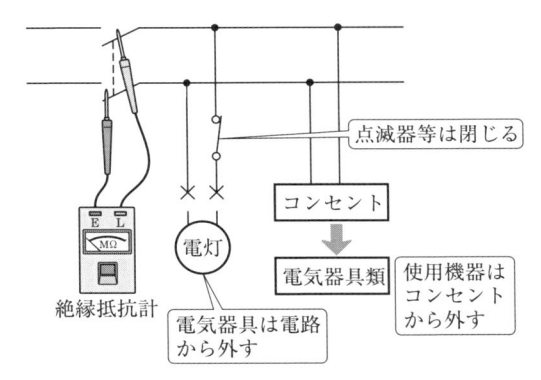

図8・2　電路相互間絶縁抵抗測定略図

b. 電路と大地間
　①負荷は使用状態のまま
　②点滅器等は閉じる

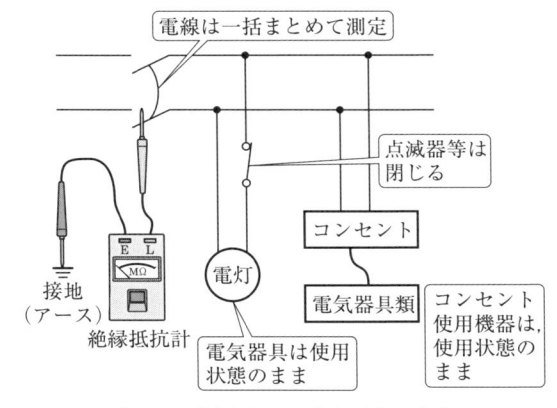

図8・3　電路と大地間絶縁抵抗測定略図

(3) 使用電圧と絶縁抵抗値

表8・1　電路の使用電圧と絶縁抵抗値

電路の使用電圧		絶縁抵抗値
300V 以下の電圧	対地電圧が 150V 以下の電圧	0.1MΩ 以上
	対地電圧が 150V を超える電圧	0.2MΩ 以上
300V を超える電圧		0.4MΩ 以上

(4) 絶縁抵抗測定が困難な場合の対応（電技・解釈　第14条）

低圧屋内配線の絶縁抵抗の測定が困難な場合，漏えい電流を測定して判定する。この場合，表8・1の使用電圧の区分に応じて，漏えい電流を1〔mA〕以下とする。

$$漏えい電流 = \frac{使用電圧}{使用電圧対応絶縁抵抗値} \leq 1 \,[\mathrm{mA}] \tag{8・1}$$

例えば使用電圧100〔V〕の回路の絶縁抵抗値は，0.1 MΩ 以上であるから，

$$漏えい電流\ I = \frac{100\,[\mathrm{V}]}{0.1 \times 10^6\,[\mathrm{M\Omega}]} = 10^{-3}\,[\mathrm{A}] = 1\,[\mathrm{mA}]$$

となる。

(5) 低圧電路の絶縁抵抗

低圧電路使用の絶縁抵抗は，使用電圧に対する漏えい電流が，最大供給電流の 1/2 000 を超えないこと。

$$漏えい電流 \leq 最大供給電流 \times \frac{1}{2\,000} \tag{8・2}$$

例えば 6 600/210〔V〕，20〔kVA〕の単相変圧器に接続される単相2線式電路の電線と大地間の最大漏えい電流〔mA〕は，

$$漏えい電流 \leq \frac{20 \times 10^3}{210} \times \frac{1}{2\,000}$$
$$\Downarrow$$
$$0.0476〔A〕\fallingdotseq 47.6〔mA〕$$

となる。

(6) 絶縁抵抗計の種類

① 低圧用絶縁抵抗計：低圧用としては 500〔V〕のメガーを使用。
② 高圧用絶縁抵抗計：高圧用としては 1 000〔V〕以上のメガーを使用。

(7) 絶縁抵抗計の有効測定範囲と許容差

a. 第1有効測定範囲（図中①の部分）

有効最大表示値（∞の手前の値）の 1/1 000〜1/2

図8・4において，有効最大表示値は，1 000〔MΩ〕

$$1\,000 \times 1/1\,000 = 1〔MΩ〕$$
$$1\,000 \times 1/2 = 500〔MΩ〕$$

したがって有効測定範囲は，1〜500〔MΩ〕

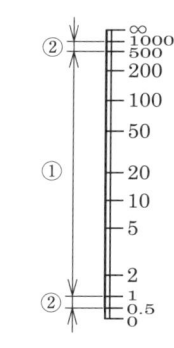

図8・4 絶縁抵抗計の目盛板（1 000〔MΩ〕）

b. 第2有効測定範囲（図中②の部分）

第1有効測定範囲を超え 0 に近い表示値〜有効最大表示値

図8・4において， 0.5〜1〔MΩ〕
500〜1 000〔MΩ〕

c. 有効測定範囲は 0.5〜1 000〔MΩ〕となる

d. 測定の許容差（JIS C 1302）

第1有効測定範囲：指示値の ± 5〔%〕
第2有効測定範囲：指示値の ±10〔%〕 (8・3)

(8) ガード端子

高圧ケーブルの絶縁抵抗は，『心線－遮へい銅テープ』間で測定する。この際，漏れ電流の影響を除去するため，漏れ電流の該当箇所をガード端子（G）に接続する（漏れ電流は電流計を通らず電源に戻るため，計器の指示値に無関係となる）。

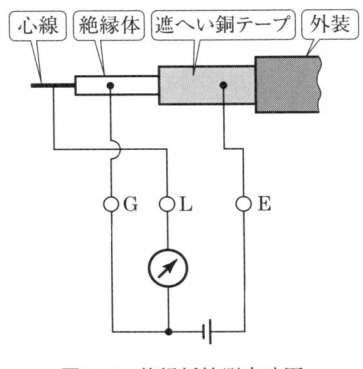

図8・5　絶縁抵抗測定略図

8.4 接地抵抗測定（アーステスタ）

接地された導体と大地との間の抵抗を**接地抵抗**という。接地抵抗は，保安の関係上，一定の基準以下の値に定められている。

(1) 測定に当たっての留意点

① 接地極，補助接地極（2本）の間は，各10〔m〕以上離す。
② 接地極，補助接地極（2本）の接続順序は，接地抵抗計の接続端子順に「E－P－C」の順序で接続する。
③ 各接地極はできるだけ一直線上に配置する。
④ 計器の指針が中央の「0」位置になるようダイヤル目盛を調整する。このときの目盛の指示値が接地抵抗値となる。

E：接地極端子（アース端子），P：補助極端子（電圧用端子），C：補助極端子（電流用端子）

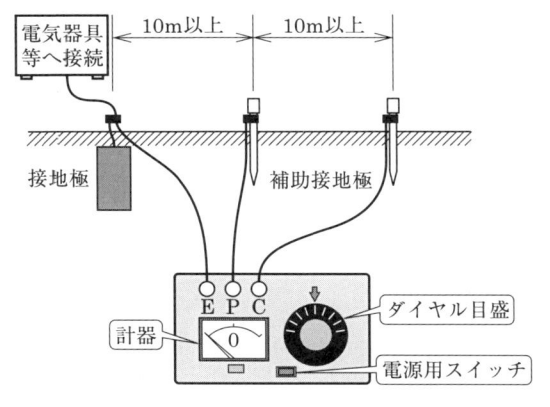

図8・6　接地抵抗計略図

(2) 簡易測定法

大地に埋設された金属管（金属製の水道管など）を補助接地極として，接地抵抗を測定する方法で，「P」，「C」の両端子を短絡して求める。

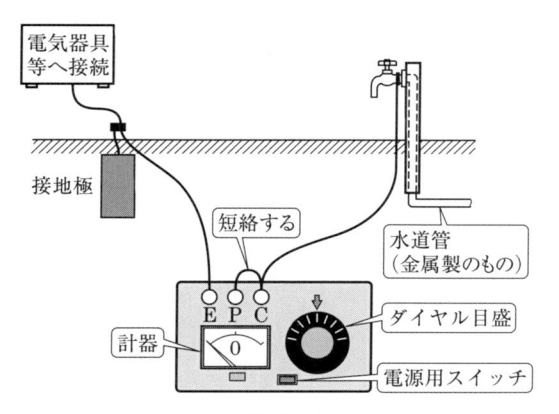

図8・7　簡易測定略図

参考▶ 《接地極，補助接地極の間隔を10〔m〕以上とするのは何故か》

図8・8(b)は電流 I〔A〕が流れたときの地中の電圧変化を示したもので，中間点の電圧降下は一定となる。R_P 位置が変化部分にあると，誤差を生ずることとなる。

$$接地抵抗\ R_E = \frac{E_V}{I}\ 〔\Omega〕 \tag{8・4}$$

P：電圧端子，C：電流端子

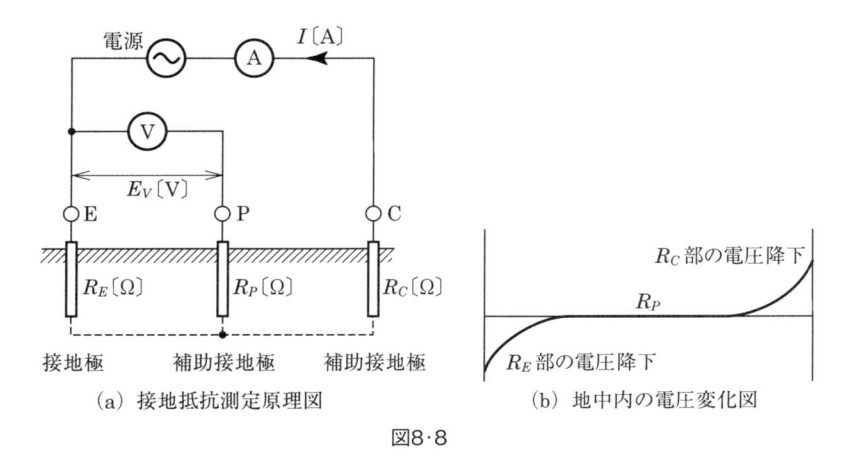

(a) 接地抵抗測定原理図　　(b) 地中内の電圧変化図

図8・8

8.4　接地抵抗測定（アーステスタ）

8.5 絶縁耐力試験（電技・解釈 第14条）

絶縁体の絶縁強度を測定するもので，施設の種類や電圧別に各試験方法が規定されている。

(1) 最大使用電圧 7 000〔V〕以下の施設の場合（重要）

a. 試験電圧・試験時間

①試験電圧

> 最大使用電圧×1.5〔倍〕（交流電圧を使用）
>   （高圧電路を除き，500〔V〕未満の場合 500〔V〕）
> 最大使用電圧×3〔倍〕（ケーブルのとき，直流電圧を使用し3倍）
(8・4)

②試験時間

> 連続10〔分〕間　印加する

b. 試験箇所

①電　路：多心ケーブル「心線相互間」，「心線と大地間」
　　　　　その他「心線と大地間」
②変圧器：「巻線相互間」，「巻線と鉄心・外箱間」
③器　具：「充電部分と大地間」
④回転機：「巻線と大地間」

c. 最大使用電圧 7 000〔V〕を超え 60 000〔V〕以下の電路の場合

> 最大使用電圧 ×1.25〔倍〕（10 500〔V〕未満の場合 10 500〔V〕）

(2) 絶縁耐力試験法

a. 単相変圧器2台を使用する場合

①結線および試験電圧

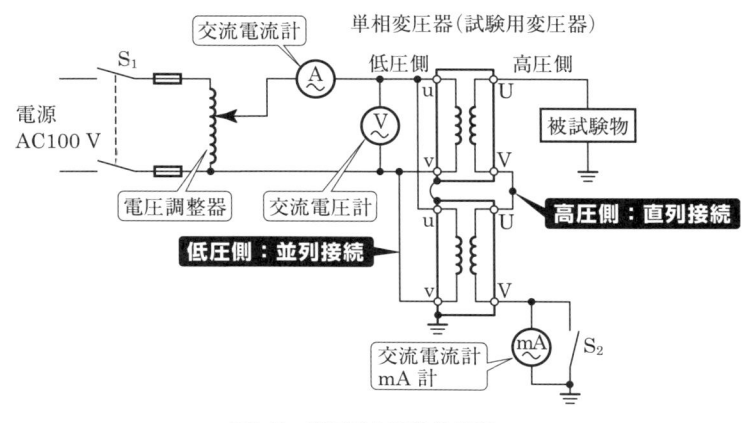

図8・9　絶縁耐力試験結線図

絶縁耐力試験電圧の大きさに応じて，単相1台の変圧器では規定の電圧が得られない場合，単相変圧器2台を使用する。その際，必要とする高電圧を得るため，低圧側は並列，高圧側を直列接続にする（結線図をよく確認しておく）。

規定の絶縁耐力試験電圧は，電源電圧を電圧調整器で調整し，変圧器二次側（低圧側）に電圧を印加，二次側に接続された交流用電圧計により，一次側（高圧側）の発生電圧を算出する。これにより得た電圧を被試験物に加え，絶縁耐力試験を行う。

②試験に当たっての留意事項
- ◆試験前に被試験物の絶縁抵抗を測定し，耐圧試験実施の可否を判断する。
- ◆試験終了後，残留電荷による感電などの危険防止の観点から，下記の安全措置を講ずる。

　　電圧調整器で電圧を下げる　⇒　開閉器 S_1 を開放　⇒　残留電荷放電（高圧側）　⇒　無電圧の確認（検電器使用）　⇒　接地

b. 単相変圧器1台を使用する場合

単相変圧器1台で，十分絶縁耐力試験に必要な電圧が得られる場合は，下記の結線で耐圧試験を行う。試験方法などについては，単相変圧器2台の場合と同様である。

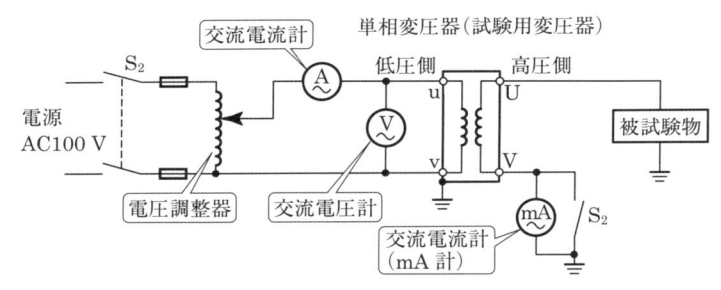

図8・10　絶縁耐力試験結線図

c. ケーブル試験法

ケーブルの試験は，図8・11の結線により，2回の測定で「心線相互間」，「心線と大地間」の2つの絶縁耐力試験を行うことができる。

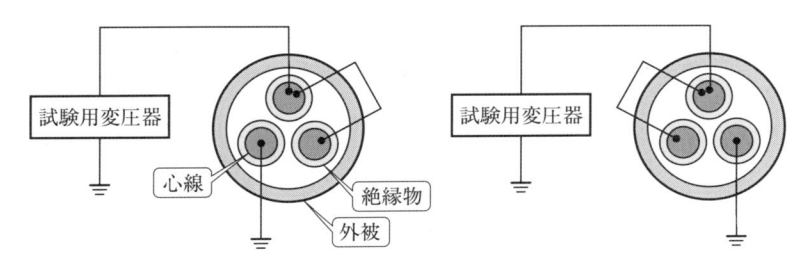

図8・11　ケーブルの絶縁耐力試験

d. 絶縁耐力試験電圧の計算法

定格電圧が 6 300/210〔V〕の単相変圧器2台を使って，最大使用電圧 6 900〔V〕の回路の絶縁耐力試験を行う場合の，低圧側に加える電圧を求める。

◆基本的考え方

6 300/210〔V〕は，高圧電圧/低圧電圧を表す。最大使用電圧 6 900〔V〕の試験電圧は，7 000〔V〕以下であるから，1.5倍して，

$$6\,900 \times 1.5 = 10\,350 〔V〕$$

変圧比は比例関係にあるから，

$$210 : 6\,300 \times 2 = 低圧側電圧 : 10\,350$$

内項の積は外項の積に等しいことから，

$$低圧側電圧 \times 6\,300 \times 2 = 10\,350 \times 210$$

$$低圧側電圧 = \frac{210}{6\,300 \times 2} \times 10\,350 = 172.5 〔V〕$$

（変圧器台数）

一般式にすると，

$$低圧側電圧 = \frac{低圧側の電圧}{高圧側の電圧 \times 2〔台〕} \times 最大使用電圧 \times k \tag{8・5}$$

$k:1.5$（最大使用電圧が 7 000〔V〕以下のときの係数）

8.6 過電流継電器試験

過電流継電器試験には，「最小動作電流試験」，「限時特性試験」などがある。また組合せの種別により，遮断器との連動試験や単体試験などがある。学習に当たっては，各試験方法の差異について十分理解すると同時に，使用計器や結線方法について把握することが重要である。

（1）最小動作電流試験（単体試験）

過電流継電器の最小動作電流とは，電流整定タップに対し，継電器の円板が回転して，接点が完全に閉じるのに必要な最小の電流のことである。

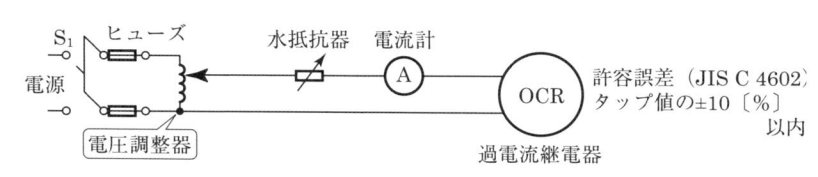

図8・12 最小動作電流試験回路図

参考▶ 《最小動作電流試験手順》

① 開閉器 S_1 を開く。

② 電圧調整器を最小「0」にする。

③ 水抵抗器を最大に設定する。

④ 開閉器 S_1 を閉じる。

⑤ 電圧調整器，水抵抗器を調整し，過電流継電器の円板が動き始め，接点が閉じるのに必要な最小の電流を電流計Ⓐにより測定する。このときの電流が最小動作電流である。

(2) 限時特性試験（遮断器との連動試験）

過電流継電器の限時特性は，動作電流整定値の300，700〔％〕の負荷電流を流したときの過電流継電器の動作時間。

a. 過電流継電器の特性試験結線図

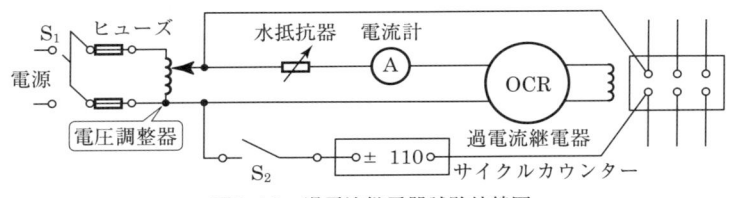

図8・13　過電流継電器試験結線図

b. 試験用端子による過電流継電器の特性試験

$$動作時間 = \frac{サイクルカウンタの指示値〔Hz〕}{電源周波数〔Hz〕}〔秒〕 \quad (8・6)$$

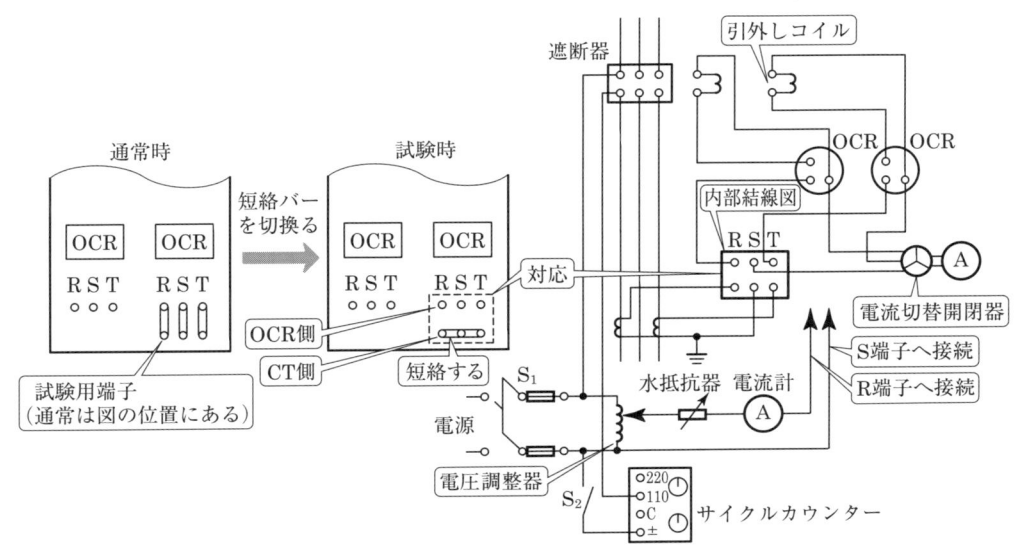

図8・14　過電流継電器試験略図

参考▶ 《限時特性試験手順》
①試験回路が図に従い正常に結線されていることを確認する。
②開閉器 S_1, S_2 を開にする。
③遮断器を投入する。
④過電流継電器の「限時整定レバー」,「電流タップ」を所定の値に設定する。
⑤継電器の円板を回転しないように軽く手で押さえ,開閉器 S_1 を投入する。
⑥電圧調整器,水抵抗器を調整し,電流計の指示を所定の電流値に合わせる。
⑦開閉器 S_1 を開く。
⑧サイクルカウンタの目盛を0に合わせ開閉器 S_2 を投入する。
⑨開閉器 S_1 を投入,遮断器がトリップするまで継電器を動作させ,サイクルカウンタの指示値より,動作時間を求める。

(3) 瞬時要素付過電流継電器の限時特性

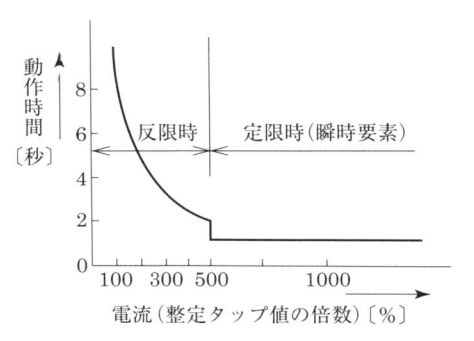

図8·15 瞬時要素付過電流継電器の限時特性

8.7 地絡継電器試験

地絡継電器の動作試験は,零相変流器と組み合わせて行う。

(1) 動作電流特性試験

整定電流値に対し,前項（過電流継電器）と同様,電圧調整器,水抵抗器を調整し,零相試験端子に試験電流を流すことにより,地絡継電器の動作に次いで遮断器が動作するのに必要な最小の電流を測定する。

許容誤差：整定電流値の±10〔%〕以内（JIS C 4601）

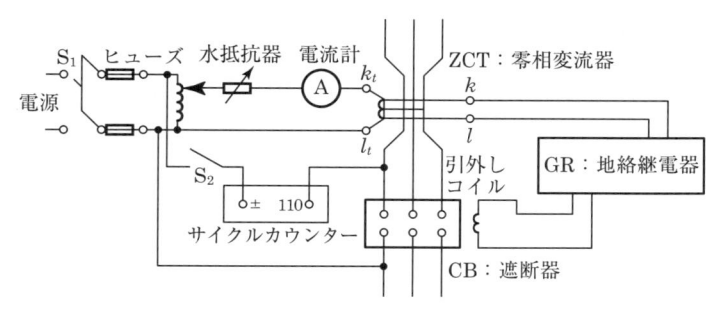

図8・16　地絡継電器の試験回路略図（過電流継電器，変流器等は省略）

（2）動作時間特性試験

電流整定タップ値の130〔％〕，400〔％〕の試験電流を流し，地絡継電器，遮断器の動作する時間を測定する（JIS C 4601）。

　　　　動作時間：130〔％〕のとき　0.1～0.3〔秒〕の範囲
　　　　　　　　　400〔％〕のとき　0.1～0.2〔秒〕の範囲

（3）接地工事の方法

ケーブル内に地絡事故が発生したとき，零相変流器が確実に地絡電流を検出し，継電器を動作させる接地方法は，図8・17に示す電源側の遮へい銅帯から零相変流器を経て接地する回路である（事故時に零相変流器内を流れる電流は，電線と遮へい銅帯内で，この2つは互いに電流方向が異なるため，相殺しあい地絡電流は検出しにくい。地絡電流を再び零相変流器内を通すことにより的確に検出が可能となる）。

地絡事故が発生した場合の地絡電流の流れは概ね次のようになる。

負荷側に地絡事故発生：ケーブル心線　⇒　遮へい銅帯　⇒　零相変流器　⇒　電源側接地線　⇒　零相変流器　⇒　大地へ

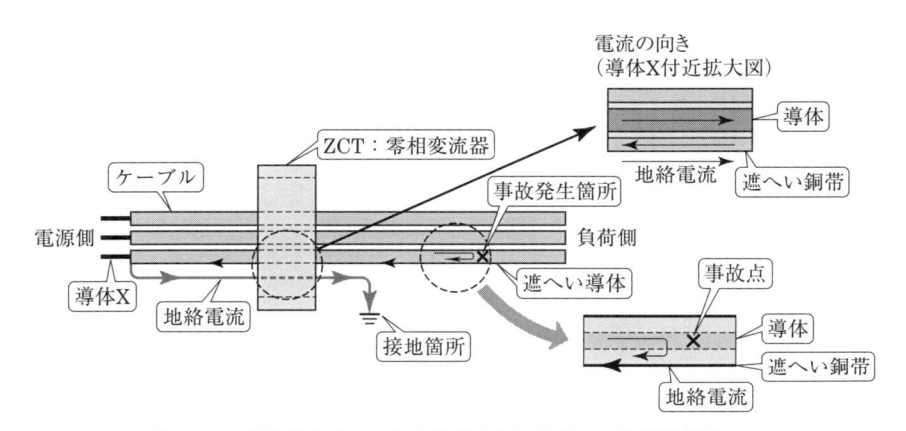

図8・17　事故発生時の零相変流器と接地箇所との位置関係図

第8章　章末問題

（1）絶縁抵抗の測定

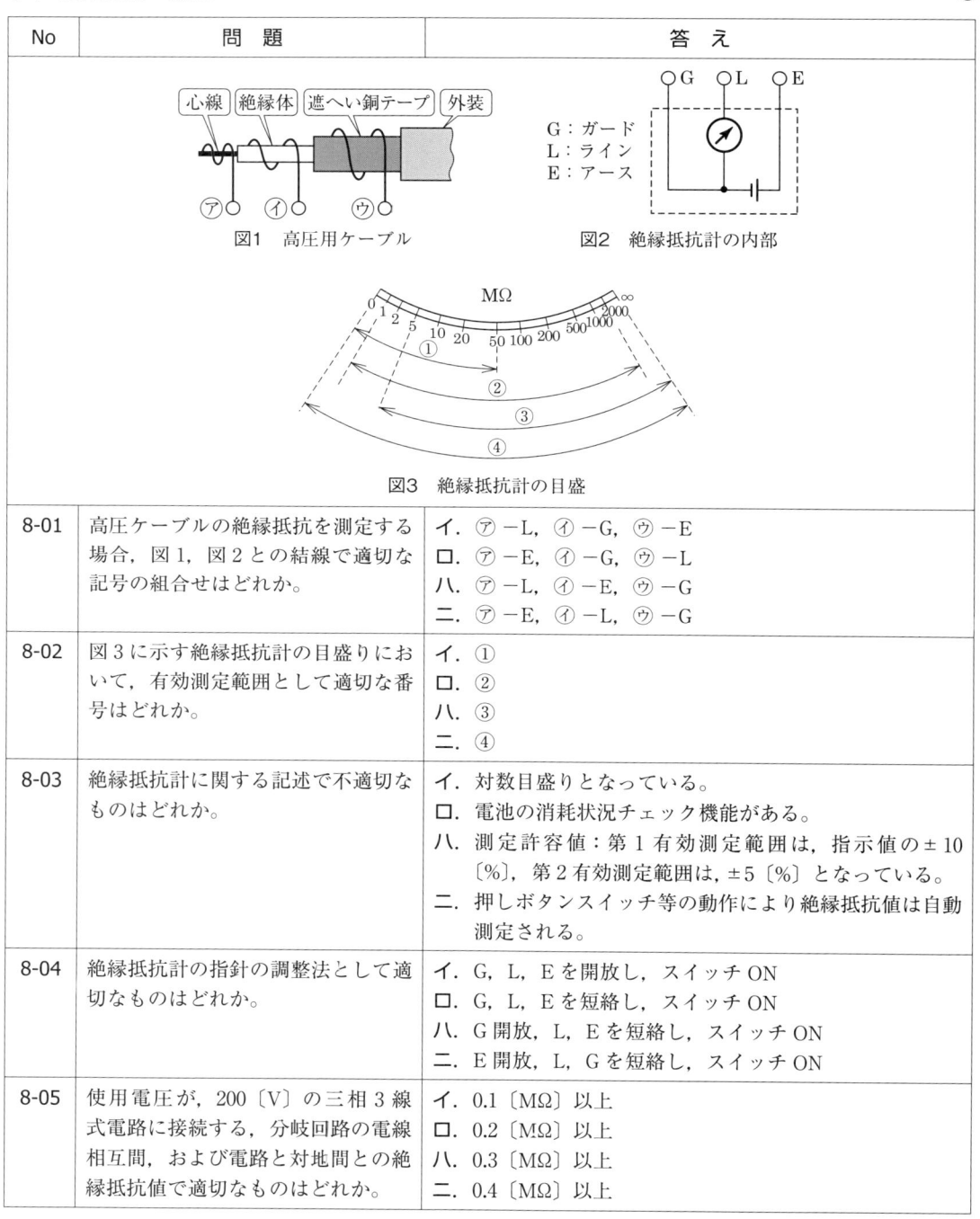

No	問　題	答　え
	図1　高圧用ケーブル（心線／絶縁体／遮へい銅テープ／外装、⑦・①・⑨）／図2　絶縁抵抗計の内部（G：ガード、L：ライン、E：アース）／図3　絶縁抵抗計の目盛（MΩ、①②③④）	
8-01	高圧ケーブルの絶縁抵抗を測定する場合，図1，図2との結線で適切な記号の組合せはどれか。	イ．⑦－L，①－G，⑨－E ロ．⑦－E，①－G，⑨－L ハ．⑦－L，①－E，⑨－G ニ．⑦－E，①－L，⑨－G
8-02	図3に示す絶縁抵抗計の目盛りにおいて，有効測定範囲として適切な番号はどれか。	イ．① ロ．② ハ．③ ニ．④
8-03	絶縁抵抗計に関する記述で不適切なものはどれか。	イ．対数目盛りとなっている。 ロ．電池の消耗状況チェック機能がある。 ハ．測定許容値：第1有効測定範囲は，指示値の±10〔％〕，第2有効測定範囲は，±5〔％〕となっている。 ニ．押しボタンスイッチ等の動作により絶縁抵抗値は自動測定される。
8-04	絶縁抵抗計の指針の調整法として適切なものはどれか。	イ．G，L，Eを開放し，スイッチON ロ．G，L，Eを短絡し，スイッチON ハ．G開放，L，Eを短絡し，スイッチON ニ．E開放，L，Gを短絡し，スイッチON
8-05	使用電圧が，200〔V〕の三相3線式電路に接続する，分岐回路の電線相互間，および電路と対地間との絶縁抵抗値で適切なものはどれか。	イ．0.1〔MΩ〕以上 ロ．0.2〔MΩ〕以上 ハ．0.3〔MΩ〕以上 ニ．0.4〔MΩ〕以上

(2) 接地抵抗測定

No	問題	答え
8-06	接地抵抗計（アーステスタ）により，接地抵抗を測定する際，接地極と補助接地棒をアーステスタに接続する場合の適切な接続方法と離隔距離 A の値は。	イ．E－①，P－③，C－②　8〔m〕以上 ロ．E－③，P－②，C－①　10〔m〕以上 ハ．E－①，P－②，C－③　10〔m〕以上 ニ．E－③，P－②，C－①　8〔m〕以上

(3) 絶縁耐力試験

No	問題	答え
8-07	最大使用電圧が，6 000〔V〕の機器がある。交流で絶縁耐力試験を行う場合，試験電圧〔V〕，試験時間〔分〕で，適切なものはどれか。	イ．6 000〔V〕，合計して 10〔分〕間 ロ．9 000〔V〕，連続して 10〔分〕間 ハ．12 000〔V〕，合計して 10〔分〕間 ニ．18 000〔V〕，連続して 10〔分〕間
8-08	変圧器（6 600/100〔V〕）2 台を使って，最大使用電圧が，6 900〔V〕の機器の絶縁耐力試験を行う場合，適切な結線はどれか。	イ．ロ．ハ．ニ．（結線図）

No	問題	答え
8-09	絶縁耐力試験に関する記述で，不適切なものはどれか。	イ．試験電圧を数回に分け合計10〔分〕間印加した。 ロ．最大使用電圧が，6 600〔V〕の電力用ケーブルの絶縁耐力試験を19 800〔V〕の直流電圧で行った。 ハ．1 000〔V〕の絶縁抵抗計で，耐力試験の前後に絶縁抵抗を測定した。 ニ．変圧器の1次側に，試験電圧を印加する場合，2次巻線を一括接地した。
8-10	最大使用電圧が，6 900〔V〕のケーブルを直流により絶縁耐力試験を行う場合，試験電圧は何〔V〕になるか。	イ．8 280〔V〕 ロ．10 350〔V〕 ハ．13 800〔V〕 ニ．20 700〔V〕
8-11	高圧ケーブルの絶縁劣化を判定するため，直流の漏れ電流測定を行った正常な状態を表すものはどれか。	イ．（漏れ電流が通電時間とともに減少するグラフ） ロ．（漏れ電流が通電時間とともに増加するグラフ） ハ．（漏れ電流が通電時間とともにわずかに増加するグラフ） ニ．（漏れ電流が通電時間とともに減少するグラフ）

（4）過電流継電器試験

No	問題	答え
8-12	配電用変電所と，CB形高圧受電設備との保護協調で，適切なものはどれか。ただし，図中の実線は，配電用変電所の過電流継電器の動作特性を，波線は，高圧受電設備の（過電流継電器＋CB遮断器）の動作特性を示すものとする。	イ．（時間-電流特性グラフ） ロ．（時間-電流特性グラフ） ハ．（時間-電流特性グラフ） ニ．（時間-電流特性グラフ）
8-13	過電流継電器の限時特性試験に無関係のものはどれか。	イ．電流計 ロ．電圧調整器 ハ．サイクルカウンタ ニ．電力計

（5）絡継電器試験

No	問 題	答 え
8-14	高圧地絡遮断装置の動作試験に関する記述で不適切なものはどれか。	イ．地絡方向継電器は，動作電流とは逆方向に整定値の約200〔％〕の電流に対し動作しない。 ロ．最小動作電流値は，整定電流値の±10〔％〕以内の誤差であること。 ハ．300，500〔％〕等の整定電流値に対する動作時間を測定し，反限時特性を確認する。 ニ．動作電流試験は，零相変流器の試験端子に電流を徐々に加え，遮断器が動作する電流値を測定する。
8-15	高圧受電設備の非方向性地絡継電装置が，電源側の地絡事故により，不必要な動作をする恐れのあるのはどれか。	イ．ZCTの負荷側電路の対地静電容量が，小さいとき。 ロ．ZCTの負荷側電路の対地静電容量が，大きいとき。 ハ．事故点での地絡抵抗が高い場合。 ニ．事故点での地絡抵抗が低い場合。

（6）点検・検査

No	問 題	答 え
8-16	変圧器油の劣化状態の判断に関する記述で，不適切なものはどれか。	イ．真空度試験 ロ．濁りの度合いなど外観試験 ハ．酸価測定 ニ．絶縁破壊電圧試験
8-17	受電電圧6 600〔V〕の受電設備において，竣工試験を必要としないものはどれか。	イ．変圧器の温度上昇試験 ロ．地絡継電器の動作試験 ハ．機器の接地抵抗測定 ニ．計器用変圧器の絶縁耐力試験
8-18	電気工事施工後一般に行わない試験はどれか。	イ．導通試験 ロ．接地抵抗測定 ハ．遮断器の短絡遮断試験 ニ．絶縁抵抗測定
8-19	電路と対地間の絶縁抵抗を測定する際，不適切なものはどれか。	イ．測定中は充電部分に触れないようにする。 ロ．測定前に機器の接地を全てはずす。 ハ．測定前に無電圧状態を検電器で確認する。 ニ．測定前に測定範囲を確認をする。
8-20	高圧受電設備の定期点検に一般に必要としないものはどれか。	イ．短絡接地用具 ロ．検相器 ハ．高圧検電器 ニ．絶縁抵抗計

第9章 各種配線図

9.1 高圧受電設備

(1) 配線図に使用する記号

　高圧受電設備には，数多くの機器が使用されている。これらの機器の名称，文字記号，図記号（単線図，複線図）を十分理解すると同時に，用途・機能についても学習を深めることが重要である。

　後節に記述する高圧受電設備の結線図には，単線結線図と複線結線図の二種類がある。これら結線図を読み取るために必要な事項について表9・1に示す。

表9・1(1)　配線図に使用する図記号

名　称	文字記号	図　記　号 単線図	図　記　号 複線図	用途・機能など
高圧交流負荷開閉器	LBS (AC load break switch)			負荷電流の開閉に使用。過電流，短絡電流の開閉はできない。分岐・区分開閉器として使用。
断路器	DS (disconnecting switch)			無負荷時の開閉に使用。電圧の遮断に用い，電流の遮断はできない。点検・修理などに使用。
高圧交流遮断器	CB (AC circuit breaker)			過電流継電器と併用し，過負荷電流，短絡電流の遮断に使用。
電力量計	Wh (watt hour meter)		Wh	電力量を測定する計器。計器用変成器と共に使用。
高圧カットアウト	PC (primary cutout switch)			300〔kVA〕以下の変圧器，50〔kvar〕以下のコンデンサの開閉・保護装置として使用。
高圧限流ヒューズ付高圧交流負荷開閉器	PF付LBS (high-voltage alternating current switch-fuse combination)			負荷電流の開閉：負荷開閉器により動作 短絡電流の遮断：高圧限流ヒューズにより動作 PF・S形（300〔kVA〕以下に使用）。
避雷器	LA (lightning arrester)			雷などの異常電圧から電路，機器を保護するために使用。

表 9·1 (2)　配線図に使用する図記号

名称	文字記号	図記号 単線図	図記号 複線図	用途・機能など
ケーブルヘッド	CH (cable head)			高圧ケーブルの端末処理を施した部分。端末部分の絶縁劣化，破壊防止として使用。
地絡継電装置付高圧交流負荷開閉	GR付PAS (pole air switch with ground relay)			高圧需要家と，電力会社との保安上の分界点に設置。需要家の地絡事故時に電路を開放。
計器用変成器 (計器用変圧変流器)	VCT (voltage current transformer)			高圧側の電圧，電流を低圧用に変成。電力量の計測に使用。
変流器	CT (current transformer)			高圧大電流を低圧小電流に変流。電流指示，過電流継電器動作などに使用。
計器用変圧器	VT (voltage transformer)			高電圧を低電圧に変成。電圧指示，地絡継電器動作などに使用。短絡事故などの波及防止のため，限流ヒューズ2個使用。
零相変流器	ZCT (zero phase sequence current transformer)			地絡事故時の零相電流を検出。地絡継電器と組み合わせて遮断器を動作。
過電流継電器	OCR (over current relay)	$I>$		過電流，短絡電流を変流器により検出。過電流継電器と連動して遮断器を動作させる。
地絡継電器	GR (ground relay)	$I\underline{\doteq}>$		地絡事故の零相電流を零相変流器により検出。地絡継電器と連動して遮断器を動作させる。
地絡方向継電器	DGR (directional ground relay)	$I\underline{\doteq}>$		零相電圧，零相電流，両者の位相差により動作。需要家の地絡事故時に負荷開閉器を作動。
不足電圧継電器	UVR (under voltage relay)	$U>$		電圧が設定値以下になると動作する継電器。
高圧進相コンデンサ	C (high voltage power capacitor)			高圧受電設備の力率改善。
直列リアクトル	SR (series reactor)			高圧進相コンデンサに直列に接続。電圧波形歪みの軽減，突入電流の抑制。
電圧計切換開閉器	VS (voltmeter change over switch)	⊕		1台の電圧計で切換により，三相の各線間電圧を測定。

表9・1(3) 配線図に使用する図記号

名　称	文字記号	図　記　号 単線図	図　記　号 複線図	用途・機能など
電流計切換開閉器	AS (ammeter change over switch)			1台の電流計で切換により，三相の各線電流を測定。
電　圧　計	V (voltmeter)			電圧を測定する計器。VTの二次側に接続して使用。
電　流　計	A (ammeter)			電流を測定する計器。CTの二次側に接続して使用。
電　力　計	W (wattmeter)			電力を測定する計器。VCTの二次側に接続して使用。
力　率　計	PF (power factor meter)			負荷力率を測定する計器。VT，CTの低圧側に接続して使用。
表　示　灯	SL (signal lamp)			電源，機器動作などの表示に使用。
引外しコイル	TC (trip coil)			過電流，地絡継電器と組合せ，遮断器を動作。
変　圧　器	T (transformer)			一次側（高圧），二次側（低圧）を変圧する。
中間点引出単相変圧器	T			二次側，単相3線式105, 210〔V〕で，用途に応じた二種の電圧を効率的に利用できる。
三相変圧器	T			三相の一次側（高圧），二次側（低圧）を変圧する。
中間点引出三相変圧器	T			
単相変圧器3台による三相結線	T			単相変圧器3台を使用して，一次，二次を△結線する。1台が故障したときV-V結線として利用。変圧器出力 P は，$P = 3 \times$（変圧器1台の容量）
単相変圧器2台によるV結線	T			単相変圧器2台を利用して，V-V結線により，三相電力を負荷に供給。変圧器出力 P は，$P = \sqrt{3} \times$（変圧器1台の容量）

第9章　各種配線図

(2) 高圧受電設備に使用する接地工事

表9・2

接地の種類	接地線の太さ	接地箇所	備考
A種接地工事	直径2.6〔mm〕以上	ケーブルヘッドの被覆金属体	人が触れるおそれがない場合はD種接地工事。直径1.6〔mm〕以上
		計器用変圧変流器外箱	二次側電路にはD種接地工事。直径1.6〔mm〕以上
		避雷器	
		高圧進相コンデンサ金属製外箱	
		変圧器金属製外箱	
		遮断器金属製外箱	
		高圧電動機・始動器	
B種接地工事	直径2.6〔mm〕以上	変圧器二次側電路	高圧と低圧混触防止のため施工。
D種接地工事	直径1.6〔mm〕以上	変流器二次側電路	
		計器用変圧器二次側電路	

(3) 高圧受電設備留意事項

a. 変流器の取り扱い

変流器の二次側は絶対に開放しない（零相変流器も同様）。電流計を入れ替える場合，二次側を短絡し電流計を入れ替えた後，短絡線をはずす（二次側を開放すると，二次側に高電圧が誘起し危険である）。

二次側を開放しないということは，二次側にヒューズを入れてはならない。

b. 計器用変圧器の取り扱い

計器用変圧器の二次側は絶対に短絡しない（二次側を短絡すると大きな短絡電流が流れる）。一次側には短絡事故などの波及防止のため，限流ヒューズ2個を使用する。

c. 遮断器の種類

表9・3

名　称	文　字　記　号
油遮断器	OCB（oil circuit breaker）
真空遮断器	VCB（vacuum circuit breaker）
磁気遮断器	MBB（magnetic blast circuit breaker）
空気遮断器	ABB（air blast circuit breaker）
ガス遮断器	GCB（gas blast circuit breaker）

d. 避雷器の設置

避雷器の電源側には断路器を設置する。

避雷器の接地側にはヒューズは入れない。

e. 開閉装置

①変圧器の開閉装置

表9·4

開閉装置	CB：遮断器	LBS：高圧交流負荷開閉器	PC：高圧カットアウト
変圧器容量	制限なし	制限なし	300〔kVA〕以下のみ使用可

②高圧進相コンデンサの開閉装置

表9·5

開閉装置	CB：遮断器	LBS：高圧交流負荷開閉器	PC：高圧カットアウト
コンデンサ容量	制限なし	制限なし	50〔kvar〕以下のみ使用可

f. 遮断装置による分類

表9·6

形式	図記号	開閉装置	機　能　等
CB形		高圧交流遮断器：CB	遮断装置にCBを使用。継電器と組合せて過負荷, 短絡, 地絡などが発生した場合の遮断・保護。
PF・S形		高圧限流ヒューズ：PF 高圧交流負荷開閉器：LBS	遮断装置にPFとLBSを組合せて使用。 負荷電流の開閉：LBS 短絡電流の遮断：PF 「変圧器」の一次側の開閉保護装置。 「コンデンサ」の一次側の開閉保護装置として使用。

g. 受電設備形式と主遮断装置容量（主要受電設備形式のもののみ）

表9·7

受電設備形式		CB形遮断装置	PF・S形遮断装置
開放形		制限なし	150〔kVA〕以下
閉鎖形	キュービックル式	2 000〔kVA〕以下	300〔kVA〕以下

h. 配線図に関する留意事項

①変圧器の結線方法（Δ−Δ, Y−Y, V−V）等について, 単相変圧器2, 3台を使った場合, 三相結線ができるように学習する。

②接地工事の種類と接地機器, 設置位置などについてよく理解することが必要である。

③配線図全体の構成と個々の機器の配置についてよく理解する。

④遮断器, 断路器, 負荷開閉器, 高圧カットアウト, 限流ヒューズ付負荷開閉器などの記号の判別ができるようにする。

（4）高圧受電設備の結線図

a. 単線結線図

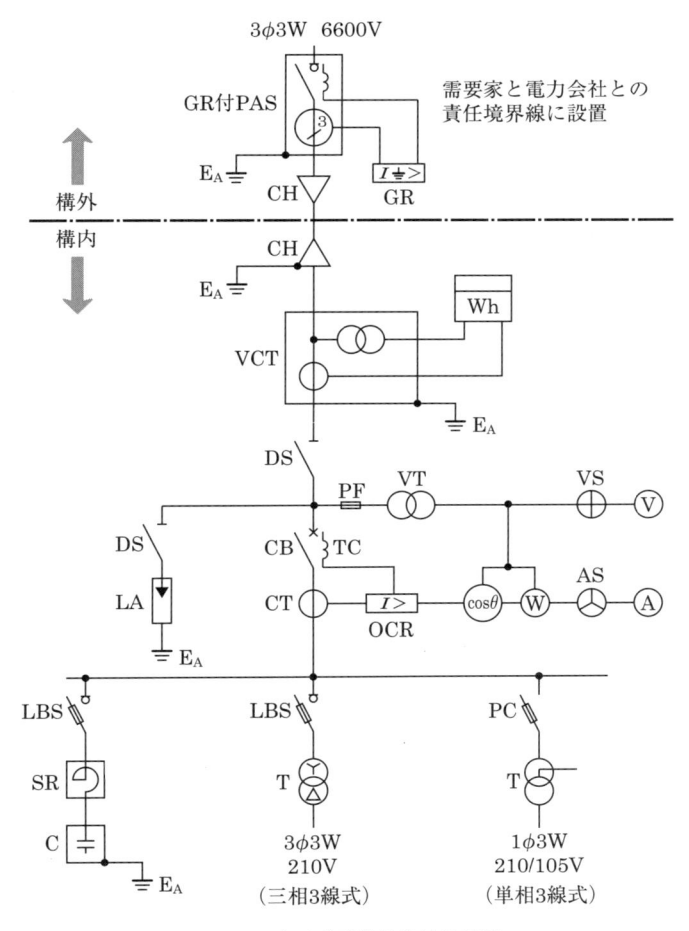

図9・1　高圧受電設備単線結線図

b. 複線結線図

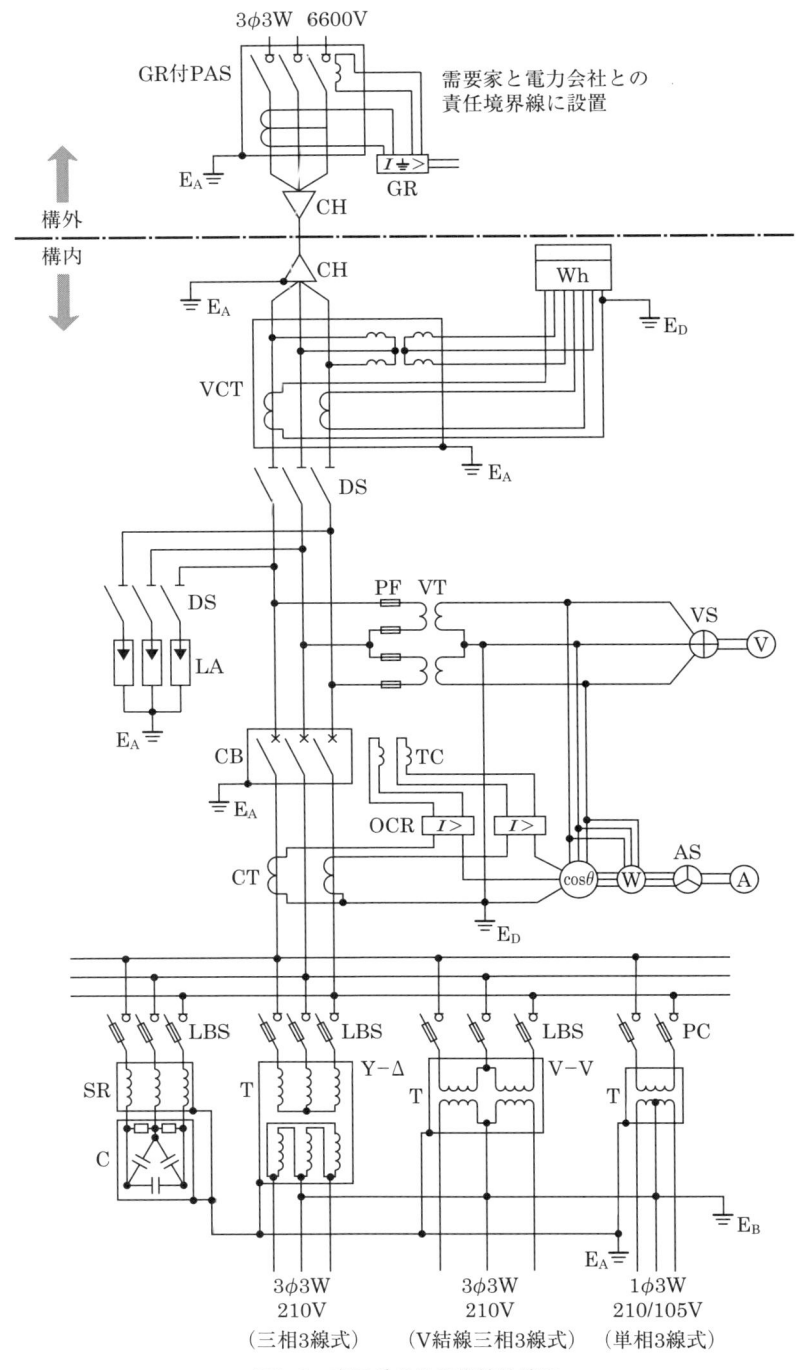

図9・2 高圧受電設備複線結線図

c. 地絡方向継電器，不足電圧継電器，零相蓄電器などの設置

　地絡方向継電器，不足電圧継電器，零相蓄電器などについて，結線位置，および機能について十分理解することが重要である（回路図は直接関係のある箇所のみを記述）。

　零相蓄電器（ZPC：zero phase capacitor）　零相電圧を検出し，地絡方向継電器を動作させるのに使用。

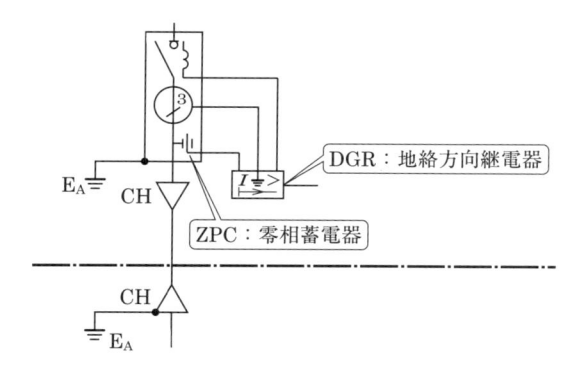

図9・3　地絡方向継電器の設置状況

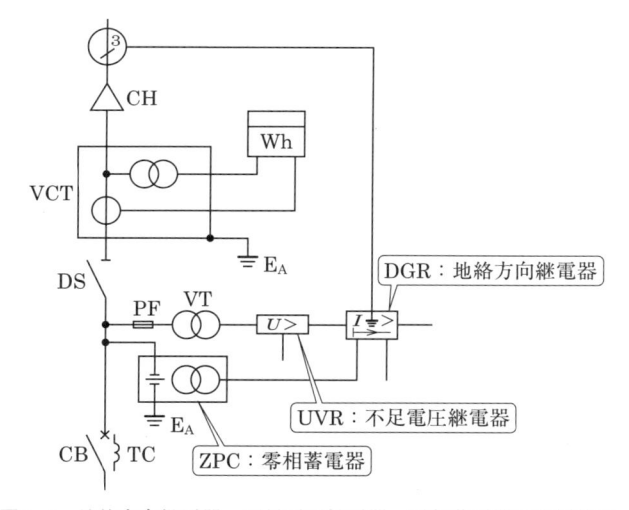

図9・4　地絡方向継電器・不足電圧継電器・零相蓄電器の設置状況

9.2 シーケンス制御回路

(1) 制御回路に使用する機器，および記号

表9·8(1) 制御回路に使用する機器

名称	文字記号	図記号 単線図	図記号 複線図	用途・機能など
配線用遮断器	MCCB (molded case circuit breaker)	（単線図記号）	（複線図記号）	低圧電路用で，過電流，短絡電流時に遮断。機器などの保護を行う。
電磁接触器	MC (electro-magnetic contactor)	コイル	a接点 (メーク接点)　b接点 (ブレーク接点)	コイル内への通電により電磁力が作用，付随する接点を開閉する。主として電流容量の大きい負荷回路に使用。
開閉器	S (switch)			電流計付きなどがある。電路の開閉に使用。
電磁継電器	R (electro-magnetic relay)	コイル	a接点 (メーク接点)　b接点 (ブレーク接点)	コイル内への通電により電磁力が作用，付随する接点を開閉する。主として電流容量の小さい制御用回路に使用。
限時継電器	TLR (time lag relay) 限時動作瞬時復帰	コイル	a接点 (メーク接点)　b接点 (ブレーク接点)	コイル内への通電により電磁力が作用，付随する接点を開閉する。整定時間後に接点を開閉する特性を有する。
	瞬時動作限時復帰	コイル	a接点 (メーク接点)　b接点 (ブレーク接点)	
熱動継電器	THR (thermal relay)	ヒーター	a接点 (メーク接点)　b接点 (ブレーク接点)	電動機の過負荷時に，接点を開閉，保護装置として使用。復帰ボタンにより復帰。
押しボタンスイッチ	BS (button switch)		a接点 (メーク接点)　b接点 (ブレーク接点)	ボタンを押すと，接点が開閉，放すと自動復帰により戻る。

表 9·8(2) 制御回路に使用する機器

名称	文字記号	図記号 単線図	図記号 複線図	用途・機能など
リミットスイッチ	LS (limit switch)	a接点（メーク接点）	b接点（ブレーク接点）	ドア，引き戸などの開閉にともない，接触したレバーの動きに連動して接点が作動，開閉を行う。
切換スイッチ	COS (change over switch)			「ツマミ」をひねることにより接点の開閉を行う。
ヒューズ	F (fuse)			過電流が流れると溶断。機器，配線などの保護。
表示灯	PL (pilot lamp)			電動機の運転，停止などの状態表示用として使用。
電動機	M (motor)	M	M 3〜	単相，三相電動機などがある。さまざまな動力源として使用される。
スターデルタ始動器	STT (star-delta starter)			三相かご形誘導電動機の始動用として使用。
発電機	G (generator)	G		発電機記号を示す。非常発電設備など広く利用。
ブザー	BZ (buzzer)			
近接スイッチ	PS (proximity switch)			物体の接近により動作する開閉器。
タイムスイッチ	TS (time switch)	TS		制御回路などの動作時間設定用スイッチ

(2) 制御回路の基本事項

a. シーケンス制御

　シーケンス制御は，予め決められた順序に従って，一連の動作を逐次遂行される制御方法である。身近なシーケンス制御例としては，電気炊飯器，電気洗濯機，自動販売機，エレベータなどがある。本書では簡便な誘導電動機の運転・停止回路，Y－Δ始動回路，正転・逆転回路について，(4)項で記述する。

b. 回路の見方

図9・5の制御において
* コイル R に対応する接点がどれかを確認する。
* コイル R が励磁（付勢），消磁（消勢）された場合，接点がどのような動きをするか読み取る（一般には複数のコイルが存在する場合が多いので，各コイル記号と接点記号とを対応させ，間違いがないよう注意する）。
* 制御回路図はすべて動作前の状態で描かれている。

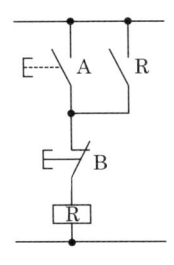

図9・5 制御回路図

c. 継電器（リレー）
① 継電器には「有接点継電器」と「無接点継電器」の2種類があるが，ここでは，有接点継電器を中心に表示するものとする。
② 継電器の構成要素は後述の「参考」で詳述するように，コイル，a接点（メーク接点）と，b接点（ブレーク接点）の3種類から成り立っている。
③ a接点（メーク接点）：コイルに電流が流れる（励磁または付勢という）と，「開」の状態から，「閉」の状態になる。
④ b接点（ブレーク接点）：コイルに電流が流れると，「閉」の状態から，「開」の状態になる。

(3) 制御回路を構成する基本回路

a. 自己保持回路

押しボタンスイッチAが動作することにより，コイルRが励磁（付勢）され，a接点Rが連動して動作する。このため，押しボタンスイッチAが復帰しても，接点Rを通し電流が流れるため，状態が保持される。これを自己保持回路という。

押しボタンスイッチBにより，コイル内の電流は消磁（消勢）され，自己保持は解除される。

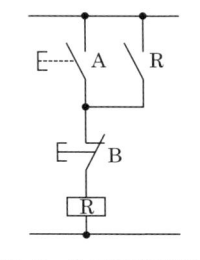

図9・6 自己保持回路図

b. インターロック回路

機器の誤動作防止や安全確保のため，現在進行中の動作が完了するまで，次の動作に移行しない回路を，インターロック回路という。

図9・7において，押しボタンスイッチAが作動すると，コイル R_1 が励磁（付勢）され，a接点 R_{1a} が閉じ，自己保持回路が形成される。

並行して，b接点 R_{1b} が開くので，押しボタンスイッチBが作動してもコイル R_2 は，励磁（付勢）されず現状を維持する。次の動作に移行するには，電源をいったんOFFにするなどの操作が必要である。押しボタンスイッチBが作動した場合も同様である。

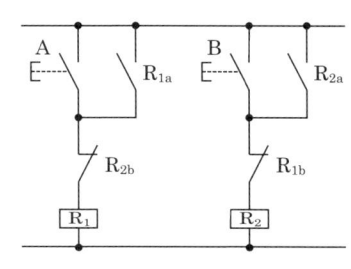

図9・7 インターロック回路図

c. 論理回路の種類と機能

① AND 回路

　a 接点 A, B が同時に動作したときのみ，コイル $\boxed{R}$ が励磁（付勢）される。

　　　論理式：$R = A \cdot B$

② OR 回路

　a 接点 A, B のいずれか 1 つか，2 つが動作すると，コイル $\boxed{R}$ が励磁（付勢）される。

　　　論理式：$R = A + B$

③ NOT 回路

　a 接点 A が動作するとコイル $\boxed{R}$ は，消磁（消勢）される。

　　　論理式：$R = \overline{A}$

④ NAND 回路

　a 接点 A, B が同時に動作すると，コイル $\boxed{R}$ は，消磁（消勢）される。

　　　論理式：$R = \overline{A \cdot B}$

⑤ NOR 回路

　a 接点 A, B のいずれか 1 つか，2 つが動作すると，コイル $\boxed{R}$ は消磁（消勢）される。

　　　論理式：$R = \overline{A + B}$

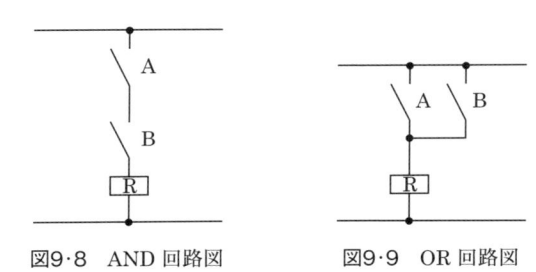

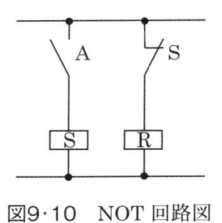

図 9·8　AND 回路図　　　図 9·9　OR 回路図　　　図 9·10　NOT 回路図

図 9·11　NAND 回路図　　　図 9·12　NOR 回路図

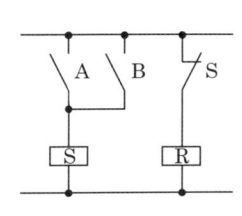

参考▶　有接点形継電器（リレー：relay）の原理図を図9・13に示す。メーク接点，ブレーク接点，コイルの関係などについて理解する。

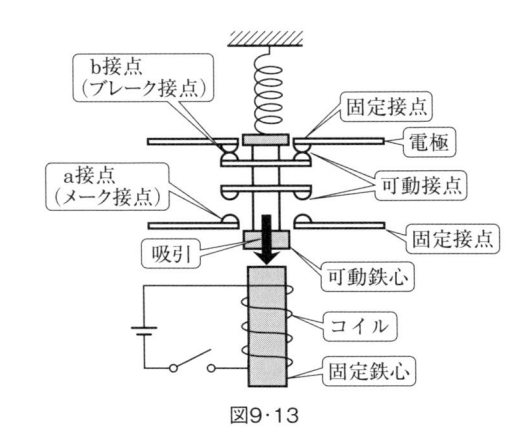

図9・13

(4) 三相誘導電動機の制御回路図

a. 三相誘導電動機の運転・停止用基本回路

◆制御回路の動作過程

① 主回路の MCCB（配線用遮断器）を投入する（停止表示灯 L_1 点灯）

② PB_2（始動用押しボタンスイッチ）を投入：運転開始
　イ ［MC］が励磁され，③ MC（電磁接触器）が作動，誘導電動機 M が回転。
　ロ ④ MC の a 接点が閉じる（押しボタンスイッチ PB_2 は，自動復帰するが，④ MC により自己保持回路を形成，［MC］は励磁し続ける）。
　ハ ⑤ MC の接点が開き（停止表示灯 L_1 が消灯），⑥ MC の接点が閉じる（運転表示灯 L_2 が点灯）。

③ PB_1（停止用押しボタンスイッチ）を投入：運転停止
　イ ［MC］が消磁され，④ MC が開き自己保持回路は解除。
　ロ ③ MC が開き，誘導電動機 M は停止する。
　ハ ⑥ MC が開き，⑤ MC が閉じる（L_2 が消灯，L_1 点灯）。

④ 過負荷状態などで誘導電動機が過熱した場合
　イ ① THR（熱動継電器ヒータ）が作動。
　ロ ② THR（熱動継電器 b 接点）が開く（前記運転停止と同様の動作で，誘導電機は停止する）。

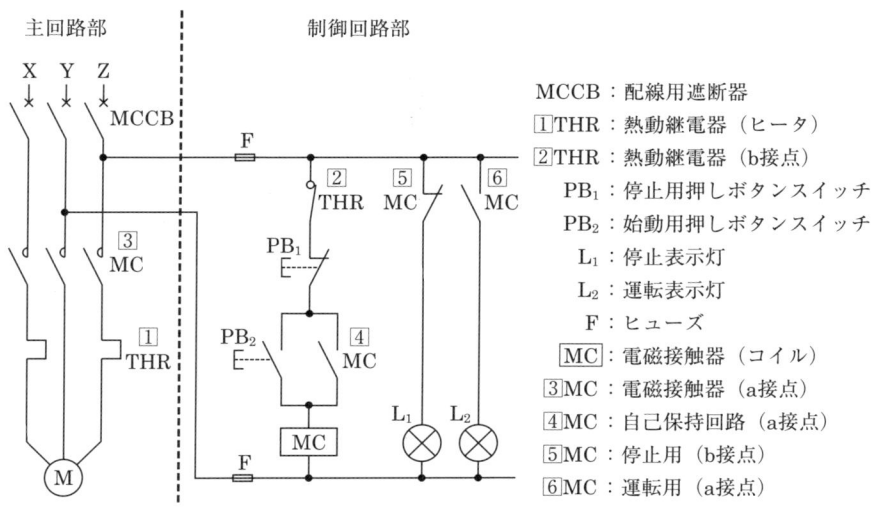

図9·14 誘導電動機の運転・停止用基本回路図

MCCB：配線用遮断器
①THR：熱動継電器（ヒータ）
②THR：熱動継電器（b接点）
PB₁：停止用押しボタンスイッチ
PB₂：始動用押しボタンスイッチ
L₁：停止表示灯
L₂：運転表示灯
F：ヒューズ
MC：電磁接触器（コイル）
③MC：電磁接触器（a接点）
④MC：自己保持回路（a接点）
⑤MC：停止用（b接点）
⑥MC：運転用（a接点）

b. 三相誘導電動機のY-Δ始動用基本回路

◆制御回路の動作過程

①主回路のMCCB（配線用遮断器）を投入する（停止表示灯 L_1 点灯）

②PB₂（始動用押しボタンスイッチ）を投入：運転開始

　㋑ MC が励磁され，①MC（電磁接触器）が作動，③MC が開路（L_1 消灯），②MC が閉じる（押しボタンスイッチPB₂は，手を放すと自動復帰するが，②MCにより自己保持回路を形成，MC は励磁し続ける）。

　㋺ TLR，MC$_Y$ が励磁され，⑥MC$_Y$ が作動，誘導電動機はY結線で始動する。同時に⑦MC$_Y$ 開，⑧MC$_Y$ が作動し，運転表示灯 L_2 が点灯する。

　㋩ 整定時間経過後，④TLR（限時継電器b接点）が開き，⑤TLR（限時継電器a接点）が閉じる（MC$_Y$ が消磁し，MC$_Δ$ が励磁）。

　㊁ ⑥MC$_Y$ 開，⑨MC$_Δ$ 閉，⑧MC$_Y$ 開，⑩MC$_Δ$ 開，⑪MC$_Δ$ 閉，⑫MC$_Δ$ 閉となる（誘導電動機Y結線から，Δ結線の運転状態に切り替わる。表示灯 L_2 は点灯状態を持続）。

③PB₁（停止用押しボタンスイッチ）を投入：運転停止

　㋑ MC が消磁され，自己保持接点②MC が解除する。このため，①MC（電磁接触器）が開き，誘導電動機Mは停止する。

④過負荷状態などで，誘導電動機が過熱した場合

　㋑ ⑬THR（熱動継電器ヒータ）が作動。

　㋺ ⑭THR（熱動継電器b接点）が開く（前記運転停止と同様の動作で，誘導電機は停止する）。

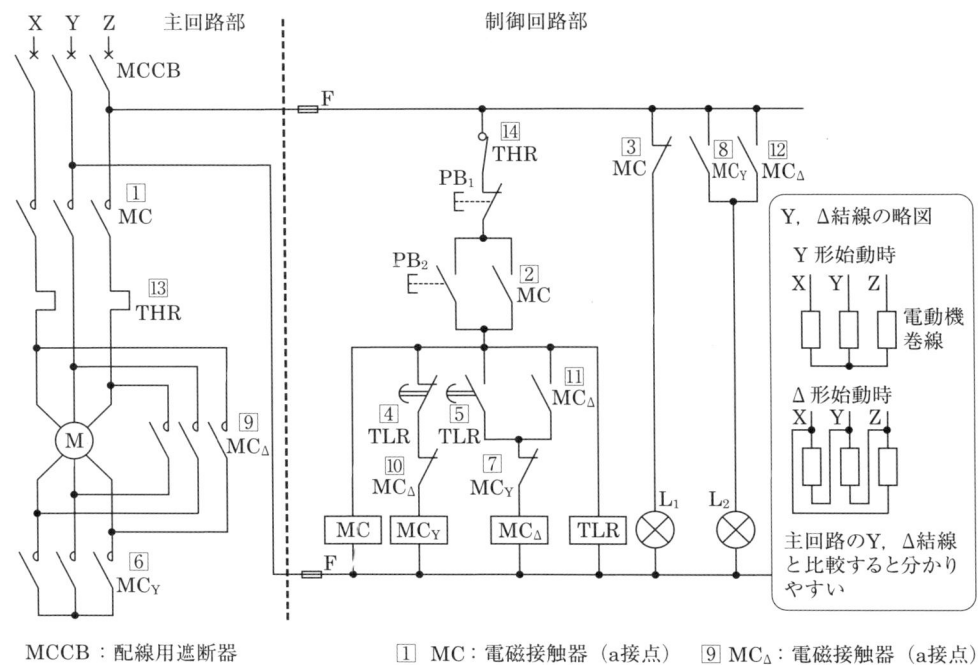

MCCB：配線用遮断器
PB₁：停止用押しボタンスイッチ
PB₂：始動用押しボタンスイッチ
F：ヒューズ
[MC]：電磁接触器（コイル）
[TLR]：限時継電器（コイル）
[MC_Y]：Y始動用（コイル）
[MC_Δ]：Δ運転用（コイル）

① MC：電磁接触器（a接点）
② MC：（a接点）
③ MC：（b接点）
④ TLR：限時動作（b接点）
⑤ TLR：限時動作（a接点）
⑥ MC_Y：電磁接触器（a接点）
⑦ MC_Y：Y始動（b接点）
⑧ MC_Y：Y始動（a接点）

⑨ MC_Δ：電磁接触器（a接点）
⑩ MC_Δ：Δ運転（b接点）
⑪ MC_Δ：Δ運転（a接点）
⑫ MC_Δ：Δ運転（a接点）
⑬ THR：熱動継電器（ヒータ）
⑭ THR：熱動継電器（b接点）
L₁：停止表示灯
L₂：運転表示灯

図9・15　三相誘導電動機のY-Δ始動用基本回路図

c. 三相誘導電動機の正転・逆転用基本回路

三相誘導電動機を逆回転させるには，三相のうちの二相を入れ替えればよい。

◆制御回路の動作過程

① 主回路のMCCB（配線用遮断器）を投入する（停止表示灯L₁点灯）

② PB₂（始動用押しボタンスイッチ）を投入：正転開始

　㋑ [MC_F]が励磁され，① MC_F（電磁接触器）が作動，誘導電動機が正転を開始する。同時に④ MC_Fが開路L₁消灯，⑤ MC_Fが閉じ正転表示灯L₂が点灯する。

　㋺ ③ MC_F（b接点）は，[MC_F]が励磁されると開路するため，正転中に誤って逆転押しボタンスイッチPB₃を押しても，[MC_R]は励磁されず，逆転することはない（インターロック回路を形成）。

　㋩ 押しボタンスイッチPB₂は，手を放すと自動復帰し，開路するが，② MC_F（a接点）が閉じているので，[MC_F]は励磁を継続（自己保持回路を形成）され，電動機は正転を維持する。

③ PB1（停止用押しボタンスイッチ）を投入：電動機の停止

　㋑ 押しボタンスイッチを押すと，[MC_F]は消磁されると同時に自己保持回路は解かれ，① MC_F（電磁接触器）が開き，電動機は停止する。逆転させるには，いったん電動機を停止，イン

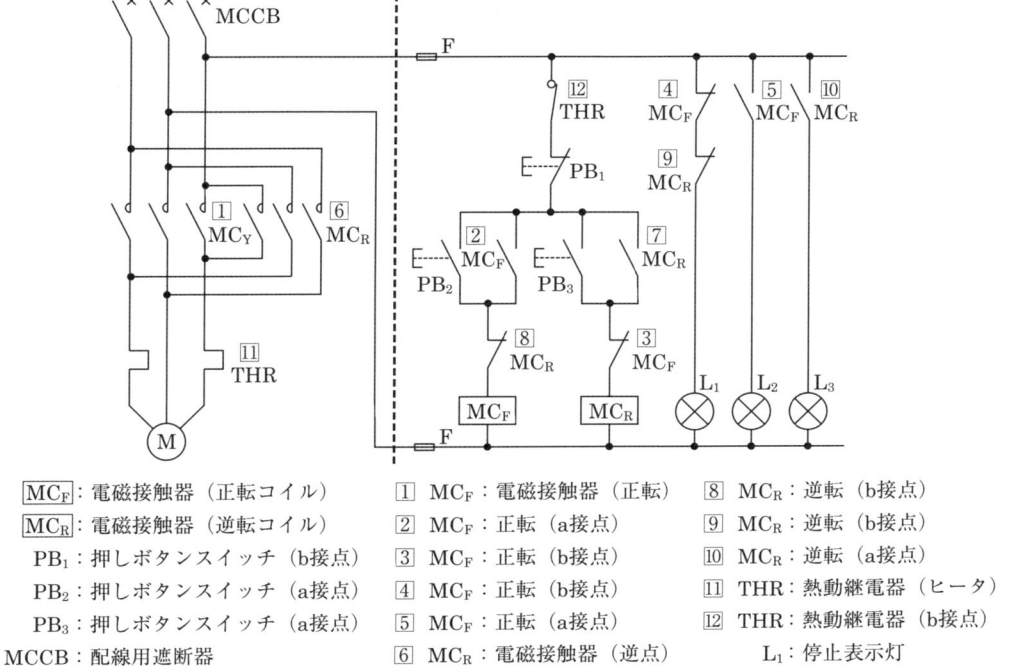

|MC_F|：電磁接触器（正転コイル）　　① MC_F：電磁接触器（正転）　　⑧ MC_R：逆転（b接点）
|MC_R|：電磁接触器（逆転コイル）　　② MC_F：正転（a接点）　　　　⑨ MC_R：逆転（b接点）
　PB_1：押しボタンスイッチ（b接点）　③ MC_F：正転（b接点）　　　　⑩ MC_R：逆転（a接点）
　PB_2：押しボタンスイッチ（a接点）　④ MC_F：正転（b接点）　　　　⑪ THR：熱動継電器（ヒータ）
　PB_3：押しボタンスイッチ（a接点）　⑤ MC_F：正転（a接点）　　　　⑫ THR：熱動継電器（b接点）
　MCCB：配線用遮断器　　　　　　　　⑥ MC_R：電磁接触器（逆点）　　L_1：停止表示灯
　　　F：ヒューズ　　　　　　　　　　⑦ MC_R：逆転（a接点）　　　　L_2：正転表示灯
　　　　　　　　　　　　　　　　　　　　　　　　　　　　　　　　　L_3：逆転表示灯

図9・16　三相誘導電動機の正転・逆転用基本回路

ターロック回路を解除する必要がある。

ロ |MC_F| が消磁すると，⑤ MC_F が開き正転表示灯 L_2 が消灯すると同時に，④ MC_F が復帰（閉じ）停止表示灯 L_1 が点灯する。

④ PB_3（始動用押しボタンスイッチ）を投入：逆転開始

イ 正転と同様な動作手順で，|MC_R| が励磁，⑥ MC_R 閉，⑦ MC_R 閉，⑧ MC_R 開，⑨ MC_R 開，⑩ MC_R 閉となり，逆転運転が開始され，停止表示灯 L_1 が消灯し，逆転表示灯 L_3 が点灯する。

⑤ 過負荷状態などで，誘導電動機が過熱した場合

イ ⑪ THR（熱動継電器ヒータ）が作動。

ロ ⑫ THR（熱動継電器b接点）が開く（前記運転停止と同様の動作で，誘導電機は停止する）。

重要事項

自己保持回路，およびインターロック回路の意味，接点などについて理解する。

① 自己保持回路形成接点
　　② MC_F（a接点），⑦ MC_R（a接点）
② インターロック回路形成接点
　　③ MC_F（b接点），⑧ MC_R（b接点）

9.2　シーケンス制御回路

第9章 章末問題

(1) 高圧受電設備（単線結線図）

図は高圧受電設備の単線結線図である。下記の各問いに対する正答を選びなさい（問題に直接関係のない箇所は省略してある）。

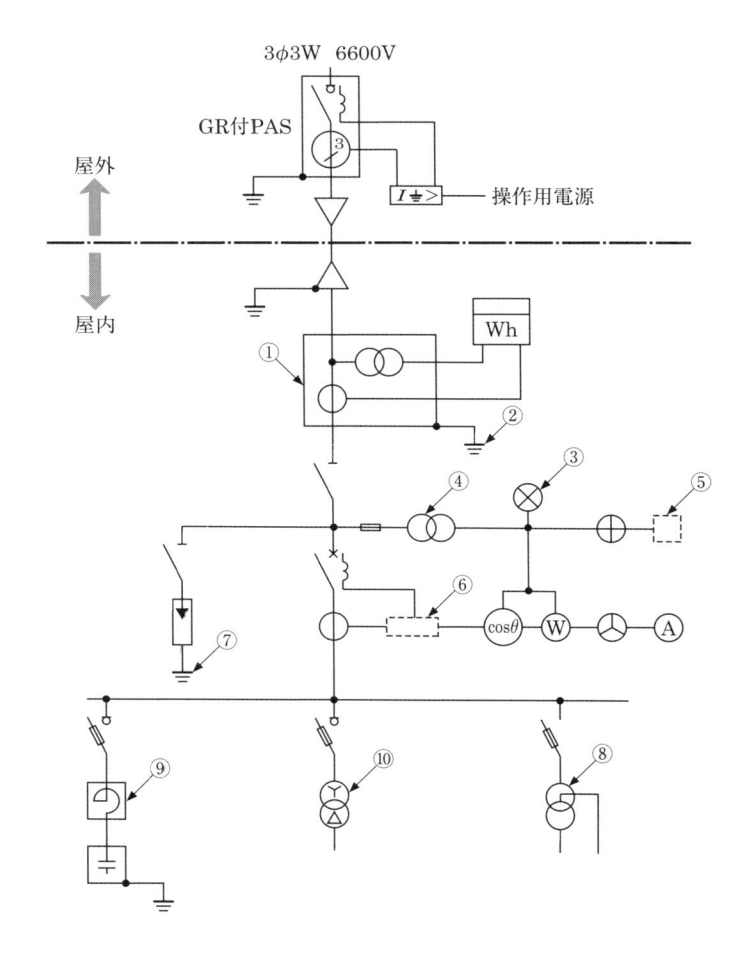

No	問　題	答　え
9-01	①に該当する機器の名称はどれか。	イ．変流器 ロ．零相変圧器 ハ．計器用変圧器 ニ．計器用変圧変流器
9-02	②の接地線の太さの最小値は何〔mm〕か。	イ．1.2〔mm〕 ロ．1.6〔mm〕 ハ．2.0〔mm〕 ニ．2.6〔mm〕

No	問 題	答 え
9-03	③に該当する機器の使用目的はどれか。	イ．電源表示 ロ．地絡事故表示 ハ．過電圧表示 ニ．過電流表示
9-04	④に該当する機器の名称と2次側の値はどれか。	イ．変流器，5〔A〕 ロ．変流器，10〔A〕 ハ．計器用変圧器，105〔V〕 ニ．計器用変圧器，110〔V〕
9-05	⑤に該当する機器の名称はどれか。	イ．電力量計 ロ．電圧計 ハ．力率計 ニ．零相変圧器
9-06	⑥に該当する図記号はどれか。	イ．$\boxed{I>}$ ロ．$\boxed{I<}$ ハ．$\boxed{U>}$ ニ．$\boxed{I\rightarrow>}$
9-07	⑦に示す接地抵抗値の最大値は何〔Ω〕か。	イ．3〔Ω〕 ロ．10〔Ω〕 ハ．50〔Ω〕 ニ．100〔Ω〕
9-08	⑧ここに使用できる変圧器の最大容量〔kVA〕はいくらか。	イ．50〔kVA〕 ロ．100〔kVA〕 ハ．300〔kVA〕 ニ．500〔kVA〕
9-09	⑨に該当する機器の名称はどれか。	イ．限流ヒューズ ロ．直列リアクトル ハ．引外しコイル ニ．放電コイル
9-10	⑩に示す変圧器の適切な複線結線図はどれか。	イ．　　　　　　　　ロ． ハ．　　　　　　　　ニ．

（2）高圧受電設備（複線結線図）

図は高圧受電設備の複線結線図である。下記の各問いに対する正答を選びなさい（問題に直接関係のない箇所は省略してある）。

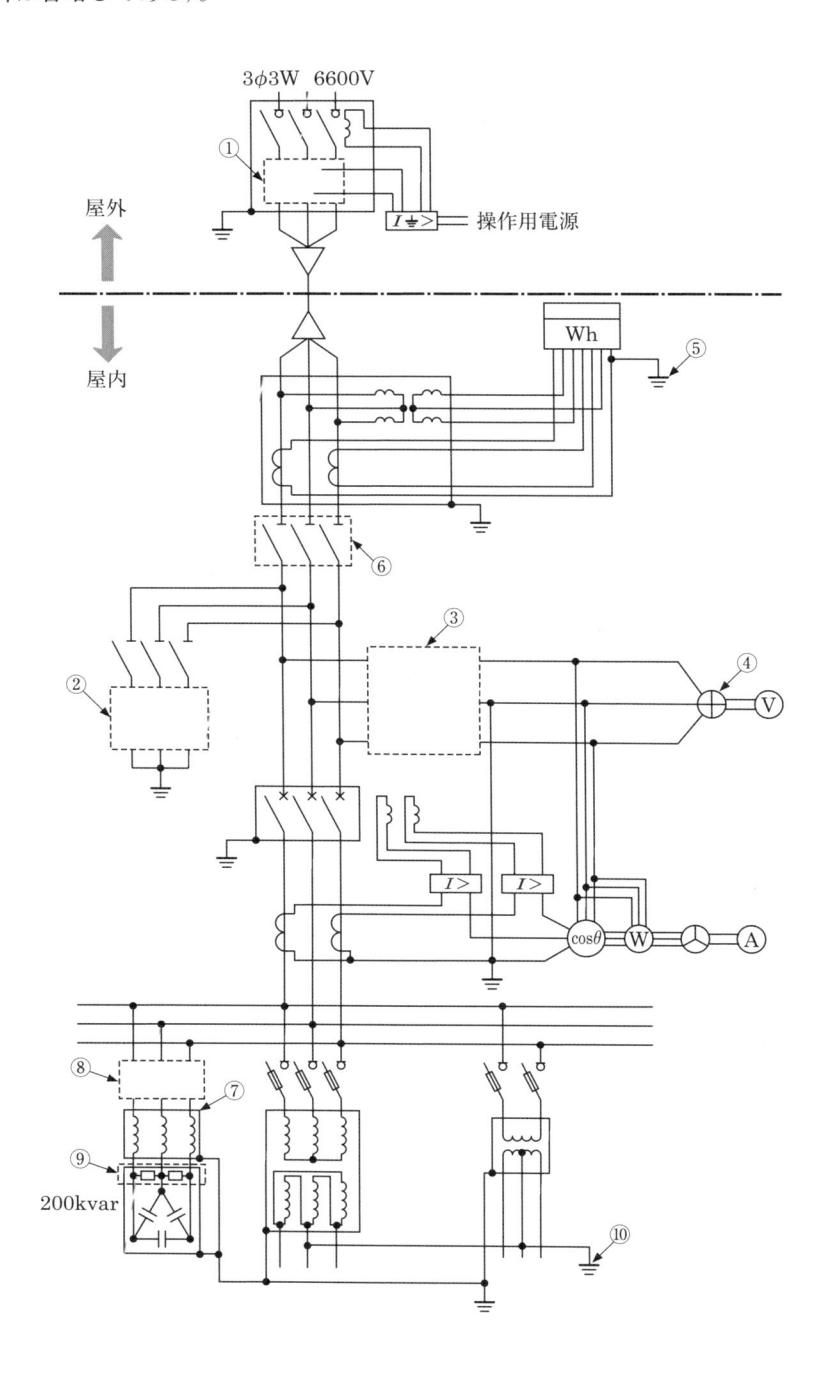

No	問題	答え
9-11	①に該当する機器の複線図記号はどれか。	イ. （図） ロ. （図） ハ. （図） ニ. （図）
9-12	②に該当する機器の複線図記号はどれか。	イ. （図） ロ. （図） ハ. （図） ニ. （図）
9-13	③に該当する機器の複線図記号はどれか。	イ. （図） ロ. （図） ハ. （図） ニ. （図）
9-14	④に該当する機器の名称はどれか。	イ. 電流計用切換開閉器 ロ. 零相電圧用切換開閉器 ハ. 電圧復帰用押しボタン ニ. 電圧計用切換開閉器
9-15	⑤に該当する接地工事の種別はどれか	イ. A種接地工事 ロ. B種接地工事 ハ. C種接地工事 ニ. D種接地工事
9-16	⑥に該当する機器の名称はどれか。	イ. 交流負荷開閉器 ロ. 断路器 ハ. 交流遮断器 ニ. 高圧カットアウトスイッチ
9-17	⑦に該当する機器について不適切なものはどれか。	イ. コンデンサ投入時の突入電流の抑制。 ロ. コンデンサと組合せ高調波の増大抑制。 ハ. コンデンサ開放時の残留電荷の放電。 ニ. 外箱に敷設された接地抵抗値が9.5〔Ω〕であった。

No	問題	答え
9-18	⑧に該当する機器の複線図記号はどれか。	イ. （図）　ロ. （図）　ハ. （図）　ニ. （図）
9-19	⑨に該当する機器の用途は何か。	イ. 高調波による波形の歪みの抑制。 ロ. 残留電荷の放電。 ハ. 開閉器開放時の消弧作用。 ニ. 開閉器投入時の突入電流の抑制。
9-20	⑩の接地線（軟銅線）の太さは，何〔mm〕以上か。	イ. 1.2〔mm〕 ロ. 1.6〔mm〕 ハ. 2.0〔mm〕 ニ. 2.6〔mm〕

（3）不足電圧継電器・地絡方向継電器・零相蓄電器等を含む単線結線図

図は高圧受電設備の単線結線図である。下記の各問いに対する正答を選びなさい（問題に直接関係のない箇所は省略してある）。

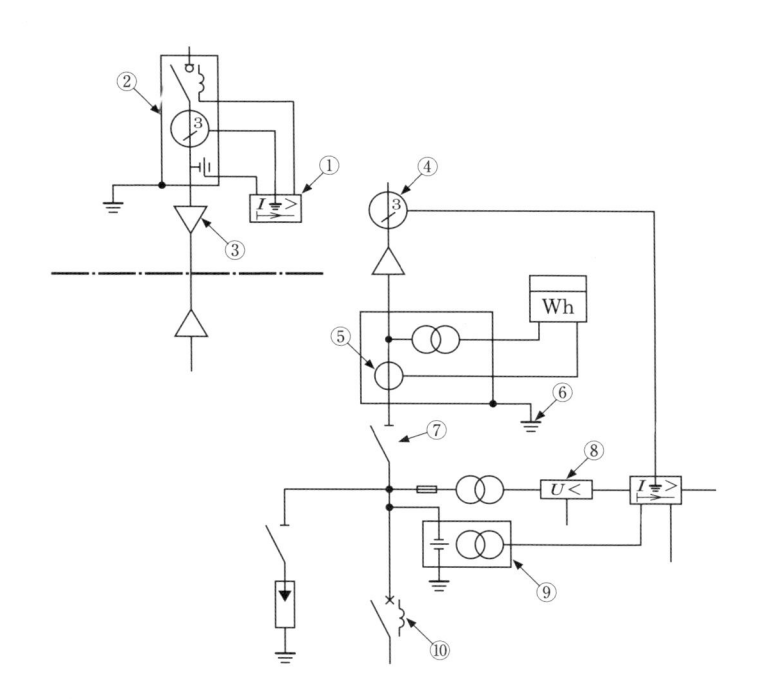

No	問　題	答　え
9-21	①の機器の使用目的は何か。	イ．過電流に対し遮断器を遮断する。 ロ．漏洩電流の記録。 ハ．地絡事故時に遮断器を遮断する。 ニ．地絡事故時に高圧交流負荷開閉器を遮断する。
9-22	②に該当する機器の使用目的は何か。	イ．電源側の地絡事故を検出し，断路器を遮断。 ロ．地絡事故時に遮断器を遮断。 ハ．地絡事故時に地絡電流の測定。 ニ．受電側の地絡事故を検出し，高圧負荷開閉器を遮断。
9-23	③に該当する機器の設置目的は何か。	イ．ストレスコーンにより電界集中の緩和。 ロ．雨が直かにかからないようにする。 ハ．雷による電線の損傷防止。 ニ．地絡電流の検出。
9-24	④に該当する機器の設置目的に適切なものはどれか。	イ．異常電圧の検出。 ロ．零相電流の検出。 ハ．過電流の検出。 ニ．短絡電流の検出。
9-25	⑤に該当する機器の名称は何か。	イ．零相変流器 ロ．変流器 ハ．計器用変圧器 ニ．零相蓄電器
9-26	⑥に適切な接地工事は。	イ．A種接地工事 ロ．B種接地工事 ハ．C種接地工事 ニ．D種接地工事
9-27	⑦に示す機器の使用方法のうち適切なものはどれか。	イ．過電流の遮断可，短絡電流の遮断不可。 ロ．負荷電流の遮断は不可。 ハ．過電流，短絡電流とも遮断可。 ニ．地絡電流の遮断に使用。
9-28	⑧に該当する機器の名称は何か。	イ．過電圧継電器 ロ．不足電圧継電器 ハ．過電流継電器 ニ．地絡継電器
9-29	⑨に該当する機器の設置目的として適切なものはどれか。	イ．計器用の電流変成。 ロ．零相電圧の検出。 ハ．計器用の電圧検出。 ニ．力率の調整。
9-30	⑩に示す図記号の設置目的は何か。	イ．遮断器の温度測定。 ロ．遮断器の自動遮断。 ハ．遮断器の遠隔操作。 ニ．遮断器の投入。

(4) 高圧受電設備平面図（施工方法を含む）

図は高圧受電設備の平面図である。下記の各問いに対する正答を選びなさい（問題に直接関係のない箇所は省略してある）。

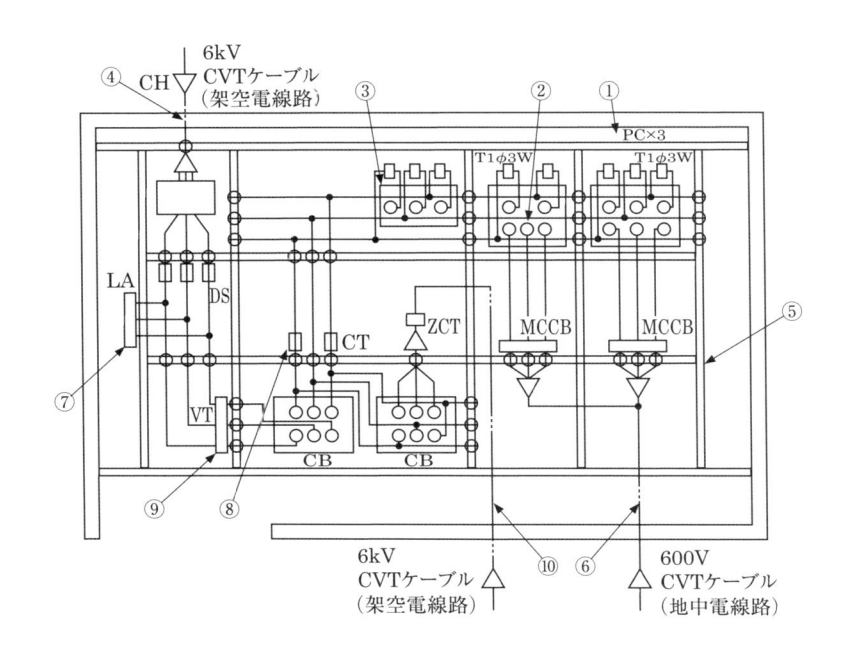

No	問　題	答　え
9-31	①の三相変圧器の容量を200〔kVA〕から500〔kVA〕に変更した場合，PC×3に関して適切なものはどれか。	イ．DS×3にする。 ロ．PC×3（限流ヒューズ付）にする。 ハ．PC×3（素通し）にする。 ニ．LBSにする。
9-32	②に施設する接地工事に関して適切なものはどれか。	イ．地絡事故時，接地を切り離す装置を設けた。 ロ．避雷器の接地と併用し，接地抵抗値を60〔Ω〕とした。 ハ．接地線に2.0〔mm〕のIV線を使用。 ニ．高圧電路の1線地絡電流が5〔A〕であったので，30〔Ω〕の接地抵抗値とした。
9-33	③に該当する機器の設置目的は何か。	イ．低圧電路の線路損失の縮小。 ロ．高圧電路の遅れ無効電流の減少。 ハ．低圧電路の遅れ力率を改善し，変圧器の有効利用を図る。 ニ．高圧電路の進み力率の縮小。
9-34	④に示す線路の絶縁抵抗測定に関し，不適切なものはどれか。	イ．測定後，線路を接地し残留電荷を除去する。 ロ．測定電圧が500〔V〕用の絶縁抵抗計を使用した。 ハ．測定開始時は指針が不安定なため，一定時間経過後，指示値を読む。 ニ．測定器は，開放状態で∞，短絡状態で0になることを確認する。

No	問題	答え
9-35	⑤に示すパイプフレームに関する記述で不適切なものはどれか。	イ．パイプフレームにD種接地工事を施した。 ロ．パイプフレームの組み立てには，各種クランプ類を使用した。 ハ．VT，CT等の取り付け部には，鋼材を使用した。 ニ．パイプフレームには電気用品安全法の適用を受ける金属製電線管の使用が必要である。
9-36	⑥に示す圧力の受けるおそれがない，地中電線路の施設で，不適切なものはどれか。	イ．地中電線路に，電圧記載の埋設標識を施した。 ロ．埋設管路材には，厚鋼電線管（防食処理済）を使用した。 ハ．直接埋設式により，地表50〔cm〕の深さに埋設した。 ニ．管路式とし，舗装の下面30〔cm〕の深さに埋設した。
9-37	⑦に示す機器の接地目的のうち適切なものはどれか。	イ．雷などの過電圧を放電し，機器等の絶縁を保護する。 ロ．短絡電流を検出し，電路を遮断する。 ハ．雷などの過電圧を検出し，電路を遮断する。 ニ．短絡電流を大地へ逃し，機器等を保護する。
9-38	⑧に関する機器の記述で，不適切なものはどれか。	イ．高圧電路のCTの定格2次電流は5〔A〕である。 ロ．CTの2次側に，定格電流5〔A〕のヒューズを使用する。 ハ．CTの2次側に，D種接地工事を施す。 ニ．CTの定格負荷算出には，計器類の消費や，線路損失等を加味する。
9-39	⑨に関する機器の記述で，不適切なものはどれか。	イ．高圧電路のVTの定格2次電圧は210〔V〕である。 ロ．VTは計器用変圧器を表す。 ハ．VTの1次側に，十分容量のある高圧限流ヒューズを使用する。 ニ．VTの使用に当たっては，定格負荷〔VA〕以下で使用する。
9-40	⑩に示す低圧架空電線路において，不適切なものはどれか。	イ．ケーブルは，地表上6〔m〕に施設した。 ロ．ケーブルは，50〔cm〕間隔のハンガーによりちょう架用線に支持した。 ハ．ちょう架用線にD種接地工事を施した。 ニ．ちょう架用線に14〔mm²〕の亜鉛メッキ鉄より線を使用した。

（5）シーケンス制御回路（三相誘導電動機の運転・停止回路）

図は三相誘導電動機の運転・停止の回路図である。下記の各問いに対する正答を選びなさい（問題に直接関係のない箇所は省略してある）。

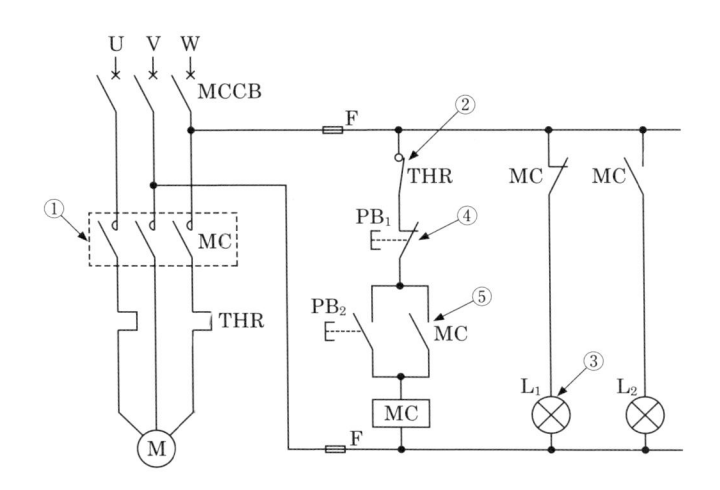

No	問　題	答　え
9-41	①の機器の名称は何か。	イ．モータブレーカ ロ．電磁接触器 ハ．電磁開閉器 ニ．始動スイッチ
9-42	②に示す接点の動作で適切なものはどれか。	イ．手動操作で手動復帰 ロ．自動動作で自動復帰 ハ．手動操作で自動復帰 ニ．自動動作で手動復帰
9-43	③に示す図記号は何か。	イ．限時継電器 ロ．保護ヒューズ ハ．表示灯 ニ．切換スイッチ
9-44	④に示す接点の動作で適切なものはどれか。	イ．押すと開き，自動復帰 ロ．押すと閉じ，自動復帰 ハ．押すと開き，引くと閉じる ニ．押すと閉じ，引くと開く
9-45	⑤に示す接点の目的は何か。	イ．故障時の予備接点。 ロ．自己保持形成接点。 ハ．電流容量の増大を図る。 ニ．接点保護のため。

（6）シーケンス制御回路（三相誘導電動機のY－Δ始動回路）

図は三相誘導電動機のY－Δ始動の回路図である。下記の各問いに対する正答を選びなさい（問題に直接関係のない箇所は省略してある）。

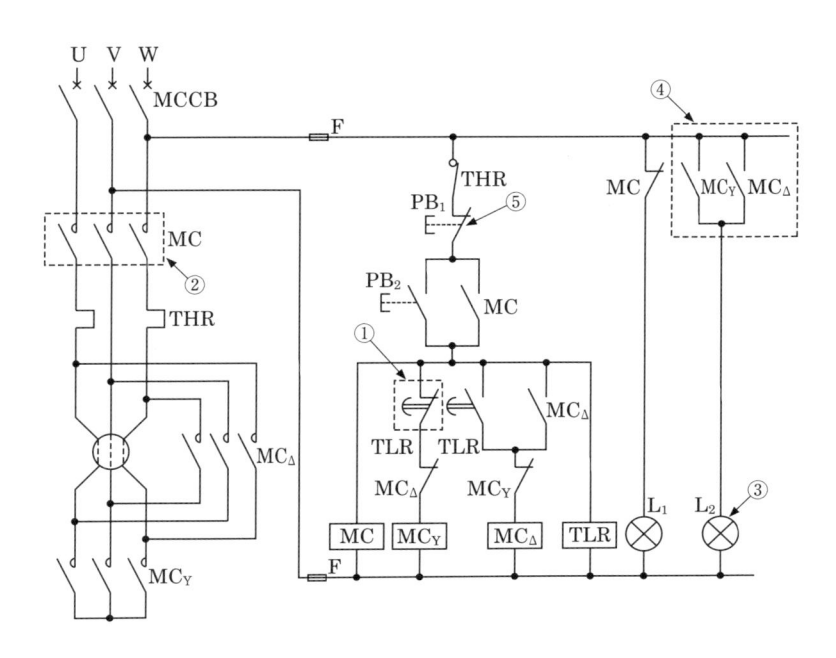

No	問　題	答　え
9-46	①の接点の動作状態を表すものはどれか。	イ．手動操作手動復帰 ロ．限時復帰 ハ．手動操作自動復帰 ニ．限時動作
9-47	②に示す機器に関し適切なものはどれか。	イ．過負荷時には手動で開閉する。 ロ．手動操作により開閉。 ハ．小容量接点として使用。 ニ．自動動作自動復帰形接点。
9-48	③に示す部分が点灯状態にあるとき適切なものはどれか。	イ．Δで運転中 ロ．YかΔで運転中 ハ．YとΔで運転中 ニ．停止中
9-49	④に示す回路の動作回路名で適切なものはどれか。	イ．AND回路 ロ．OR回路 ハ．NAD回路 ニ．NOR回路
9-50	⑤に示す接点の役目は何か。	イ．電動機の保護 ロ．電動機の安全確保 ハ．電動機の停止 ニ．電動機の始動

第9章　章末問題

（7）シーケンス制御回路（三相誘導電動機の正転・逆転回路）

図は三相誘導電動機の正転・逆転の回路図である。下記の各問いに対する正答を選びなさい（問題に直接関係のない箇所は省略してある）。

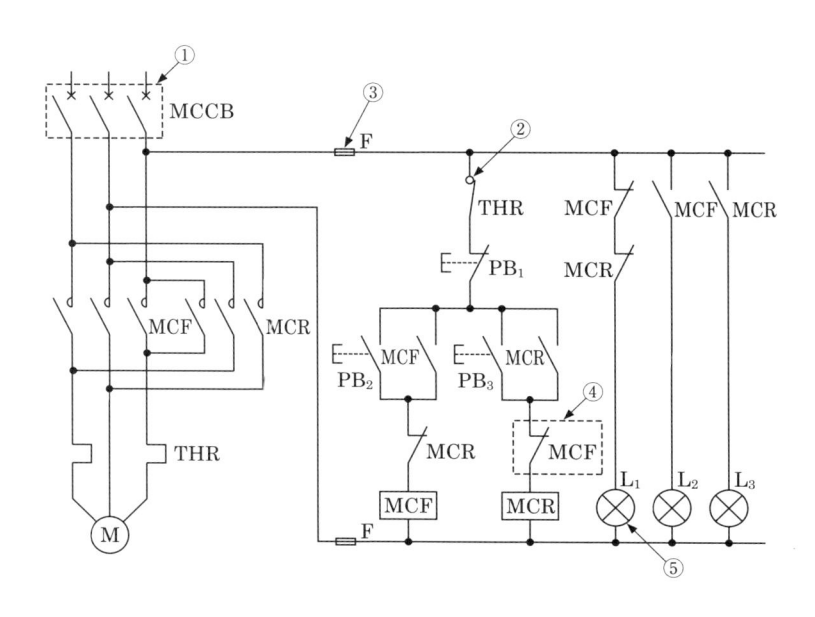

No	問　題	答　え
9-51	①に示す機器の名称は何か。	イ．配線用遮断器 ロ．磁気遮断器 ハ．油入遮断器 ニ．手動開閉器
9-52	②に示す機器の名称は何か。	イ．押しボタンスイッチ接点 ロ．熱動継電器接点 ハ．電磁継電器接点 ニ．リミットスイッチ接点
9-53	③に示す機器の名称は何か。	イ．開閉器 ロ．遮断器 ハ．ヒューズ ニ．タイムスイッチ
9-54	④に示す機器の設置目的で適切なものはどれか。	イ．自己保持回路の形成 ロ．インタロック回路の形成 ハ．電動機の加熱保護回路の形成 ニ．AND回路の形成
9-55	⑤に示す機器が点灯する状況は電動機がどのようなときか。	イ．逆回転時 ロ．正回転時 ハ．停止状態 ニ．停電時

第10章
電気工作物に関する法令

10.1 電気事業法

(1) 目的（法第1条）

電気事業の運営を適正，かつ合理的に行うことにより，電気の使用者の利益保護と，電気事業の健全な発展を図る。また，電気工作物の工事，維持，運用を規制することにより，公共の安全の確保と，環境の保全を図る。

(2) 電気工作物の種類

①電気事業用電気工作物

電力会社や県営の発電設備など，電気の供給事業をしている者の電気設備。

②自家用電気工作物

工場や大きなビルなど，比較的電気設備の大きい高圧需要家など。

③一般用電気工作物

一般家庭や商店などの電気設備。

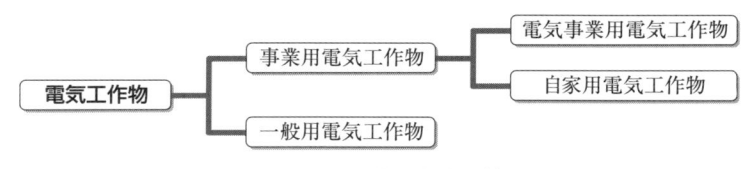

図10・1 電気工作物の種類

a. **自家用電気工作物（法第38条）**

① 600〔V〕を超える電圧で受電するもの。

②構外にわたる電線路のあるもの。

③爆発性，引火性物質が存在する事故発生の多い場所。

④自家用発電設備（非常用発電装置を含む）。

b. **一般用電気工作物（施行規則第48条）**

① 600〔V〕以下の電圧で受電するもの。

②以下に示す600〔V〕以下の小出力発電設備。ただし，同一構内で，他の設備と電気的に接続される，それらの出力の合計が20〔kW〕以上のものを除く。

　◆出力10〔kW〕未満の水力発電設備（ダム式を除く）

- ◆ 出力10〔kW〕未満の内燃力発電設備
- ◆ 出力10〔kW〕未満の燃料電池発電設備
- ◆ 出力20〔kW〕未満の太陽電池発電設備
- ◆ 出力20〔kW〕未満の風力発電設備

(3) 自家用電気工作物設置者の遵守事項（法第39～44条）

① 電気工作物を電気設備技術基準に適合するよう維持。
② 保安規定の制定，および電気工作物の使用開始前での届出。
③ 主任技術者の選任，および届出。
- ◆ 主任技術者免状交付者（第一，二，三種主任技術者より原則選任）
- ◆ 許可主任技術者（所轄産業保安監督部長の許可受理者）

(4) 工事計画の事前届出（施行規則第65条，法第47～48条）

① 最大電力1 000〔kW〕以上，または受電電圧10 000〔V〕以上の電気工作物の設置，または取替を行うには，工事計画の事前届出が必要。
② 届出は工事開始の日の30日前までに行う。

(5) 事故報告

表10・1　事故の種類・期限・報告先

事故の種類	速報	詳報	報告先
① 感電死傷事故 ② 電気火災事故 ③ 電気工作物の欠陥，損傷，破壊，操作による死傷事故 ④ 受電電圧3 000〔V〕以上の自家用電気工作物の故障，損傷，破壊などにより，一般電気事業者（電力会社）に，発生させた供給支障事故	事故の発生を知った時から，48時間以内	事故の発生を知った時から，30日以内	所轄産業保安監督部長

(6) 供給電圧の維持（法第26条，施行規則第44条）

電気事業者は，供給電圧を下記の値に維持する。

表10・2　供給電圧維持値

標準電圧	電圧維持値
100〔V〕	101〔V〕± 6〔V〕
200〔V〕	202〔V〕±20〔V〕

10.2 電気工事業の業務の適正化に関する法律

(1) 目的（法第1条）

電気工事業を営む者の登録や業務の規制を行うことにより，業務の適正な実施を維持し，一般用電気工作物，および自家用電気工作物の保安の確保を行う。

(2) 登録（法第3, 10条）

①1つの都道府県の区域内のみに営業所を設置し，業務を営む電気工事業者（都道府県知事の登録）。
②2つ以上の都道府県の区域内に営業所を設置し，業務を営む電気工事業者（経済産業大臣の登録）。
③登録の有効期間は，5年（以降についても，要登録の更新）。
④登録事項の変更は，変更の日から30日以内に届出る。

(3) 電気工事業者の遵守事項（法第19～26条，施行規則第11～13条）

①営業所ごとに主任電気工事士を置く。主任電気工事士は，第一種電気工事士または第二種電気工事士免状交付後，3年以上の実務経験のある者であること。
②第一種，または第二種電気工事士でない者を，一般用電気工事の作業に従事させてはならない。
③第一種電気工事士でない者を自家用電気工事の作業に従事させてはならない。
④請け負った電気工事を，電気工事業者でない者に請け負わせてはならない。
⑤電気工事には，電気用品安全法の表示のない電気用品を使用してはならない。
⑥営業所ごとに帳簿を備え，電気工事ごとに所定の事項を記載し，記載の日から，5年間保存する。
　帳簿：注文者氏名（名称），電気工事の種類・施工場所・施工日，作業者名，配線図，検査結果を記載する。
⑦営業所，および電気工事施工場所ごとに，標識を掲示しなければならない。
　標識：氏名（名称），営業所名，電気工事の種類，登録日，主任電気工事士名
⑧営業所ごとに下記の器具を備付けなければならない。
　◆一般用電気工事のみ業務実施の営業所
　　・絶縁抵抗計　・接地抵抗計　・回路計
　◆自家用電気工事の業務実施の営業所
　　・絶縁抵抗計　・接地抵抗計　・回路計　・検電器
　　・継電器試験器　・絶縁耐力試験器

10.3 電気工事士法

(1) 目的（法第1条）

電気工事の作業に従事する者の資格や義務を定め，電気工事の欠陥による「災害の発生の防止」を目的としたもの。

(2) 資格と作業の範囲

表10・3 電気工事士の種類と作業の範囲

資格の名称	最大電力500〔kW〕未満の自家用電気工作物に係る電気工事	簡易電気工事	特殊電気工事	一般用電気工作物に係る電気工事	免状交付	備考
第一種電気工事士（免状）	○	○		○	都道府県知事	記載事項の変更 ・変更証明書類を添付し，免状交付都道府県知事に申請する。
第二種電気工事士（免状）				○	都道府県知事	
認定電気工事従事者（認定証）		○			経済産業大臣	認定電気工事従事者認定証 ・第一種電気工事士合格者（免状未取得）に対し交付される。 ・第二種電気工事士免状取得者は，取得後3年以上の実務経験，（または認定電気工事従事者認定講習修了者）に対し交付される。
特種電気工事資格者（認定証）			○		経済産業大臣	特種電気工事資格者認定証 ・電気工事士（第一，二種）取得後，5年以上の実務経験を有する，特種電気工事資格者認定講習修了者に対し交付される。

※①認定電気工事従事者：自家用電気工作物で600〔V〕以下の電気機器，配線等に従事。
　②特殊電気工事：ネオン工事，非常用予備発電装置の工事など。
　③簡易電気工事：自家用の低圧屋内配線の工事。

(3) 電気工事士などの遵守事項（法第4～5条，施行令第5条）

① 電気設備技術基準に適合する工事を行う。
② 電気工事作業に従事するときは，電気工事士免状（第一種，第二種電気工事士免状），または認定証（認定電気工事従事認定証，特種電気工事資格認定証）を携帯する。
③ 第一種電気工事士は，免状の交付を受けた日から，5年以内に講習（自家用電気工作物の保安に関する定期講習）を受ける（講習終了以降についても同様）。
④ 免状の記載事項に変更を生じたときは，都道府県知事に書換えを申請する。

(4) 電気工事士の作業

a. 電気工事士でなければ従事できない作業（施行規則第2条）

① 電線相互の接続作業。
② がいしに電線を取り付ける作業。
③ 電線を造営材に取り付ける作業。
④ 電線管，線ぴ，ダクトなどに電線を収める作業。
⑤ 配線器具を造営材などに固定し，電線を接続する作業（露出型点滅器，露出型コンセントを取り換える作業を除く）。
⑥ 電線管の曲げ，ネジ切り，電線管相互，電線管とボックスその他の付属品とを接続する作業。
⑦ ボックスを造営材などに取り付ける作業。
⑧ 電線，電線管，線ぴ，ダクトなどが，造営材を貫通する部分に防護装置を取付ける作業。
⑨ 金属製の金属管，線ぴ，ダクト，これらの付属品などを，建造物のメタルラス張り，ワイヤラス張り，または金属板張りの部分に取り付ける作業。
⑩ 配電盤を造営材に取り付ける作業。
⑪ 接地線を電気工作物に取り付け，接地線相互，もしくは接地線と接地極を地面に埋設する作業。
⑫ 電圧600〔V〕を超える電気機器に電線を接続する作業。

b. 電気工事士でなくても従事できる軽微な工事（施行令第2条）

① 電圧600〔V〕以下で使用する接続器（差込み接続器，ねじ込み接続器，ソケット，ローゼットなど）に，コード，キャブタイヤケーブルを接続する作業。
② 電圧600〔V〕以下で使用する開閉器（ナイフスイッチ，カットアウトスイッチ，スナップスイッチなど）にコードや，キャブタイヤケーブルを接続する作業。
③ 電圧600〔V〕以下で使用する電気機器，または蓄電池の端子に電線（コード，キャブタイヤケーブルを含む）をネジ止めする作業。
④ 電圧600〔V〕以下で使用する電力量計，電流制限器，ヒューズを取付け，取外す作業。
⑤ 電鈴，インターホン，火災感知器などに使用する小形変圧器（2次電圧36〔V〕以下）の2次側と配線作業。
⑥ 地中電線用の暗きょ，管の接地，変更作業。

参考▶ 《電気工事士でなければ従事できない作業・できる作業》
　　沢山ある作業内容のうちから両者を見分けるには，下記事項により概ね見分けが可能と思われる。
　　①電気工事士でなければ従事できない作業。
　　電線接続，電線管類，ボックス，ラス張り貫通，接地工事など，法規に準拠した工事が必要となる作業。
　　②電気工事士でなくても従事できる作業。
　　コード，キャブタイヤケーブルに付随した接続器，開閉器。小形変圧器2次側配線，暗きょ，電力量計，電流制限器，ヒューズなどにかかわる比較的軽微な作業。

10.4　電気用品安全法

(1) 目的（法第1条）

電気用品の製造，販売などの規制と併せ，電気用品の安全性確保の面から，民間事業者の自主的な活動を促進することにより，電気用品による危険や障害の発生の防止を目的としたもの。

(2) 事業の届出（法第3条）

電気用品の製造，および輸入業者は，事業開始の日から，30日以内に経済産業大臣に届け出る。

(3) 事業者の遵守事項（法第8～10条，27～28条）

①届出事業者の製造・輸入する電気用品は，技術基準に適合したものであること。
②届出事業者の製造・輸入する電気用品については，検査を実施し，その記録を保存する。
③届出事業者は，製造・輸入するものが，特定電気用品である場合，販売する前に，経済産業大臣の認定（適合性検査）を受け，交付証明書を保存する。
④届出事業者は，技術基準に適合した電気用品について，経済産業省令に従い，所定の表示を付す。
⑤電気用品の製造・輸入・販売事業者は，所定の表示記号のない電気用品を販売してはならない。
⑥自家用電気工作物の設置者，および電気工事士，特種電気工事資格者，認定電気工事従事者は，所定の表示記号のない電気用品を電気工作物の設置，変更工事に使用してはならない。

(4) 特定電気用品（施行令第1条）

特定電気用品は，その構造や使用方法などの状況から，特に危険や障害の発生するおそれの多い電気用品で，政令で定めたもの。
特定電気用品のおもなものを記述すると下記のようになる。

①電線関係：100〜600〔V〕であって，
  電線（100〔mm²〕以下）
  ケーブル（22〔mm²〕・7心以下）
  コード
  キャブタイヤケーブル（100〔mm²〕・7心以下）
②電線管関係
  電線管（内径120〔mm〕以下）
  フロアダクト（幅100〔mm〕以下）
  線ぴ（幅50〔mm〕以下）
③ヒューズ関係：100〜300〔V〕であって，
  温度ヒューズ
  その他のヒューズ（1〜200〔A〕）
④配線器具関係：100〜300〔V〕であって，
  点滅器（30〔A〕以下）
  開閉器（100〔A〕以下）
  接続器（50〔A〕以下）
⑤電流制限器：100〜300〔V〕，100〔A〕以下
⑥小形単相変圧器・放電等灯用安定器：100〜300〔V〕であって，
  小形単相変圧器（500〔VA〕以下）
  放電等灯用安定器（500〔W〕以下）
⑦単相電動機：100〜300〔V〕
⑧電熱器具：100〜300〔V〕，10〔kW〕以下
⑨動力応用機械器具：100〜300〔V〕であって，
  電気ポンプ，電気芝刈機，電気歯ブラシなど
  換気扇（300〔W〕以下）
  電気冷蔵庫
  電動工具（1〔kW〕以下）
⑩照明器具：100〜300〔V〕
⑪その他

第10章　章末問題

(1) 電気事業法・電気工事士法等

No	問　題	答　え
10-01	電気工事業の業務について、登録電気工事業者の登録の有効期間は何年となっているか。	イ．2年 ロ．3年 ハ．5年 ニ．10年
10-02	第一種電気工事士免状の交付を受けている者が、電気工事の作業に従事できる自家用電気工作物はどれか。	イ．出力3 000〔kVA〕の変電所 ロ．出力300〔kW〕の水力発電 ハ．6.6〔kV〕，350〔kW〕の受電設備 ニ．6.6〔kV〕の送電線路
10-03	受電電圧6.6〔kV〕の自家用電気工作物の事故発生時に、設置者が所轄の産業保安監督部長に、報告する必要のないものはどれか。	イ．電気火災事故 ロ．感電死傷事故 ハ．一般電気事業者への供給支障発生事故 ニ．停電復旧作業中の墜落死傷事故
10-04	電気工事業者の営業所に備えていなくてもよい器具はどれか。	イ．接地抵抗計 ロ．絶縁抵抗計 ハ．周波計 ニ．回路計
10-05	最大電力500〔kW〕未満,電圧600〔V〕以下の需要設備で、第一種電気工事士，または，認定電気工事従事者の資格なしでも従事できるものはどれか。	イ．電線相互の接続する作業。 ロ．電気機器の端子に電線をネジ止めする作業。 ハ．金属管を造営材に取付ける作業。 ニ．配線器具を造営材に固定する作業。
10-06	登録電気工事業者は、電気工事の業務を行う営業所ごとに、主任電気工事士を置かなければならないが、主任電気工事士の資格条件に適合するのはどれか。	イ．第三種電気主任技術者免状の交付者 ロ．第一種電気工事士免状の交付者 ハ．認定電気工事従事者認定証の交付後、電気工事に関し、2年の実務経験者 ニ．第二種電気工事士免状の交付後、電気工事に関し、1年の実務経験者
10-07	第一種電気工事士に関する記述で不適切なものはどれか。	イ．第一種電気工事士免状の取得には、第一種電気工事試験合格後、所定の実務経験が必要である。 ロ．第一種電気工事士免状の交付を受けた日から、起算して5年以内に自家用電気工作物の保安に関する受講が必要である。 ハ．500〔kW〕未満の自家用電気工作物の非常用発電装置の工事作業に従事できる。 ニ．500〔kW〕未満の自家用電気工作物の工事作業従事者は、第一種電気工事士免状の携帯が必要である。

No	問題	答え
10-08	電気工事業者の業務に関する記述で，不適切なものはどれか。	イ．営業所ごとに電気主任技術者の選任が必要である。 ロ．営業所ごとに絶縁抵抗計等，法令で規定された器具を設置する。 ハ．営業所ごとに電気工事に関し，法令で規定された帳簿を備える。 ニ．営業所・電気工事施工場所ごとに，法令で定める標識を掲示する。
10-09	受電電圧6.6〔kV〕，最大電力500〔kW〕の設備を新設する場合，所轄産業保安監督部長に届出が必要な組合せで適切なものはどれか。	イ．工事計画の届出・使用開始の届出 ロ．工事計画の届出・保安規程の届出 ハ．電気主任技術者選任の届出・工事計画の届出 ニ．電気主任技術者選任の届出・保安規程の届出
10-10	一般用電気工作物の適用を受ける発電設備はどれか。	イ．出力25〔kW〕の風力発電設備 ロ．出力20〔kW〕の水力発電設備 ハ．出力20〔kW〕の内燃力発電設備 ニ．出力15〔kW〕の太陽電池発電設備
10-11	自家用電気工作物の設置者が，感電死傷事故発生時に，所轄産業保安監督部長に報告する，速報・詳報の報告期限で，適切な組合せはどれか。	イ．速報：48時間，詳報：30日以内 ロ．速報：48時間，詳報：14日以内 ハ．速報：24時間，詳報：30日以内 ニ．速報：24時間，詳報：14日以内
10-12	第一種電気工事士免状者が従事できる作業はどれか。	イ．300〔kW〕の需要設備において，6.6〔kV〕の変圧器に電線を接続する作業 ロ．配電用変電所内において，6.6〔kV〕の電線相互を接続する作業 ハ．出力400〔kW〕の発電所の器具を造営材に取付ける作業 ニ．600〔kW〕の需要設備において，6.6〔kV〕のケーブルを敷設する作業

(2) 電気用品安全法

No	問題	答え
10-13	定格電圧が，100～300〔V〕機械，器具のうち，電気用品安全法の適用を受ける，特定電気用品はどれか。	イ．定格電流50〔A〕の電力量計 ロ．定格出力0.5〔kW〕の単相電動機 ハ．定格電流50〔A〕の開閉器 ニ．定格電力120〔W〕の冷蔵庫

第11章 高圧受電設備・電動機制御・低圧屋内配線使用機器などの写真・概観図

11.1 高圧受電・配電設備機器などの写真・概観図

機器等の名称	高圧受電・配電機器等の写真・概観図	用途等
[1-01] 交流負荷開閉器（地絡継電器付, 高圧用）		負荷電流の開閉, および地絡事故時での遮断機能を有する開閉器である。通常高圧需要家の責任分界点に設置される。GR付PAS（地絡継電器付気中開閉器）。
[1-02] 交流負荷開閉器（高圧用）		通常時の高圧電路の開閉に使用される。過電流, 短絡電流時の遮断はできない。
[1-03] 計器用変圧変流器（計器用変成器ともいう）		電力量の計測を行うため, 高圧電路の電圧・電流を低圧電路用に変成するもので出力端子は, 電力量計に接続される。

機器等の名称	高圧受電・配電機器等の写真・概観図	用　途　等
[1-04] 断路器		高圧電路の無負荷時の開閉に使用する（負荷状態での開閉はできない）。負荷時の開閉は，遮断器により行い，遮断後，操作棒により，断路器を開閉する。
[1-05] 高圧交流遮断器 （油入形）		高圧電路の通常時の開閉，および過負荷，短絡，地絡時に継電器と連動し，開路する。
[1-06] 高圧交流遮断器 （真空形）		前記油入形と同様の性能を有する。
[1-07] 限流ヒューズ付高圧交流負荷開閉器	（消弧室／限流ヒューズ）	高圧電路の開閉を行うもので， 　・短絡電流の遮断： 　　　　　　　限流ヒューズ 　・負荷電流の遮断： 　　　　　　　負荷開閉器 により処理する。

機器等の名称	高圧受電・配電機器等の写真・概観図	用　途　等
[1-08] 各種ヒューズ	(a)　(b)　(c)　(d)	a：筒形ヒューズ b：つめ付ヒューズ c：電力用ヒューズ d：高圧カットアウト用ヒューズ
[1-09] プラグヒューズ		配電盤等に設置し，電路の保護に使用する。
[1-10] 計器用変圧器		高圧（一次側）を低圧（二次側：110〔V〕）に変成，計器等の接続に使用する。一次側には，限流ヒューズを挿入し，内部短絡時の波及事故の防止を行う。
[1-11] 変流器	K　k l　L	高圧電流（一次側）を低圧電流（二次側：5〔A〕）に変成，計器，継電器等の接続に使用する。二次側開放状態での使用は禁止（二次側に高電圧を発生するため危険である）。
[1-12] 零相変流器	kt lt k l	地絡電流の検出に使用。地絡事故時に，地絡継電器と連動し，遮断器を動作させ，電路を開放する。

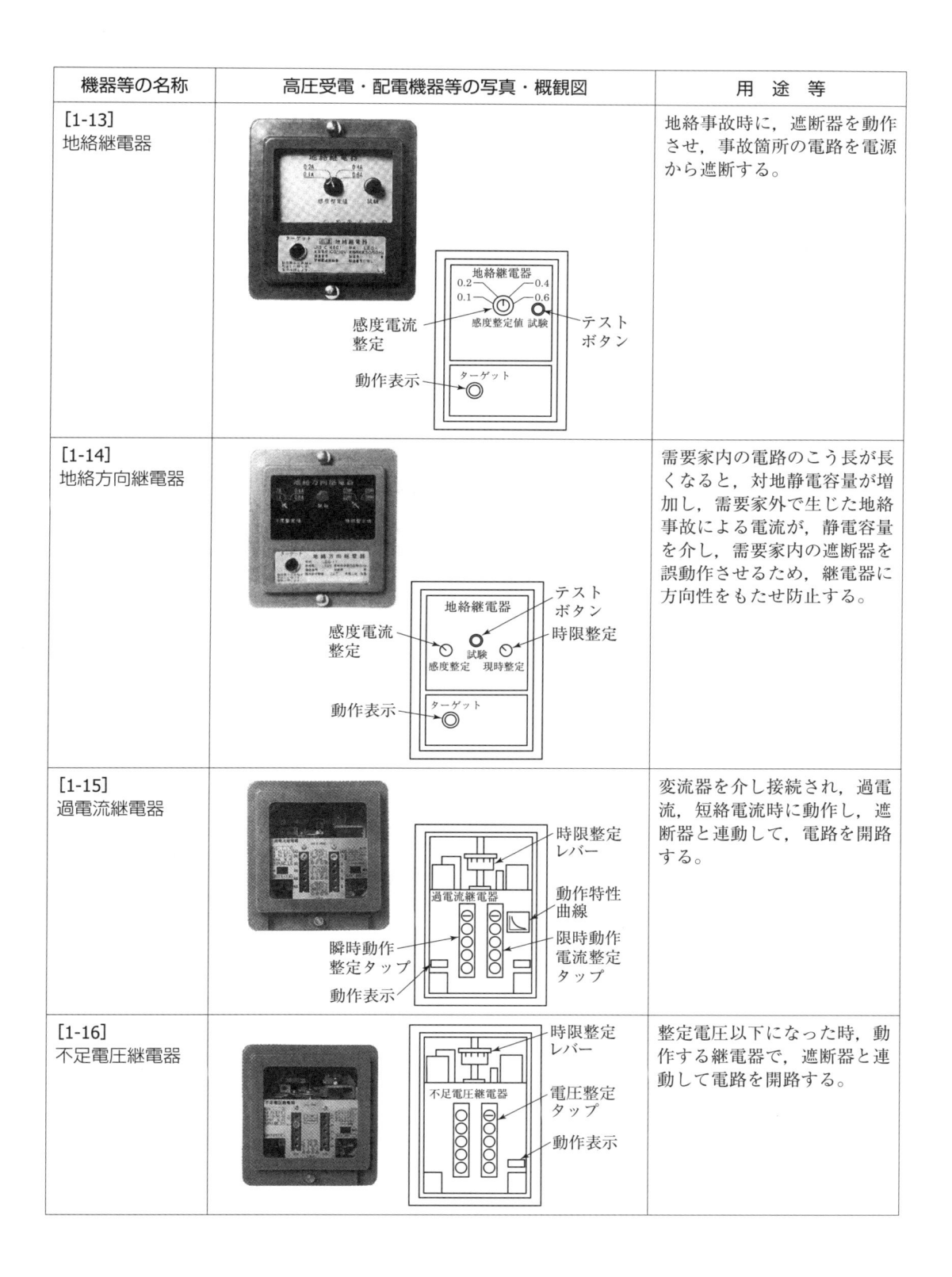

機器等の名称	高圧受電・配電機器等の写真・概観図	用　途　等
[1-13] 地絡継電器	感度電流整定／動作表示／テストボタン（地絡継電器 0.2 0.4 0.1 0.6 感度整定値 試験／ターゲット）	地絡事故時に，遮断器を動作させ，事故箇所の電路を電源から遮断する。
[1-14] 地絡方向継電器	感度電流整定／テストボタン／時限整定／動作表示（地絡継電器 試験 感度整定 現時整定／ターゲット）	需要家内の電路のこう長が長くなると，対地静電容量が増加し，需要家外で生じた地絡事故による電流が，静電容量を介し，需要家内の遮断器を誤動作させるため，継電器に方向性をもたせ防止する。
[1-15] 過電流継電器	時限整定レバー／動作特性曲線／限時動作電流整定タップ／瞬時動作整定タップ／動作表示（過電流継電器）	変流器を介し接続され，過電流，短絡電流時に動作し，遮断器と連動して，電路を開路する。
[1-16] 不足電圧継電器	時限整定レバー／電圧整定タップ／動作表示（不足電圧継電器）	整定電圧以下になった時，動作する継電器で，遮断器と連動して電路を開路する。

機器等の名称	高圧受電・配電機器等の写真・概観図	用　途　等
[1-17] 過電圧継電器		整定電圧以上になった時、動作する継電器で、遮断器と連動して電路を開路する。電圧、時間整定、動作表示などがある。
[1-18] 高圧カットアウト （箱形）		高圧電路の開閉、および過電流保護装置（ヒューズ装着時）として使用される。変圧器開閉の場合：300〔kVA〕以下、進相コンデンサ開閉の場合：50〔kvar〕以下での使用制限がある。
[1-19] 高圧カットアウト （筒形）		前記、箱形高圧カットアウトと同様の用途に使用され、箱形、筒形ともに、電路の開閉時は操作棒により行う。
[1-20] 受電設備用フレームパイプ部品	(a) (b) (c) (d) (e) (f)	受電設備用のフレームパイプを組み立てる際、使用される部品で、下記に示す種類などがある。 a：壁付きクランプ b：四方クランプ c：直角三方クランプ d：直角クランプ e：Uボルト（クランプとパイプとを固定する） f：フランジ（パイプを床や壁面に固定する）

機器等の名称	高圧受電・配電機器等の写真・概観図	用 途 等
[1-21] 直列リアクトル		高圧進相コンデンサに直列にリアクトルを挿入することにより，第5高調波等による歪みの防止，突入電流の抑制等を行う。リアクトル容量は，コンデンサ容量の6〔％〕。
[1-22] 零相電圧検出用コンデンサ （油入形）	入力端子（一次側） 出力端子（二次側）	零相電圧を検出する装置で，この電圧により地絡方向継電器を動作させる。
[1-23] 零相電圧検出用コンデンサ （がいし形）		油入形零相電圧検出用コンデンサと同様，地絡方向継電器の動作電圧の検出に用いられる。
[1-24] 高圧進相コンデンサ		高圧電路に並列に接続し，負荷設備の力率の改善を行う。
[1-25] 限流ヒューズ付高圧進相コンデンサ	限流ヒューズ	コンデンサ内での短絡事故による災害を防止するため，源流ヒューズをコンデンサと直結させたもの。
[1-26] 接地形計器用変圧器		変電所内の高圧電路に接続し，相電圧や零相電圧の計測を行うための変圧器。

機器等の名称	高圧受電・配電機器等の写真・概観図	用　途　等
[1-27] 電流計切換開閉器		三相の線電流（3箇所）を1台の電流計で計測するための切換開閉器。 電圧計切換開閉器に比べ、接点が大きくなるため、形状が大きい。
[1-28] 電圧計切換開閉器		三相の線間電圧（3箇所）を1台の電圧計で計測するための切換開閉器。 電流計切換開閉器に比べ形状は小さい。
[1-29] 交流電圧計		電源電圧の測定に使用する。目盛り版上に「V」の文字があることから分かる。「～」は交流用を示す。
[1-30] 交流電流計		負荷電流の測定に使用する。
[1-31] 電力計		負荷の使用電力の測定に使用する。

機器等の名称	高圧受電・配電機器等の写真・概観図	用　途　等
[1-32] 周波数計		電源電圧の周波数の測定に使用する。
[1-33] 力率計		負荷の力率の測定に使用する。力率「cosφ」は，目盛り版上表示文字より，中央：100〔%〕，左：進み，右：遅れ力率となる。
[1-34] 短絡接地用具		保守，点検，修理などを行う際，電源側を開路し，電路を一括接地することにより，作業中に誤送電や他線路との混触による，感電事故を防止するための器具。
[1-35] 延線ローラ		ケーブルを延線する際，ローラを使用することにより，ケーブルの被覆を損傷しないための器具。
[1-36] 高圧検相器		高圧電路の検相に使用されるもので，表示ランプやブザーにより，相の判別を行う。
[1-37] 高圧カットアウト操作棒 （PC操作棒）		高圧カットアウトの開閉の際，使用される絶縁性の器具。 通常高圧用絶縁手袋と併用して使用される。

機器等の名称	高圧受電・配電機器等の写真・概観図	用　途　等
[1-38] 避雷器		送配電線路に，雷等による異常電圧が発生した際，大地に放電することにより，電気機器などの絶縁破壊を防止するための機器。
[1-39] 防護管		感電事故防止のため，建設時などに電路に施す保護管。
[1-40] 高圧がいし	(a) (d) (b) (e) (c) (f) (a) (b) (c) (d) (e)	a：高圧ピンがいし（高圧架空電線の支持に使用） b：高圧中実耐張がいし（高圧架空電線の引留箇所に使用） c：高圧耐張がいし（bと同様） d：屋内支持がいし（受電設備内の電線の支持に使用） e：玉がいし（架空電路の支線等の中間に設置する感電防止のためのがいし） f：高圧中実ピンがいし（高圧架空電線の支持に使用）
[1-41] より戻し金物		管路などにケーブルを引込む際，ねじれ直しのための器具。
[1-42] 油入変圧器 （単相）	一次端子（高圧側）　放熱板 タップ盤 二次端子（低圧側）	変圧器のタップ盤と，一次，二次端子との概観図。負荷電流の増減に対し，二次側端子電圧を，規定電圧値に保つため，タップ盤により，一次側タップ電圧を調整する。

機器等の名称	高圧受電・配電機器等の写真・概観図	用 途 等
[1-43] モールド形変圧器 （三相）	一次端子（高圧側）／二次端子（高圧側）／タップ切換器	タップ切換器／一次端子（高圧側）／二次端子（低圧側）
[1-44] 油入変圧器 （中間点端子付単相）	一次端子（高圧側）／二次端子（低圧側）／中間点端子	一次端子（高圧側）／二次端子（低圧側）／中間点端子
[1-45] 油入変圧器 （三相）	一次端子（高圧側）／二次端子（低圧側）	一次端子（高圧側）／二次端子（低圧側）
[1-46] 銅帯		変圧器の二次側端子部に設置するもので，地震などに対し，ブッシングへの加重を軽減し，破壊から保護する。
[1-47] 高圧絶縁手袋		高圧電路などの作業に対し，感電事故防止のため，着用する絶縁保護用具。
[1-48] 高圧絶縁長靴		

機器等の名称	高圧受電・配電機器等の写真・概観図	用　途　等
[1-49] 高圧引込がい管		高圧電路の壁面貫通部分に使用する磁器性の絶縁管。
[1-50] ケーブルヘッド （高圧ケーブル用端末処理）	端子／雨覆／ストレスコーン／三さ分岐管／保護層	ケーブルヘッドには，屋外，屋内，耐塩用などの用途別，作業時間の短縮・簡便さなどにより，いくつかの種類がある。 高圧ケーブルの端末部には，ケーブル構造材の遮へい銅テープの切断により，その部分に電界が集中し，絶縁破壊を発生する。このため，ストレスコーン部を設け，電界集中の緩和を図る。
[1-51] 高圧ケーブル端末処理用部品類	(a)　(b)　(c)	高圧ケーブルの切断部分の電界集中による絶縁破壊を防止するため，ストレスコーンで緩和を図る。 a：三さ分岐管 b：モールドストレスコーン c：雨覆

機器等の名称	高圧受電・配電機器等の写真・概観図	用途等
[1-52] アンカー		架空電線支持物の支線を保持するため，地中内に埋込む引留め用の金具。
[1-53] 引留クランプ		高圧耐張がいしと一体化して，架空電線の支持物との引留に使用される。この形状にそった絶縁カバーと一緒に使用される。
[1-54] 引留クランプ絶縁カバー		架空電線路の引留クランプの絶縁カバーとして使用される。
[1-55] ラインスペーサ		高圧架空電線の線間距離の保持に使用される。
[1-56] ケーブル埋設シート		高圧ケーブルの埋設箇所を表示するもので，シートには名称，管理者名，電圧を表示したものを，ケーブル真上に，およそ2〔m〕間隔で設置する。

11.1 高圧受電・配電設備機器などの写真・概観図

機器等の名称	高圧受電・配電機器等の写真・概観図	用　途　等
[1-57] ネオン変圧器		ネオン管を点灯するための変圧器。
[1-58] キュービクル式受電設備（閉鎖型）		高圧受電に必要な設備一式をコンパクトにまとめた機能的な収納箱。
[1-59] 架空地線		直撃雷や誘導雷から電線を保護するため，電路の最上部に施設される接地された電線。
[1-60] ダンパ		微風による電線の振動防止のために電線に取り付ける重り。

11.2 配線用工具の写真・概観図

工具の名称	工具の写真・概観図	用 途 等
[2-01] 圧着ペンチ	（ダイス）	圧着端子，スリーブなどの圧着に使用する工具（使用の際，圧着電線の本数とダイスの種類，リングスリーブなどが合致すること。圧着が十分でないと，握りが開かない構造になっている）。
[2-02] 油圧式圧縮工具		太い電線などの接続に使用する工具。
[2-03] 油圧式圧着工具		圧着端子，スリーブなどの圧着に使用する工具。
[2-04] ケーブルカッタ		ケーブルを切断するのに使用する工具。
[2-05] クリッパ （ボルトクリッパ）		太い電線を切断するのに使用する工具。

工具の名称	工具の写真・概観図	用　途　等
[2-06] 塩ビカッタ		塩化ビニル電線管を切断するための工具。
[2-07] ドライブイット （鋲打銃）		火薬により，コンクリートや鉄板などにネジ類などを打ち込むための工具。
[2-08] リーマ クリックボール	リーマ　　　クリックボール	リーマをクリックボールの先端に取り付け，金属管などの切口のバリ取りに使用するための工具。
[2-09] 油圧式パイプベンダ		油圧により，太い金属管を曲げるのに使用するための工具。
[2-10] パイプカッタ		金属管の切断に使用するための工具。

工具の名称	工具の写真・概観図	用途等
[2-11] 油圧式ノックアウトパンチ		油圧により，配電盤などの鉄板に穴をあけるための工具。
[2-12] パイプベンダ		金属管を曲げるための工具。
[2-13] ケーブルカッタ		ケーブルの切断に使用するための工具。
[2-14] 呼び線挿入器		電線管内に電線を挿入するための器具。
[2-15] バーベンダ	油圧ポンプ	電流容量の大きい銅帯等の屈曲に使用するための器具で，油圧によって行う。
[2-16] ケーブルジャッキ		ケーブルドラムを，ケーブルジャッキ2台と通し棒により支え，ドラムを回転させながらケーブルを引き出す。延線作業を行うための器具。
[2-17] 張線器 (シメラー)		架空電線の張線や，たるみの補正を行うための器具。

11.3 測定機器の写真・概観図

機器等の名称	測定機器等の写真・概観図	用 途 等
[3-01] 継電器試験器		保護継電器（過電流継電器，地絡継電器など）の動作試験に使用する。
[3-02] 絶縁油耐圧試験器		変圧器油などの絶縁の絶縁破壊電圧の測定に使用する。
[3-03] 絶縁耐力試験器		機器などの絶縁耐力試験に使用する。 耐力試験は，規定試験電圧の印加に対し，連続10〔分〕間耐えることが要求される。
[3-04] サイクルカウンタ		継電器の動作試験などに使用するもので，動作時間の測定に用いられる。
[3-05] 周波計		周波数の測定に使用する。目盛板上の単位文字〔Hz〕により周波計であることが分かる。

機器等の名称	測定機器等の写真・概観図	用　途　等
[3-06] ブロック端子		電線や器具の接続に使用するための端子。
[3-07] 電圧調整器 （スライダック）		連続的な交流電圧の出力調整が可能である。継電器の特性試験などに使用。
[3-08] 摺動抵抗器		上部つまみをスライドすることにより抵抗の調整を行う。
[3-09] 水抵抗器		継電器の特性試験などの電流調整に使用する抵抗器。
[3-10] 照度計		作業面等の明るさの測定に使用される。照度の単位は lx で表示される。計器目盛板の表示文字から照度計であることが分かる。
[3-11] 相回転計 （回転円板式）		低圧三相電路の相順の判定に使用される。この他にランプ式があるが形状が異なる

11.3　測定機器の写真・概観図

機器等の名称	測定機器等の写真・概観図	用　途　等
[3-12] 電力量計（デマンド型デジタル式）		使用電力量の計測に使用する（設定電力対応型）。
[3-13] クランプメータ		電路にクランプメータを挟み込むことにより，通電状態のまま電路電流の測定が可能である。
[3-14] 線路電流計 （差込形電流計）		
[3-15] 差込形試験用プラグ（PT用）		保護継電器（過電流継電器，不足電圧継電器など）の特性試験を行う際，CTやPTの二次側に挿入する試験用プラグ。
[3-16] 差込形試験用プラグ（CT用）		

機器等の名称	測定機器等の写真・概観図	用　途　等
[3-17] 絶縁抵抗計 （メガ）		電路間，および電路と大地間の絶縁抵抗の測定に使用する。G：ガード端子は，漏れ電流の補正を行う。500〔V〕（低圧用），1 000〔V〕（高圧用）とがある。
[3-18] 接地抵抗計 （アーステスタ）		接地極と地面との間の抵抗測定に使用する。 接地極と補助接地極の配列，および接地抵抗計の接続端子E，P，Cとの接続位置に要注意。 接地極と補助接地極，および補助接地極間の間隔は，10〔m〕以上に保つ（測定誤差を少なくするには，電位傾度が一定となる離隔距離が必要のため）。
[3-19] 回路計		交流電圧，直流電圧，直流電流，抵抗の測定などに使用する携帯用計器。

11.3　測定機器の写真・概観図

11.4 制御用機器の写真・概観図

機器等の名称	制御用機器の写真・概観図	用途等
[4-01] 電磁継電器		比較的電流容量の小さな制御回路などの開閉に用いられ，コイル内を流れる電流の電磁力により，接点を開閉する構造となっている。
[4-02] 漏電遮断器	異常電圧検出用電線	電路の地絡事故などに対し，自動的に電路を遮断し，感電死傷事故や火災事故を防止する。
[4-03] モータブレーカ （電動機保護用配線用遮断器）		過負荷保護装置を有する遮断器。
[4-04] 配線用遮断器		電路の開閉，および過電流，短絡電流時の遮断保護を行う機器。図は3極用。
		電路の開閉，および過電流，短絡電流時の遮断保護を行う機器。図は2極用。
[4-05] 漏電火災警報器		電路の漏れ電流を検出し，ブザーにより警報する。

機器等の名称	制御用機器の写真・概観図	用　途　等
[4-06] 電磁接触器（熱動継電器機能付）		電動機主回路などの開閉に使用され，過電流保護装置を有する。
[4-07] 熱動継電器		電動機などの過電流保護に使用され，過電流により接点の開閉を行う。
[4-08] 電磁接触器		負荷電流用として，主回路等の開閉に用いられ，コイル内を流れる電流の電磁力により，接点を開閉する構造となっている。
[4-09] スターデルタ始動器		電動機の始動電流を抑制するための機器で，スター結線で始動し，運転時にデルタ結線に切り換える。
[4-10] 電流計付箱開閉器		電路の開閉に用いられる。

機器等の名称	制御用機器の写真・概観図	用　途　等
[4-11] 箱開閉器		電路の開閉に用いられる。
[4-12] 電磁開閉器		電磁力により電路の開閉を行う。
[4-13] ナイフスイッチ	(a)　　　　(b)	回路の開閉に使用される。 a：3極単投スイッチ（2極用もある） b：3極双投スイッチ（2極用もある）
[4-14] 進相コンデンサ		低圧用負荷の力率改善に用いられる。
[4-15] 押しボタンスイッチ		電動機の運転，停止などに使用するもので，手動操作，自動復帰型である。
[4-16] ブザー		非常時の警報などに使用。

機器等の名称	制御用機器の写真・概観図	用　途　等
[4-17] 表示灯		電動機の運転，停止などの表示をはじめ，その他，幅広く使用される。
[4-18] 切換スイッチ （ひねり型）		つまみをひねることにより接点を確実に開閉する。
[4-19] キー操作形切換スイッチ		キー操作により接点の開閉を行う。
[4-20] 限時継電器 （タイマ）		限時動作瞬時復帰：コイルに電圧を印加すると設定時間後，接点の開閉を行う。この他，反対動作の瞬時動作限時復帰がある。
[4-21] タイムスイッチ （プログラム式）		整定時間に回路の開閉を行うスイッチ。
[4-22] リミットスイッチ マイクロスイッチ	(a)　　　(b)	マイクロスイッチを内蔵した比較的堅固な構造を有するスイッチを，リミットスイッチと言う。物体の移動を物理的に検出し，接点を開閉する。 a：リミットスイッチ b：マイクロスイッチ

11.4　制御用機器の写真・概観図

機器等の名称	制御用機器の写真・概観図	用　途　等
[4-23] フロートレス電極		電極により，水位を制御するもので，制御器本体に接続される。

11.5　電気工事材料の写真・概観図

材料の名称	材料の写真・概観図	用　途　等
[5-01] 1号コネクタ （合成樹脂管工事用）		合成樹脂管とボックスとを接続するための部品。
[5-02] 2号コネクタ （合成樹脂管工事用）		
[5-03] TSカップリング （合成樹脂管工事用）		合成樹脂管相互の接続に用いる継手。
[5-04] カップリング （合成樹脂管用）		合成樹脂管相互の接続に用いる継手。
[5-05] スイッチボックス （合成樹脂管用）		スイッチやコンセント，パイロットランプなどを取付ける部品。
[5-06] エンドカバー （合成樹脂可とう電線管用）		合成樹脂可とう電線管の端末に使用する部品。

材料の名称	材料の写真・概観図	用途等
[5-07] ノーマルベンド （合成樹脂管用）		直角屈曲箇所の合成樹脂管相互の接続に用いる。
[5-08] ボックスコネクタ （合成樹脂可とう電線管用）		合成樹脂可とう電線管とボックスとを接続するための部品。
[5-09] コンビネーションカップリング		可とう電線管と金属管の接続を行うための部品。
[5-10] ネジなしボックスコネクタ （金属管工事用）		金属管とボックスとを接続するための部品。
[5-11] ストレートボックスコネクタ （可とう電線管用）		可とう電線管をボックスに固定するための部品。
[5-12] インサート		天井などから吊用のボルトを取付けるもので，照明器具や，配管用の器具などの敷設に使用する。
[5-13] フロアダクト		乾燥した床内に敷設する300〔V〕以下の低圧工事用に使用する。
[5-14] ジャンクションボックス （フロアダクト工事用）		フロアダクト工事において，配管を分岐，接続するための部品。

11.5 電気工事材料の写真・概観図

材料の名称	材料の写真・概観図	用途等
[5-15] インサートキャップ（フロアダクト工事用）		フロアダクトの電線引出し箇所に使用されるふた。
[5-16] インサートマーカ（フロアダクト工事用）		ジャンクションボックスから最初の位置，およびフロアダクト終端に取付けるもので，床面上のビス位置により，他のインサート位置の確認が可能。
[5-17] インサートスタッド（フロアダクト工事用）		フロアダクトのインサート部に取付ける部品。
[5-18] スイッチボックス（金属線ぴ用）		金属線ぴ工事に使用されるもので，スイッチボックスとして用いられる。
[5-19] スリーブ	a b	電線の直線接続に使用され，電線を相互に挿入し，2回以上ねじり接続する。 a：B型スリーブ b：S型スリーブ
[5-20] 管路口防水用具		地中電路用管路の端口に設置し，管路内への水の侵入を防止する。

材料の名称	材料の写真・概観図	用　途　等
[5-21] 壁面貫通用防水管		地中電路用管路の壁面貫通部分に使用する防水管で、電路の保護と、水の侵入防止を行う。
[5-22] ぬりしろカバー		アウトレットボックスや、スイッチボックスなどに使用され、壁面とのマッチング用として用いられる。
[5-23] コンクリートボックス		コンクリート埋込用として使用される。作業のしやすいように底部の着脱が可能である。
[5-24] アウトレットボックス （金属管工事用）		電線の接続や、器具の取付ける時のボックス。
[5-25] スイッチボックス （金属管工事用）		スイッチやコンセント、パイロットランプなどを取付ける部品。
[5-26] カップリング （金属管工事用）		電線管相互を接続するための部品。

11.5　電気工事材料の写真・概観図

材料の名称	材料の写真・概観図	用途等
[5-27] サドル		金属管，合成樹脂管を造営材に固定するための部品。
[5-28] ユニバーサル （金属管工事用）		露出用金属電線管路の直角部分に使用される部品。
[5-29] ターミナルキャップ （金属管工事用）		金属管工事から，がいし引き工事や，機器の接続に移る場合，金属管端口に取付ける部品。
[5-30] エントランスキャップ （金属管工事用）		外部電線を引込む，金属管の端口に取付け，雨水の浸入防止を行う。
[5-31] ユニオンカップリング （金属管工事用）		互いに回すことが困難な金属管相互の接続に用いる。
[5-32] フィクスチュアヒッキー フィクスチュアスタッド	(a) (b)	電気器具類を天井から吊り下げる際，アウトレットボックス等と共に使用。 a：フィクスチュアヒッキー b：フィクスチュアスタッド
[5-33] 分岐用圧縮コネクタ	幹線用溝 分岐線用溝	電線の分岐部分に使用されるもので，圧縮器具により接続固定する。

材料の名称	材料の写真・概観図	用途等
[5-34] 金属可とう電線管	(a) 鋼板 (b) 鋼板2組 耐水絶縁紙	機械周辺などの屈曲部分の配管や振動部分に使用され，下記の種類の外，ビニル被覆性のものがある。 a：一種可とう電線管 b：二種可とう電線管
[5-35] 合成樹脂可とう電線管	X-Y断面図 ポリエチレン (a) (b)	施工が容易のため幅広く普及。 a：CD管（ポリエチレン等を材料とする電線管） b：PF管（ポリエチレン等の塩化ビニルを被覆した難燃性，消火性の管）
[5-36] 銅帯接続クランプ	a b	大電流用に使用される，銅帯の接続に用いる。 a：四角クランプ b：三角クランプ
[5-37] シーリングフィッチング		金属管工事において，金属管の中間に設置し，管内の爆発事故が，他に波及拡大するのを防止する。
[5-38] 埋込型単極スイッチ		電灯器具等の点滅に使用される。

11.5 電気工事材料の写真・概観図

材料の名称	材料の写真・概観図	用　途　等
[5-39] 埋込型単極スイッチ（パイロットランプ付）		スイッチ投入時パイロットランプが点灯するタイプと，スイッチ切断時パイロットランプが点灯するタイプの2種がある。
[5-40] 埋込型3路スイッチ		長い廊下や，階段（階下・階上）などの，2箇所で点滅させるためのスイッチ。 この他に3箇所で点滅させる4路スイッチがある。
[5-41] 埋込型パイロットランプ		一般にスイッチと併用して用いられる場合が多い。スイッチと連動し，動作確認に使用する場合や，スイッチ位置確認のため，表示用として使用する場合など，多面的に使用される。
[5-42] リモコンスイッチ		継電器などと組合わせて，集中管理などを行う際の，遠隔操作に使用されるスイッチ。

材料の名称	材料の写真・概観図	用　途　等
[5-43] 押しボタンスイッ チ		ボタンを押すことにより，接 点の開閉を行う。
[5-44] 埋込型コンセント		a：125〔V〕15〔A〕用接地 　　極付 b：125〔V〕20〔A〕用接地 　　極付 c：250〔V〕20〔A〕用 d：250〔V〕20〔A〕用接地 　　極付
[5-45] 医用コンセント		接地極付医用コンセントで， 125〔V〕15〔A〕用である。
[5-46] 金属ダクト		ダクト内の電線数は，ダクト 内断面積の 20〔％〕以下と し，乾燥した，展開場所か， 点検できる隠ぺい場所に使用 する。
[5-47] 金属線ぴ	(一種金属線ぴ　a：4〔cm〕未満 二種金属線ぴ　a：4〜4.5〔cm〕未満)	使用電圧が 300〔V〕以下の 乾燥した，展開場所か，点検 できる隠ぺい場所に使用。

材料の名称	材料の写真・概観図	用途等
[5-48] ライティングダクト	導体（銅等）　導体　絶縁体（塩ビニル）	照明器具などを任意の位置で使用できるよう，ダクトにそって電極が移動できる構造となっている。
[5-49] セルラダクト	床面／デキプレート　溝　閉塞部分	建造物の床面等に敷設されたデッキプレート（波形鋼）の溝をふさぎ配線用に利用した工事方法。
[5-50] 接地用具	(a)　(b)	金属管の接地に使用される。 a：接地クランプ（金属管にネジで固定して使用する）。 b：ラジアスクランプ（金属管に巻付けて使用する）。
[5-51] 埋込形照明器具	(a)　(b)	この埋込形照明器具には施工上，下記の2種がある。 a：断熱材切り取り使用不要。 b：断熱材切り取り使用（放熱用の通気口がある）。
[5-52] グロースタータ		蛍光灯を点灯するための，グロー放電を利用した点灯管。アルゴンガスが封入され，固定電極と，可動電極から構成。
[5-53] 光電式自動点滅器		明暗の状況を検出して，自動的に電灯の点滅を行うスイッチ（引出し線が3本あることに要注意）。

材料の名称	材料の写真・概観図	用 途 等
[5-54] 高圧水銀ランプ		封入された高圧水銀蒸気中のアーク放電を利用した発光ランプ。演色性は劣るが，効率はよい。
[5-55] ハロゲン電球（ヨウ素電球）		管内にハロゲン物質を封入した高効率のタングステン電球。

章末問題解答

第2章

(1) 直流回路

[2-01] ロ．（1.6Ω）

2Ωの抵抗に流れる電流は，10 V/2Ω=5Aである。また，回路電流は，抵抗8Ωの両端の電圧が，100−10=90 Vであるから，90 V/8Ω=11.25A。

したがって，抵抗R〔Ω〕を流れる電流は，11.25−5=6.25Aとなる。また，抵抗R〔Ω〕の両端にかかる電圧が，10 Vであるから，求める抵抗は，オームの法則より，

$$R=\frac{10}{6.25}=1.6 \text{〔Ω〕}$$

[2-02] ハ．（16Ω）

〈解法1〉抵抗20Ωにかかる電圧は，オームの法則より，

$$V=IR=1\times 20=20 \text{〔V〕}$$

したがって，抵抗R〔Ω〕の両端にかかる電圧は，100−20=80〔V〕であるから，

$$R=\frac{V}{I}=\frac{80}{5}=16 \text{〔Ω〕}$$

〈解法2〉解図1のように閉路①において，キルヒホッフの第2法則を適用すると，

$$1\times 20+5\times R=100$$
$$20+5R=100$$

したがって，

$$5R=100-20$$
$$\therefore R=\frac{100-20}{5}=16 \text{〔Ω〕}$$

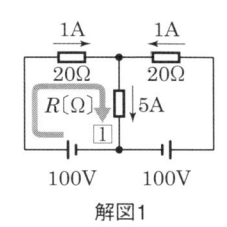

解図1

[2-03] ロ．（2倍）

〈解法1〉抵抗負荷の両端にかかる電圧 $=10-I_A\times 1=10-I_B\times 2$〔V〕より，

$$10-I_A\times 1=10-I_B\times 2$$
$$I_A=2I_B$$

$$\therefore \frac{I_A}{I_B}=2 \text{〔倍〕}$$

〈解法2〉解図2のように閉路①において，キルヒホッフの第2法則を適用すると，

$$I_B\times 2-I_A\times 1=10-10$$
$$2I_B-I_A=0$$

したがって，$2I_B=I_A$，両辺をI_Bで割ると，

$$\therefore \frac{I_A}{I_B}=2 \text{〔倍〕}$$

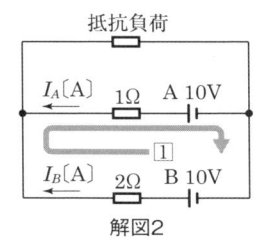

解図2

[2-04] ニ．（30Ω）

8Ωの抵抗は直列に接続されているので，両端にかかる電圧は，

$$100-60=40 \text{〔V〕}$$

したがって，回路電流Iは，

$$I=\frac{V}{R}=\frac{40}{8}=5 \text{〔A〕}$$

抵抗R_A〔Ω〕を流れる電流は，

$$5-3=2 \text{〔A〕}$$

$$\therefore 抵抗R_A=\frac{V}{I}=\frac{60}{2}=30 \text{〔Ω〕}$$

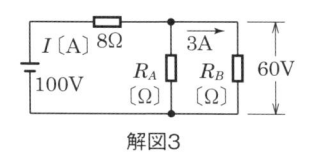

解図3

[2-05] ニ．（100 V）

〈解法1〉抵抗4Ωの両端にかかる電圧は，

$$V=IR=10\times 4=40 \text{〔V〕}$$

したがって，並列回路での電圧は等しいから $40=E-6\times 10$より，

$$E=40+6\times 10$$
$$\therefore E=100 \text{〔V〕}$$

〈解法2〉解図4のように閉路①において，キルヒホッフの第2法則を適用すると，

$$6\times 10-4\times 5=E-60$$

$60-20=E-60$

したがって,
$E=60-20+60$
∴ $E=100$〔V〕

同様に,キルヒホッフの第2法則を閉路②に適用すると,
$6×10+10×4=E$
$E=60+40$
∴ $E=100$〔V〕

としても求めることができる。どの方法が解答算出に最も適切か,見極めることが重要である。

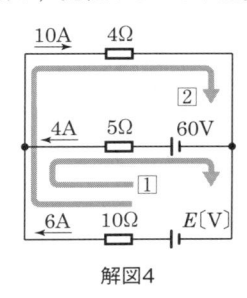

解図4

[2-06] ロ.（2A）
〈解法1〉10Ωの抵抗の両端にかかる電圧は,
$50-20=30$〔V〕

したがって,2箇所の10Ωに流れる電流は,30/10=3〔A〕,また,抵抗20Ωを流れる電流は20/20=1〔A〕,抵抗4Ωを流れる電流は20/4=5〔A〕である。よって,求める電流Iは,2〔A〕となる（解図5(a)参照）。

〈解法2〉図(b)において,キルヒホッフの第1法則をA点に適用すると,A点では,
$I_1=I+I_2$ ……………①

閉路①においてキルヒホッフの第2法則を適用すると,
$I_1×10+I_2×20=50$
$10I_1+20I_2=50$
$I_1+2I_2=5$ ……………②

また題意より,
$I_2=\dfrac{V}{R}=\dfrac{20}{20}=1$〔A〕

式②に$I_2=1$を代入すると,
$I_1=5-2×1$
∴ $I_1=3$〔A〕

式①に$I_1=3$,$I_2=1$を代入すると,
$3=I+1$
$I=3-1$
∴ $I=2$〔A〕

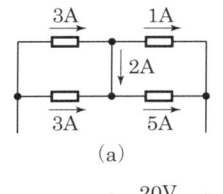

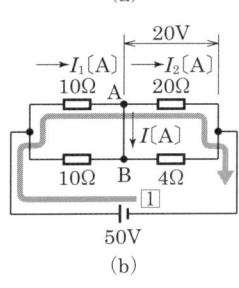

解図5

(2) ブリッジ回路

[2-07] ニ.（10A）
ブリッジの対辺を掛け合わせると,$10×4=40$,$8×5=40$となり両者は等しい。この状態ではブリッジ中央8Ωの抵抗には電流が流れず,解図6のように開放状態と等価になる。したがって,合成抵抗Rは,
$$R=\dfrac{(10+8)×(5+4)}{(10+8)+(5+4)}=6$$〔Ω〕

求める電流Iは,
$$I=\dfrac{V}{R}=\dfrac{60}{6}=10$$〔A〕

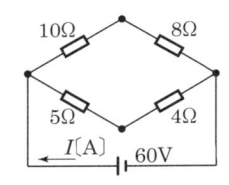

解図6

[2-08] ロ.（1.2A）
解図7(a)のブリッジ回路の対辺を掛け合わせると,$6×4=24$,$4×6=24$と両者は等しい。この場合回路は,解図7(b)のような等価回路となる。したがって,求める電流Iは,
$$I=\dfrac{V}{R}=\dfrac{12}{6+4}=1.2$$〔A〕

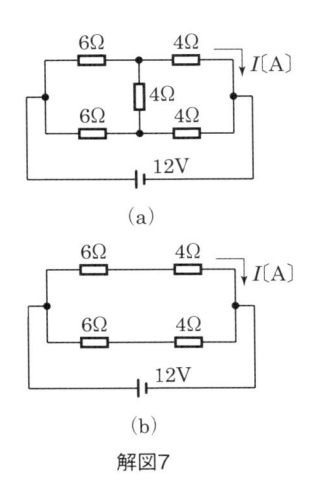

解図7 (a)(b)

(3) 電気計測

[2-09] ロ.
表2・2より各図記号は，イ．誘導形，ロ．可動鉄片形，ハ．電流力計形，ニ．整流形である。

[2-10] ハ．（許容差は，最大目盛値の1％）
計器の許容範囲は，JIS（日本工業規格）で規定されている。1.0級の計器では，許容差は，最大目盛の1〔％〕以内である。したがって，計器の指針の小さいほど，誤差の割合は大きいものとなる。

[2-11] イ．（2kW）
1 500rev/kWhは，1時間に1 500回転すると，1kWということであるから，1秒間に1kW得るための回転数は，1時間＝3 600秒より，1 500/3 600〔rev/kWs〕，また，10回転するのに12秒かかることから，1秒間当たりの回転数は，10/12〔rev/s〕である。したがって，求める平均電力は，

$$\frac{10}{12} \div \frac{1\,500}{3\,600} = \frac{10}{12} \times \frac{3\,600}{1\,500} = 2 \text{〔kW〕}$$

[2-12] ロ．（75％）
計器定数が2 000rev/kWhで，測定結果が，1時間に6 000回転であるから，この計器で測定した平均電力は，

平均電力
$$= \frac{\text{測定で得た1時間当たりの回転数〔rev/h〕}}{\text{計器定数〔rev/kWh〕}}$$
$$= \frac{6\,000}{2\,000} = 3 \text{〔kWh〕}$$

また，単相電力は $P = VI\cos\theta$ より，

$$\cos\theta = \frac{P}{VI} = \frac{3 \times 10^3}{100 \times 40} = 0.75 \Rightarrow 75\text{〔％〕}$$

(4) 分流器・直列抵抗器

[2-13] イ．（0.02Ω）

電流計の両端の電圧＝分流器の両端の電圧より，

$$V = I_A r = RI_B = R(I - I_A)$$
$$\frac{100}{1\,000} \times 2 = R \times \left(10 - \frac{100}{1\,000}\right)$$
$$0.1 \times 2 = R \times (10 - 0.1)$$
$$0.2 = 9.9R$$
$$R \approx 0.02 \text{〔Ω〕}$$

> mAをAの単位に変換して代入。

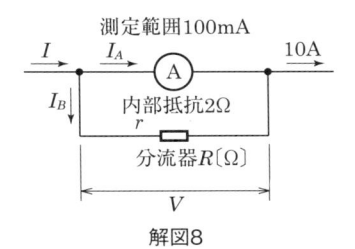

解図8

[2-14] ニ．（570kΩ）
拡大電圧＝電圧計の測定電圧＋直列抵抗器の両端の電圧より，

$$V = V_A + V_B$$
$$V_B = V - V_A = 200 - 10 = 190 \text{〔V〕}$$

また，回路を流れる電流 I は，電圧計の内部抵抗と測定範囲より，

$$I = \frac{10}{30 \times 10^3} \text{〔A〕}$$

したがって，$V_B = IR$ より，

$$190 = \frac{10}{30 \times 10^3} \times R$$
$$R = 570 \times 10^3 \text{〔Ω〕} = 570 \text{〔kΩ〕}$$

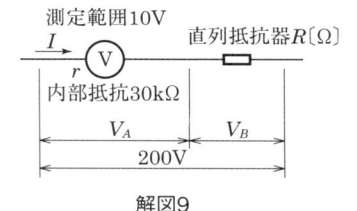

解図9

[2-15] ハ．$\left(\dfrac{I_A r}{I - I_A} \text{〔Ω〕}\right)$

電流計の両端の電圧＝分流器の両端の電圧より，

$$I_A r = R(I - I_A) \qquad \therefore R = \frac{I_A r}{I - I_A} \text{〔Ω〕}$$

(5) 単相交流回路

[2-16] イ．（周波数は50Hz）
イ．周波数は，$f\text{〔Hz〕} = 1/$周期〔s〕$= 1/(20 \div 1\,000) = 50\,\text{Hz}$（20msをsに変換して計算す

る。1〔s〕は，1 000〔ms〕)
ロ．平均値は，(最大値 ×2)/π≒(100×2)/3.14
　≒63.7 V
ハ．実効値は，最大値/$\sqrt{2}$ =100/$\sqrt{2}$ =(100×$\sqrt{2}$)
　/($\sqrt{2}$×$\sqrt{2}$)≒70.7 V(分母を有理化すると計
　算がしやすい。)
ニ．この正弦波交流波形の周期は，1 Hz に要す
　る時間であるから，20 ms である。

[2-17]　ロ．（電力 P=600 W)
イ．電圧 V_R は，$V_R=IR$ より求める。電流 I は，
　$I=V/Z$，$Z=\sqrt{R^2+X_L^2}=\sqrt{6^2+8^2}=10Ω$，よっ
　て，$I=100/10=10A$，したがって求める電圧
　V_R は，$V_R=IR=10×6=60$〔V〕
ロ．電力 P は，$P=I^2R=10^2×6=600$ W，または，
　$P=V_R^2/R=60^2/6=600$ W
ハ．回路電流は，イ．の計算より $I=10A$
ニ．インピーダンス Z は，イ．の計算より
　$Z=10Ω$

[2-18]　ロ．(8.3A)
　並列交流回路の問題は，ベクトルを使って解く
と目で確認できるので，計算間違いが比較的少な
く，理解しやすい。
$$I_R=100/5=20〔A〕$$
$$I_L=100/5=20〔A〕$$
$$I_C=100/5=20〔A〕$$

◆スイッチ開のとき
　解図 10 より，
　$I_1=\sqrt{20^2+20^2}≒28.3$〔A〕

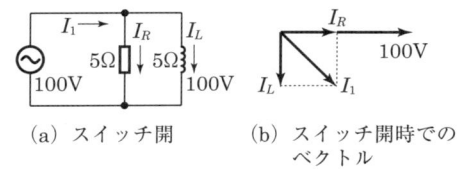

(a) スイッチ開　(b) スイッチ開時でのベクトル
解図 10

◆スイッチ閉のとき
　解図 11 より，
　$I_2=20$〔A〕
電流 I_L と I_C は，向きが反対で大きさが等しい
から，相殺されて電流は I_R のみとなる。した
がって，求める電流の差は，
　$I_1-I_2=28.3-20=8.3$〔A〕

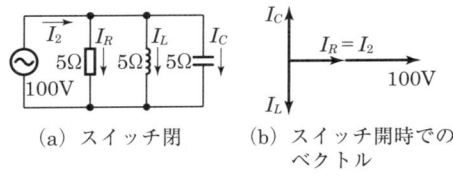

(a) スイッチ閉　(b) スイッチ開時でのベクトル
解図 11

[2-19]　ニ．
　並列回路において，インダクタンスを流れる電
流と，コンデンサを流れる電流が等しいとき回路
電流は，最小となる。並列回路の問題を解くに
は，ベクトル図を使うとよい。インダクタンスを
流れる電流は，抵抗を流れる電流より，90° 遅れ
位相となり，コンデンサを流れる電流は，90° 進
み位相なる。
イ．解図 12 のベクトル図より，
　$I=\sqrt{10^2+(3-8)^2}=\sqrt{10^2+5^2}=\sqrt{125}$
　≒11.2〔A〕

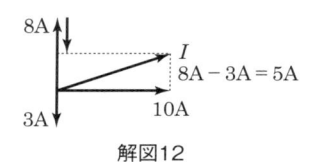

解図 12

ロ．上記と同様に，ベクトル図より電流を求める
　と，
　$I=\sqrt{10^2+(5-3)^2}≒10.2$〔A〕
ハ．$I=\sqrt{10^2+(4-2)^2}≒10.2$〔A〕
ニ．$I=10.0$〔A〕(インダクタンスを流れる遅れ電
　流 5A，コンデンサを流れる進相電流 5A は，
　180° の位相差があるので相殺され，抵抗を
　流れる電流のみとなる)

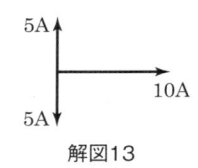

解図 13

[2-20]　ハ．(60 V)
〈解法①〉ベクトル図（解図 14）より求める方法
　　　　　（比較的楽に求めることができる）
　直列回路においては，共通の電流 I を基準ベク
トルにとり，左から右へ 10A を引く。インダク
タンスにかかる電圧 $V_L=20$ V を基準ベクトルよ
り 90° 進めて上向きに，コンデンサにかかる電圧
$V_C=100$ V を基準ベクトルより 90° 遅らせ下向き
に，抵抗にかかる電圧 V_R を基準ベクトルと同方
向に引く。
　$V_R=\sqrt{100^2-(100-20)^2}=60$〔V〕

解図 14

⟨解法②⟩ 計算により求める方法
$$V_R = IR = 10R$$
$$X_L = \frac{V_L}{I} = \frac{20}{10} = 2〔Ω〕$$
$$X_C = \frac{V_C}{I} = \frac{100}{10} = 10〔Ω〕$$
インピーダンス $Z = \sqrt{R^2 + (X_L - X_C)^2}$
$= \sqrt{R^2 + (2-10)^2} = \sqrt{R^2 + 64}$
$= \frac{V}{I} = \frac{100}{10} = 10〔Ω〕$
$\sqrt{R^2 + 64} = 10$ ∴ $R = 6〔Ω〕$
したがって,$V_R = 10R = 10 \times 6 = 60〔V〕$

[2-21] ロ.
並列回路の場合,電圧が共通であるから,電圧 V を基準ベクトルにとる。コンデンサに流れる電流 I_2 を基準ベクトルより90°進めて上向きにとる。インダクタンスと抵抗を流れる電流 I_1 は,90°までは遅れない下向きのベクトルにする(抵抗がない場合は,90°遅れる)。両者の電流をベクトル的に加えたものが,回路電流 I である。

(6) 三相交流回路

[2-22] ロ.(11.6A)
1相のインピーダンス Z は,
$$Z = \sqrt{6^2 + 8^2} = 10〔Ω〕$$
相電圧 V_P は,
$$V_P = \frac{V_L}{\sqrt{3}} = \frac{200}{\sqrt{3}}$$
電流 $I = \frac{V_P}{Z} = \frac{200}{\sqrt{3}} \div 10 ≒ 11.6〔A〕$

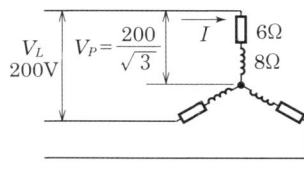

解図15

[2-23] ニ.(17.3A)
1相のインピーダンス Z は,
$$Z = \sqrt{16^2 + 12^2} = 20〔Ω〕$$
相電流 I_P は,
$$I_P = \frac{V_L}{Z} = \frac{200}{20} = 10〔A〕$$
線電流 I_L は,
$$I_L = I_P\sqrt{3} = 10 \times \sqrt{3} ≒ 17.3〔A〕$$

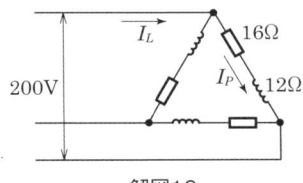

解図16

[2-24] ニ.($R = 9.0Ω,X = 27.0Ω$)
Y→Δの変換に対しては,抵抗,リアクタンスを各3倍する。Δ→Yの変換に対しては,抵抗,リアクタンスを各1/3倍する。

[2-25] ロ.($Q/\sqrt{3}V〔A〕$)
無効電力 $Q = \sqrt{3}VI\sin\theta〔Var〕$
V:電圧〔V〕,I:電流〔A〕
問題より $\sin\theta$ は,負荷がコンデンサのみであるので,1となる。したがって,
$Q \times 1000 = \sqrt{3}V \times 1000I$
$Q = \sqrt{3}VI$
$I = \frac{Q}{\sqrt{3}V}〔A〕$

[2-26] ロ.(23.1kW)
Δ回路をY形に変換すると,各相のインダクタンス9Ωは,1/3の3Ωとなるので,回路は解図17のようになる。よって,
$I = V_P/Z = (200/\sqrt{3}) \div \sqrt{4^2 + 3^2} ≒ 23.1〔A〕$

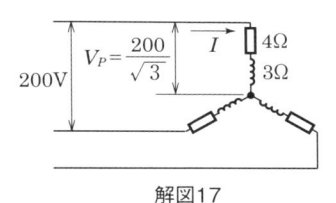

解図17

(7) 電 力

[2-27] ハ.(有効電力 0.6kW,無効電力 0.8kvar)
抵抗 $R = 6Ω$ とリアクタンス $X = 8Ω$ の直列回路であるから,インピーダンス Z は,
$$Z = \sqrt{R^2 + X^2} = \sqrt{6^2 + 8^2} = 10〔Ω〕$$
回路電流 I は,
$$I = \frac{V}{Z} = \frac{100}{10} = 10〔A〕$$
⟨解法①⟩
有効電力 P は,
$P = I^2R = 10^2 \times 6 = 600〔W〕= 0.6〔kW〕$
無効電力 Q は,
$Q = I^2X = 10^2 \times 8 = 800〔W〕= 0.8〔kvar〕$
⟨解法②⟩
有効電力 P は,

$$P = VI\cos\theta = VI\frac{R}{Z}$$
$$= 100 \times 10 \times \frac{6}{10} = 600 \text{[W]} = 0.6 \text{[kW]}$$

無効電力 Q は,
$$Q = VI\sin\theta = VI\frac{X}{Z}$$
$$= 100 \times 10 \times \frac{8}{10} = 800 \text{[W]} = 0.8 \text{[kvar]}$$

〈解法③〉
有効電力 P は,
$$P = \frac{V_R{}^2}{R} = \frac{(IR)^2}{R}$$
$$= \frac{(10 \times 6)^2}{6} = 600 \text{[W]} = 0.6 \text{[kW]}$$

無効電力 Q は,
$$Q = \frac{V_X{}^2}{X} = \frac{(IX)^2}{X}$$
$$= \frac{(10 \times 8)^2}{8} = 800 \text{[W]} = 0.8 \text{[kvar]}$$

[2-28] イ.（75kvar）
有効電力 $P = VI\cos\theta$ より,
$$100 \times 10^3 = VI \times 0.8$$
$$VI = \frac{100 \times 10^3}{0.8}$$

無効電力 $Q = VI\sin\theta$ より,
$$Q = \frac{100 \times 10^3}{0.8} \times 0.6 = 75\,000 \text{[var]}$$
$$= 75 \text{[kvar]}$$

($\sin\theta$ は, 三角関数 $\cos^2\theta + \sin^2\theta = 1$ より, $\sin\theta = \sqrt{1 - \cos^2\theta} = \sqrt{1 - 0.8^2} = 0.6$ となる)

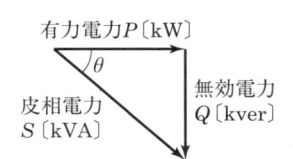

解図18 有効・無効・皮相電力関係図

[2-29] ロ.（600 W）
〈解法①〉
　リアクタンスは $X = V_X/I = 80/10 = 8Ω$, インピーダンスは $Z = V/I = 100/10 = 10Ω$ である。
$Z = \sqrt{R^2 + X^2}$ より,
$$10 = \sqrt{R^2 + 8^2}$$
両辺を2乗すると,
$$100 = R^2 + 8^2$$
$$R = \sqrt{100 - 8^2} = 6 \text{[Ω]}$$
よって有効電力は,

$$P = I^2R = 10^2 \times 6 = 600 \text{[W]}$$

〈解法②〉
解図19より, 抵抗にかかる電圧 V_R は,
$$V_R = \sqrt{100^2 - 80^2} = 60 \text{[V]}$$
（ピタゴラスの定理より）
有効電力 $P = VI\cos\theta = 100 \times 10 \times \frac{60}{100}$
$$= 600 \text{[W]}$$

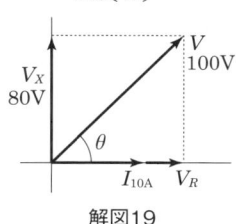

解図19

[2-30] イ.（3 750kvarh）
　有効電力量[kWh]は有効電力[kW]×時間[h]で表される。無効電力量, 皮相電力量についても同様で, 解図18のベクトル図に対応させ, 無効電力量を求めると,
$$\tan\theta = \frac{Q}{P}$$
$$Q = P\tan\theta = P\frac{\sin\theta}{\cos\theta}$$
$$= 5\,000 \times \frac{0.6}{0.8} = 3\,750 \text{[kvarh]}$$

[2-31] ハ.（14.4kW）
　結線を変えると解図20のようになる（このような結線はΔ結線となるので, 確認しておくとよい）。

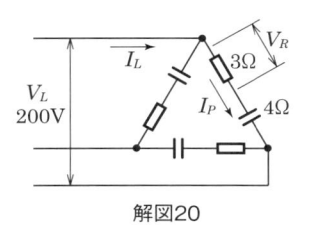

解図20

〈解法①〉
電力 $P = 3I_P{}^2R = 3 \times \left(\frac{V_L}{Z}\right)^2 R$
$$= 3 \times \left(\frac{200}{\sqrt{3^2 + 4^2}}\right)^2 \times 3 = 14\,400 \text{[W]} = 14.4 \text{[kW]}$$

〈解法②〉
電力 $P = 3\frac{V_R{}^2}{R} = 3 \times \frac{(3I_P)^2}{R}$
$$= 3 \times \frac{(3 \times 40)^2}{3} = 14\,400 \text{[W]} = 14.4 \text{[kW]}$$

〈解法③〉
電力 $P = \sqrt{3}V_L I_L \cos\theta = \sqrt{3}V_L \times (\sqrt{3}I_P) \times \frac{R}{Z}$

$$= \sqrt{3} \times 200 \times (\sqrt{3} \times 40) \times \frac{3}{5}$$
$$= 14\,400 \text{(W)} = 14.4 \text{(kW)}$$

(この問題については解法①が最適であるが，出題内容によっては解法②，③の方が簡便な場合もある)

(8) 静電気・磁気

[2-32] ロ．(2.50J)

解図21の直並列回路の合成静電容量は，コンデンサ C_2, C_3 の並列接続に，C_1 を直列接続した回路であるから，次式のようになる（抵抗接続の計算と異なることに要注意）。

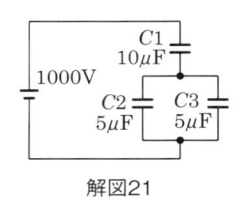

解図21

コンデンサ C_2, C_3 の並列接続 C_P は，
$$C_P = C_2 + C_3 \text{(μF)}$$
コンデンサ C_1, C_P の直列接続 C は，
$$C = \frac{1}{\frac{1}{C_1} + \frac{1}{C_P}} = \frac{C_1 \times C_P}{C_1 + C_P} = \frac{C_1 \times (C_2 + C_3)}{C_1 + (C_2 + C_3)}$$
$$= \frac{10 \times (5+5)}{10 + (5+5)} = \frac{100}{20} = 5 \text{(μF)}$$

また，静電エネルギーの式は，
$$W = \frac{1}{2} C E^2 \text{(J)}$$
C：静電容量(F)，E：電圧(V)
で表されるから，
$$W = \frac{1}{2} \times 5 \times 10^{-6} \times 1\,000^2 = 2.5 \text{(J)}$$
となる（1(μF) = 1×10^{-6} (F)に要注意）。

[2-33] ロ．(50 V)

スイッチを1側に倒すと解図22(b)に示す電流が流れ，100 V の電圧にコンデンサが充電される。このとき，コンデンサに加わる電圧 V(V)，静電容量 C(F)，電荷 Q(C)の間には次式が成り立つ。

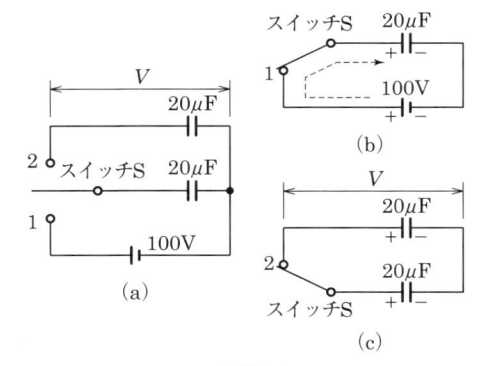

解図22

$$Q = CV \text{(C)}$$
スイッチを1側に倒したときコンデンサに蓄えられる電荷は，
$$Q = CV = 20 \times 10^{-6} \times 100 = 2 \times 10^{-3} \text{(C)}$$
スイッチを2側に倒したときのコンデンサ両端の電圧 V，コンデンサが並列状態にあるので，$Q = C_P V$ より，
$$2 \times 10^{-3} = (20 \times 10^{-6} + 20 \times 10^{-6}) \times V$$
$$V = \frac{2 \times 10^{-3}}{(20 \times 10^{-6} + 20 \times 10^{-6})}$$
$$= \frac{\frac{2}{10^3}}{\frac{40}{10^6}} = \frac{2}{10^3} \times \frac{10^6}{40} = 50 \text{(V)}$$

[2-34] イ．(5μF)

20μF コンデンサに蓄えられる電荷は，$Q = CV$ より，
$$Q = 20 \times 10^{-6} \times 20 \text{(C)}$$
コンデンサ C の両端の電圧は，$100 - 20 = 80$ V，コンデンサ C において $Q = CV$ の式を適応すると，
$$20 \times 10^{-6} \times 20 = C \times 80$$
$$\therefore C = \frac{20 \times 10^{-6} \times 20}{80} = 5 \times 10^{-6} \text{(F)} = 5 \text{(μF)}$$

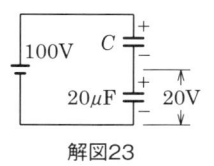

解図23

[2-35] イ．(静電容量は，ケーブル長に比例する)

解図24において，静電容量 C は，
$$C = \frac{\varepsilon A}{d}$$
$$\fallingdotseq \frac{\varepsilon L \times (\text{遮へい銅テープの円周長})}{d} \text{(F)}$$
となる。したがって，静電容量 C は，誘電率 ε

と，ケーブルの長さ L に比例し，絶縁体の厚さに反比例する。数式から明かのように，ケーブルの埋設深さには無関係である。

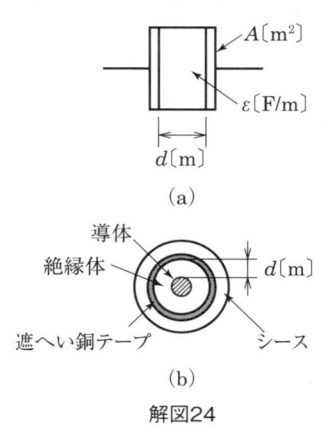

解図24

[2-36] ハ．$\left(\dfrac{I^2}{d} \text{に比例する}\right)$

離隔距離 d〔m〕の互いに平行する，2本の導体に流れる電流が，I_1〔A〕，I_2〔A〕のとき，導体 L〔m〕に働く電磁力 F〔N〕は，
$F = 2 \times \{(I_1 \times I_2)/d\} \times L \times 10^{-7}$〔N〕の式で表せるから，2本の導体に働く電磁力は，I^2/d に比例することになる。

[2-37] ニ．

スイッチ S の投入と同時に，抵抗 R を介して放電電流が流れ，電圧は緩やかに減少してゼロとなる。したがってこの場合の正解はニ．となる。

[2-38] ハ．

回路電流 I〔A〕は，解答図に示すように時間の経過とともに緩やかに増加し，定常状態では，E/R〔A〕となる。

第3章

(1) 照 明

[3-01] ニ．$\left(E = \dfrac{I}{r^2}\right)$

被照面照度，すなわち机上面での照度 E〔lx〕は，光源と机上面との距離 r〔m〕の2乗に反比例し，光度 I〔cd〕に比例する。

[3-02] ハ．(高圧ナトリウムランプ)

各光源のおおよその効率〔lm/W〕は，ハロゲン電球(21)，高圧水銀ランプ(40〜60)，メタルハライドランプ(95〜100)，高圧ナトリウムランプ(100〜150)である。

[3-03] ニ．(高周波点灯専用形蛍光灯(Hf)より高効率である)

ラピットスタート式蛍光灯のおもな特徴は，蛍光ランプの即時点灯(1秒程度で点灯，点灯回路に電極加熱回路を有する)方式で，安定器を有し，グロー放電管は不要である。グロースタータ方式よりも速く点灯する。

Hf蛍光ランプは高周波点灯蛍光ランプで，小型安定器，軽量，省エネルギータイプの光源である。

[3-04] ニ．(ハロゲン電球)

ハロゲン電球は，ヨウ素などの不活性ガスを封入した光源で，放電を利用した点灯方式ではないため，瞬時に点灯する。他の光源はいずれも放電を利用したものである。

メタルハライドランプは，インジウム，ナトリウムなどの金属ハロゲン化物を封入したもので，高効率，高演色性の放電形ランプである。高圧ナトリウムランプは，演色性は劣るが，高効率で，黄色発光のため，濃霧時の透過光として街路灯に使用される。高圧水銀ランプは，高圧水銀封入ガス中におけるアーク放電を利用した青白色の光源体で，効率がよく，工場，投光器などに使用される。

[3-05] ロ．(照度1〔lx〕とは，1〔m²〕の被照面に1〔lm〕の光束が照射された状態)

照度 E〔lx〕$= F$〔lm〕$/ S$〔m²〕で表されるから，1〔lx〕の照度は，1〔lm〕の光束が1〔m²〕の被照面に照射される状態をいう。

計算式から，イ．光束が2倍になると照度は2倍になる。ハ．被照面の色には無関係である。ニ．照度の別式，照度 E〔lx〕$= I$〔cd〕$/ r^2$〔m²〕より，作業面との距離 r が2倍になると，照度は，1/4になる。

[3-06] ハ．(メタルハライドランプは，ナトリウムランプに比べ演色性の面で劣る)

メタルハライドランプの演色性は中位程度で，ナトリウムランプは下位に位置する。イ．3波長蛍光ランプは，赤・緑・青の3波長域で，エネルギーが大きくなるように工夫されたランプであり，高演色・高効率である。ロ．ハロゲン電球は，封入ガスに不活性ガス（ハロゲン化物など）を使用した小形・長寿命の電球で，タングステン

フィラメントを発光体に使用している。ニ．Hf 形蛍光ランプは，高周波点灯蛍光ランプで，小型安定器，軽量，省エネルギータイプの光源である。

[3-07] ロ．（光束の大きいほど照度は大きくなる）

照度と光束との間には，

$$照度 = \frac{光束}{床面積} = \frac{F \text{[lm]}}{S \text{[m}^2\text{]}} = E \text{[lx]}$$

の関係式がある。上式より，照度は光束に比例するので，光束が大きいほど照度は大きくなる。

[3-08] ニ．（蛍光ランプには3波長形などの種類がある）

蛍光ランプには演色性などの改良面から次のようなものがある。
◆ 3波長形：3波長（赤，緑，青）でエネルギーが大きいランプ。演色性がよい。
◆ Hf形：高周波蛍光ランプ。効率が高く，小形・軽量である。

(2) 電 熱

[3-09] イ．（1 944kJ）

100 V，2kW の電熱器の抵抗は，$P = V^2/R$ [W] より，

$$R = \frac{V^2}{P} = \frac{100^2}{2\,000} = 5 \text{[Ω]}$$

したがって，この電熱器 90 V で使用した場合の消費電力は，

$$P = \frac{V^2}{R} = \frac{90^2}{5} = 1\,620 \text{[W]}$$

よって発生熱量 Q は，

$$Q = Pt = 1\,620 \times 20 \times 60 = 1\,944\,000 \text{[Ws]}$$
$$= 1\,944\,000 \text{[J]} = 1\,944 \text{[kJ]}$$

[3-10] ロ．（96 ℃）

水の質量は 1 ℓ = 1 kg，水の比熱は 1 である。効率 η [%] を小数に直して式(3・6)の電熱の計算式 $mc(t_2 - t_1) = 860 P t \eta$ に適切な数値を代入すると，

$$2 \times 1 \times (t_2 - 10) = 860 \times 1 \times (15/60) \times 0.8$$
$$2 t_2 - 20 = 172$$
$$t_2 = 96 \text{[℃]}$$

[3-11] ハ．（29.1%）

式(3・6)の電熱の計算式 $mc(t_2 - t_1) = 860 P t \eta$ より，上昇させる温度 $t = t_2 - t_1 = 50 \text{℃}$ とすると，

$$10 \times 1 \times 50 = 860 \times 2 \times 1 \times \eta$$
$$500 = 1\,720 \eta$$
$$\eta = 0.291 \text{（29.1%）}$$

[3-12] ニ．（0.50kW）

1Ws = 1J より，24kJ = 24 000J = 24 000Ws である。いま，電熱器電力を P [W] とすると，

$$\underbrace{1 \times 60}_{時間\text{[S]}} \times \underbrace{P}_{電力\text{[W]}} \times \underbrace{0.8}_{効率} = 24\,000$$

$$P = 500 \text{[W]} = 0.5 \text{[kW]}$$

[3-13] イ．（誘電加熱）

誘電加熱は，高周波電圧（5～3 000 MHz）を利用した，誘電体損による発熱方式で，電子レンジ，木材の乾燥などに利用される。

誘導加熱は，被加熱物体にうず電流を流すことにより，ジュール熱を発生させて，加熱利用する方式で，高速加熱が可能であり，調理や金属加熱などに利用される。赤外線加熱は，赤外線発生装置（赤外線電球など）により，加熱利用する方式で，木材，塗料，食料などの乾燥や暖房器具などに利用される。抵抗加熱は，ジュール熱による発熱を利用した加熱方式で，電気コンロなどがある。この他にアーク加熱方式がある。この方式は電極間や電極と被加熱体との間に電圧を加え，アーク放電による発熱を利用するもので，金属の溶解や溶接などに利用される。

(3) 電動機

[3-14] ロ．（1.96kW）

巻き上げ機の出力を求めるためには，式(3・10)のリフト用の計算式を用いる。ここで余裕率 K_L は 1 として考える。題意より，物体の重量は kg，巻き上げ速度は毎分であるので，計算式の単位である [t]，[m/s] に変換を行う。また，電動機の所要出力を求める場合には，効率 η は，分母（1 よりも小さいので出力を高める方向）にあることに注意する。よって，

$$P = \frac{9.8 WS}{\eta} = \frac{9.8 \times \overbrace{\frac{200}{1\,000}}^{単位変換\text{[kg]}\to\text{[t]}} \times \overbrace{\frac{42}{60}}^{単位変換\text{[m/m]}\to\text{[m/s]}}}{0.7} = \frac{9.8 \times 0.2 \times 0.7}{0.7}$$
$$= 1.96 \text{[kW]}$$

(4) 整流器・サイリスタ

[3-15] イ．

問題の回路は，整流器 4 個を使用した全波整流回路である。正弦波交流の負の部分が正の領域に反転し，全波整流回路となる。負荷に並列にコンデンサを接続することにより，波形がより滑らかになる。電源電圧は，実効値が 100 V であるから，波形の最大値は，$E\sqrt{2} = 100\sqrt{2} \approx 141$ V となる。また，周期 T は，$T = 1/$周波数 で表される

から，周期は 1 000/50＝20 ms，半周期では 10 ms となるので，イ．の解答図のような目盛り値となる。プラス，マイナスの向きと整流器の組み方に要注意。

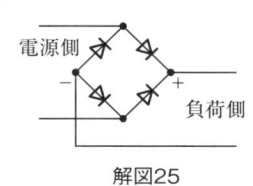

解図25

[3-16] ロ．

問題の回路は，整流器1個を使用した半波整流回路である。半波整流回路では正弦波交流の負の領域では，全波整流のように波形が反転せず，ロ．とニ．の解答図のようになる。問題では，負荷に並列にコンデンサが接続されているので，電源の正の領域でコンデンサに電荷が充電され，負の領域で，抵抗を介し放電されるため，正解の波形はロ．の解答図のように平滑化される。

[3-17] ニ．

問題図のようなサイリスタ回路では，負の出力はないので，ニ．の解答図が不適切となる。ゲート電圧の印加位置により出力の波形が異なり，イ．ロ．ハ．のようになる。

(5) 蓄電池

[3-18] ハ．（電圧値）

アルカリ蓄電池の化学反応式は，
$$2Ni(OH)_3 + KOH + Cd \underset{充電}{\overset{放電}{\rightleftarrows}} 2Ni(OH)_2 + KOH + Cd(OH)_2$$
で示される。化学反応式より，陽極：水酸化第二ニッケル($Ni(OH)_3$)，陰極：カドミウム(Cd)，電解液：水酸化カリウム(KOH)で構成され，起電力は1セル当たり約 1.2 V である。電解液は充・放電による変化がないので，正解はハ．の電圧値となる。なお，アルカリ蓄電池のおもな特徴は，保守が容易，寿命が長い，電圧変動率が大きい（内部抵抗が大きいため）などである。

[3-19] イ．

浮動充電方式は，整流装置の出力側に，負荷と蓄電池を並列に接続することにより，通常時には整流器から負荷への電力の供給と蓄電池を充電，負荷の急激な増加や停電時には，蓄電池との併用や，蓄電池から負荷へ電力の供給を行う。

[3-20] ニ．（希硫酸）

鉛蓄電池の化学反応式は，
$$PbO_2 + 2H_2SO_4 + Pb \underset{充電}{\overset{放電}{\rightleftarrows}} PbSO_4 + 2H_2O + PbSO_4$$
で示される。化学反応式より，陽極：二酸化鉛(PbO_2)，陰極：鉛(Pb)，電解液：希硫酸(H_2SO_4)で構成され，起電力は1セル当たり約 2.0 V である。放電時には，水が発生するので，比重が下がる（充電すると比重が上がる）。おもな特徴は，蒸留水の補給が必要，寿命が短い，電圧変動率が小さいなどである。

[3-21] イ．（放電すると電解液の比重が上がる）

鉛蓄電池は，放電が進行すると電解液の比重が下がるので，充電時期の目安となる。イ．は放電すると電解液の比重が上がるということであり，不適切である。

[3-22] イ．（1セル当たりの起電力は鉛蓄電池より小さい）

鉛蓄電池の1セル当たりの起電力は約 2.0 V であるが，アルカリ蓄電池の1セル当たりの起電力は約 1.2 V である。このため正解はイ．の1セル当たりの起電力は鉛蓄電池より小さいことになる。

[3-23] ハ．（蒸留水の補給が必要である）

鉛蓄電池のおもな特徴は次のとおりである。
① 電解液：希硫酸
② 起電力：約 2.0 V（アルカリ蓄電池：約 1.2 V）
③ 蒸留水の補給を要する。
④ 寿命：アルカリ蓄電池に比べ短い。
⑤ 電圧変動率は小さい。

第4章

(1) 変圧器

[4-01] ハ．

変圧器の鉄損は，
　　鉄損 ＝ ヒステリシス損 ＋ うず電流損
（鉄損は，負荷電流に関係なく一定の値）

ヒステリシス損：$P_h = k_h E^2 / f$ 〔W/kg〕
k_h：比例定数，E：起電力〔V〕，f：周波数〔Hz〕
（周波数に反比例し，電圧の2乗に比例する）
うず電流損：$P_c = k_c E^2$ 〔W/kg〕
k_c：比例定数，E：起電力〔V〕
（周波数に無関係で，電圧の2乗に比例する）

変圧器の銅損は，
銅損 $P_C = I^2R$〔W〕
I：負荷電流〔A〕，R：巻線抵抗〔Ω〕
（銅損は，負荷電流の2乗に比例する）
鉄損は出力に無関係に一定となり，銅損は電流の2乗に比例するので2次曲線となる。

[4-02] ロ．(20kVA)
題意より，三相負荷の消費電力は21kWであるから，皮相電力Sは，
$$S = \frac{21}{\cos\theta} = \frac{21}{0.7}〔\text{kVA}〕$$
単相変圧器1台の容量をT〔kVA〕とすると，単相変圧器2台をV結線したときの変圧器の三相容量は$\sqrt{3}\,T$〔kVA〕となるから，
$$\sqrt{3}\,T = \frac{21}{0.7}$$
$$T = \frac{21}{0.7\sqrt{3}} \fallingdotseq 17.3〔\text{kVA}〕$$
したがって，適切な変圧器容量は，負荷容量より大きくなければならないから，17.3kVAの直近上位の値20kVAとなる。

[4-03] ハ．(26kWh)
損失電力量は，
$W = 24P_i + P_c n^2 h$
 $= \underbrace{24 \times 0.5}_{鉄損} + \underbrace{1.4 \times 1^2 \times 8}_{全負荷銅損} + \underbrace{1.4 \times 0.5^2 \times 8}_{50\%負荷銅損}$
 $= 12 + 11.2 + 2.8 = 26.0〔\text{kWh}〕$

[4-04] ハ．(101 V)
2次電圧は，$V_2 = (2$次定格電圧 $V_{2n}/1$次タップ電圧 $V_t) \times 1$次供給電圧 V_1〔V〕より，
$$96 = \frac{105}{6\,600} \times V_1$$
$$V_1 = \frac{96}{\frac{105}{6\,600}} = \frac{96 \times 6\,600}{105}$$
$$V_2 = \frac{105}{6\,300} \times \frac{96 \times 6\,600}{105} \fallingdotseq 101〔\text{V}〕$$

[4-05] ニ．
V結線の変圧器の2次側には，三相3線式各210Vの電圧が出力され，1台の変圧器の両端と2次側の中性線とから，単相3線式の210，105，105Vが得られる結線はニ．となる。

[4-06] ニ．(1次電圧が高くなると鉄損は増加する)
変圧器の鉄損は，鉄損＝ヒステリシス損＋うず電流損であるから，鉄損＞ヒステリシス損，鉄損＞うず電流損となる。
また，4-01の解説に示すように，

ヒステリシス損：$P_h = k_h E^2/f$〔W/kg〕
(k_h：比例定数，E：起電力〔V〕，f：周波数〔Hz〕)
（周波数に反比例し，電圧の2乗に比例する）
うず電流損：$P_c = k_c E^2/f$〔W/kg〕
(k_c：比例定数，E：起電力〔V〕)
（周波数に無関係で，電圧の2乗に比例する）

(2) 誘導電動機・同期機

[4-07] ハ．(二次抵抗始動法)
誘導電動機の種類には，かご形誘導電動機と巻線形誘導電動機の2種類があるが，この始動法には次のものがある。
・巻線形誘導電動機：二次抵抗始動法
・かご形誘導電動機：スターデルタ始動法，リアクトル始動法，始動補償器始動法，全電圧始動法

[4-08] ハ．(5.0kW)
電動機の出力 $P = \sqrt{3}\,VI\cos\theta\eta$〔W〕
V：電圧〔V〕，I：電流〔A〕，$\cos\theta$：力率〔%〕
（計算の際は小数に直し代入）
η：効率〔%〕（計算の際は小数に直し代入）
上式により，
出力 $P = \sqrt{3}\,VI\cos\theta\eta = \sqrt{3} \times 200 \times 20 \times 0.8 \times 0.9$
$\fallingdotseq 4\,982〔\text{W}〕 \fallingdotseq 5〔\text{kW}〕$

[4-09] ロ．(1 425 rpm)
同期速度は式(4・18)より，$N_s = 120f/p$〔rpm〕(1分間当たりの回転数)である。すべりは式(4・19)より，$s = \{(N_s-N) \times 100\}/N_s$〔%〕である。計算を容易にするため，すべりを小数にして計算より「×100」を除外すると，$N = N_s(1-s)$となる。この式に同期速度の式を代入すると，
$$N = \frac{120f}{p} \times (1-s) = \frac{120 \times 50}{4} \times (1-0.05)$$
$$= 1\,425〔\text{rpm}〕$$

[4-10] ロ．(b)
誘導電動機のトルク特性曲線は解図26に示す曲線で示され，通常は破線で示す回転速度で使用される。

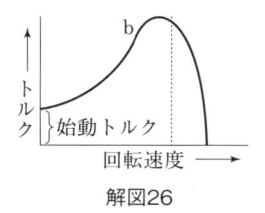

解図26

[4-11] ニ．(電源周波数変化による速度制御)
インバータ：直流を交流に変換するもので，整流装置と組み合わせると，交流電源の周波数を適宜変えることができる。

[4-12] イ．（始動トルクは，Y，Δとも全電圧で始動した場合と同一である）

Y−Δ始動法は，固定子巻線を始動時にY形，運転時にΔ形に変換する方法であるのでロ．は正しい。

イ．トルク $T=K \times V^2$ 〔N・m〕（すべりは一定とする）。トルクは，1相の誘導起電力の2乗に比例する。$V_P{}^2=(V_L/\sqrt{3})^2=V_L{}^2/3$ 全圧始動に比べて，1/3 となる。

ハ．は図より，Y結線時，固定子巻線各相に加わる電圧は，$V_P=V_L/\sqrt{3}$ 〔V〕となる。

ニ．は図より，$I_{LY}=V_P/Z=(V_L/\sqrt{3})/Z$ 〔A〕
$I_{L\Delta}=\sqrt{3}\,I_P=\sqrt{3}\,V_L/Z$ 〔A〕
$I_{LY}/I_{L\Delta}=(V_L/\sqrt{3}\,Z)/(\sqrt{3}\,V_L/Z)=1/3$ 〔倍〕

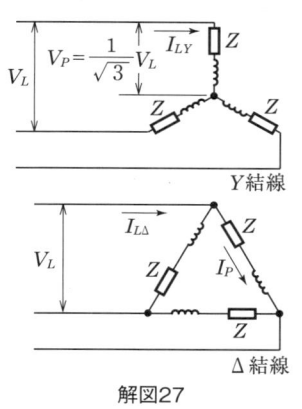

解図27

[4-13] ロ．（発電機容量が等しい）

同期発電機を並行運転するには，電圧，周波数，位相，波形が等しいことが必要である。発電機容量に応じて負荷分担がなされ，発電機容量が等しいことは条件とはならない。

(3) 絶縁材料 ─────────────

[4-14] ニ．（H）

解表1

絶縁材料の種類	Y	A	E	B	F	H	200
許容温度	90	105	120	130	155	180	200

絶縁材料の種類と許容温度との関係は，解表1に示すとおりで，選択肢の中でH種が最も許容温度が高い。

第5章

(1) 水力発電 ─────────────

[5-01] イ．（ペルトン水車，フランシス水車，プロペラ水車）

適応落差は，表5・1より，ペルトン水車：200 m以上，フランシス水車：20〜400 m，プロペラ水車：5〜70 m である。

[5-02] ハ．（12.5 MW）

発電機の出力 P は式(5・1)より，$P_g=9.8QH\eta_{tg}$ 〔kW〕である。効率〔%〕を小数に変換して代入すると，
$P_g=9.8 \times 80 \times 20 \times 0.8 = 12\,544$ 〔kW〕
$\fallingdotseq 12.5$ 〔MW〕

[5-03] ハ．（取水口，水圧管，水車，放水口）

水力発電は，水のもつ位置エネルギーや運動エネルギーを有効活用し，水車を回転させ直結された発電機により発電するものである。

取水口：ダムから水圧管への水の取り入口。

水圧管：水を水車に送る導管。

水　車：水のエネルギーを機械エネルギー（回転）に変換。

放水口：水車からの水を河川に排出。

[5-04] ハ．（$9.8QH/\eta$ 〔kW〕）

揚水ポンプの所要電力は式(5・2)より，$P=9.8QH/\eta_{tm}$ 〔kW〕で求められる。効率 η が分母の位置にあることに注目をする（p.62 参照）。所定の水量をくみ上げるためには，効率が悪いほど揚水ポンプの所要電力は大きくなる。

(2) 火力発電 ─────────────

[5-05] ロ．（ボイラー，過熱器，タービン，復水器）

基本的なランキンサイクルを示すと解図28のようになる。したがって解答は，ロ．の順となる。この他に熱効率を高めるため，タービンの加熱蒸気のエネルギー回収や，ボイラー給水の加熱を併用した，再生再熱サイクルなどの種類がある。

解図28

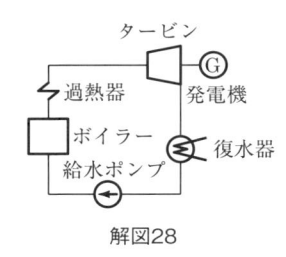

[5-06] イ．(燃料，蒸気，機械，電気の各エネルギー)

解図29は，火力発電所のランキンサイクル図である．重油，天然ガスなどの燃料をボイラーで燃焼させ，発生する熱で水を蒸気に変換，過熱蒸気としてエネルギーを高め，蒸気圧によりタービンを回転させる．これに直結する発電機により，電気エネルギーに変換する．

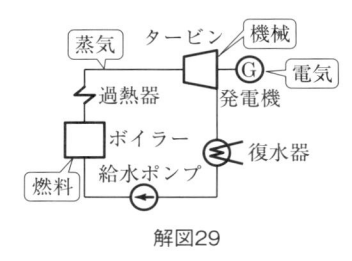

解図29

(3) 内燃力発電

[5-07] イ．(回転が滑らかになる)

ディーゼル機関では，エンジンでの往復運動をクランク軸により回転運動に変換しているため，回転むらを生ずる．このため，クランク軸にはずみ車（フライホイール）を設け，回転を円滑にしている．

[5-08] ハ．(コージェネレーションシステム)

1つの設備（エネルギー源）から電気と熱の2つの異なるエネルギーを利用することにより，エネルギーの利用効率を高める熱併給システムがコージェネレーションシステムである．イ．のコンバインドサイクル発電システムとは，ガスタービンと蒸気タービンとの複合システムで，エネルギーの利用効率の向上を図るものである．

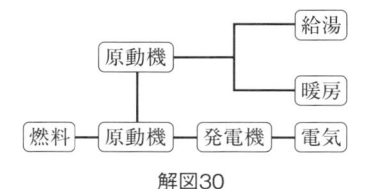

解図30

[5-09] ロ．(27%)

〈解法①〉

発電量は，$P_d = 100\text{kW} \times 6\text{h} = 600\text{kWh}$ である．

よって効率 η は式(5・3)を変形して，

$$P_d = \frac{QL}{3600}\eta \text{ [kWh]}$$

$$\eta = \frac{3600}{QL}P_d = \frac{3600}{40000\text{kJ/kg} \times 200\text{kg}} \times 600\text{kWh}$$

$$= \frac{27}{100} = 0.27 \quad (27\%)$$

なお，式(5・3)の Q [kJ/ℓ] と L [ℓ] はリットルの単位であるが，問題のkgの単位を用いても，Q[kJ/ℓ]×L[ℓ]＝Q[kJ/kg]×L[kg]＝燃料の発熱量[kJ]となるので，そのままの数値を代入することができる．

〈解法②〉

$P_d = 600\text{[kWh]} = 600\text{[kW]} \times 3600\text{[s]}$
$= 2160000\text{[kWs]} = 2160000\text{[kJ]}$

燃料の発熱量 ＝ 発熱量 × 使用燃料量
$= 40000\text{[kJ/kg]} \times 200\text{[kg]}$
$= 8000000\text{[kJ]}$

したがって熱効率 η は，

$$\eta = \frac{発電電力量}{燃料の発熱量} = \frac{2160000}{8000000} = 0.27 \quad (27\%)$$

[5-10] イ．(36%)

〈解法①〉

前問の5-09と同様に式(5・3)を用いる．なお発電量 P_d は，毎時50ℓの燃料を使用していることから，1時間を用い，$P_d = 200\text{[kW]} \times 1\text{[h]} = 200\text{[kWh]}$ である．よって，

$$\eta = \frac{3600}{QL}P_d = \frac{3600}{40000\text{kJ/ℓ} \times 50\text{ℓ}} \times 200\text{kWh}$$

$$= \frac{9}{25} = 0.36 \quad (36\%)$$

〈解法②〉

$P_d = 200\text{[kWh]} = 200\text{[kW]} \times 3600\text{[s]}$
$= 720000\text{[kWs]} = 720000\text{[kJ]}$

燃料の発熱量 ＝ 発熱量 × 使用燃料量
$= 40000\text{[kJ/ℓ]} \times 50\text{[ℓ]}$
$= 2000000\text{[kJ]}$

したがって熱効率 η は，

$$\eta = \frac{発電電力量}{燃料の発熱量} = \frac{720000}{2000000} = 0.36 \quad (36\%)$$

(4) 発電装置全般

[5-11] イ．(揚水式発電は，軽負荷時に発電し，重負荷時に揚水する方式である)

揚水式発電は，上下に2つの貯水池を有し，夜間などの軽負荷時に水車を用いて下部貯水槽から上部貯水槽へ水をくみ上げ，昼間の電力需要時に，くみ上げた水により発電をする方式である．イ．は逆の表現となっている．

[5-12] ハ．（プロペラ形風車は垂直軸形風車である）
　風力発電は，風のもつ運動エネルギーを風車により，回転力（機械エネルギー）に変え，これに直結された発電機で，電気エネルギーに変換する装置である。プロペラは軸に対して垂直ではなく，水平方向に設置されている。

[5-13] ハ．（1kWの出力を得るには約1m²の表面積の太陽電池が必要である）
　太陽のもつエネルギーは，単位面積当たり約1kW/m²である。これを太陽電池を使い発電すると，1m²当たり約100〔W〕となる。

[5-14] ロ．（大量の冷却水を必要とする）
　ガスタービン発電機の特徴は次のとおりである。よって，ロ．の表現が不適切である。
①燃焼のための空気量が多く大規模の吸排気装置が必要である。
②発電効率が低い。
③冷却水は必要としない。
④蒸気のもつ熱エネルギーをタービンにより，直接回転運動に変換するため，比較的振動が少ない。

[5-15] ニ．（発電系統に事故が発生した場合でも，配電系統との連携を継続する）
　発電設備の異常事故に対し，連携された系統へ悪影響が波及しないように，発電設備を直ちに系統から切り離す必要がある。よって，ニ．の表現が不適切である。

(5) 送配電回路

[5-16] ハ．（180.8 V）
　配電線路の電圧降下は，式(5・5)より，$e=I(R\cos\theta+X\sin\theta)$〔V〕である。題意より，負荷の効率$\cos\theta=0.8(80\%)$であるから，三角関数の公式（式(1・1)）により，負荷の無効率$\sin\theta$は，
$$\sin\theta=\sqrt{1-\cos^2\theta}=\sqrt{1-0.8^2}=0.6$$
となる。よって，
$$\begin{aligned}e&=I(R\cos\theta+X\sin\theta)\\&=10\times(2\times0.6\times0.8+2\times0.8\times0.6)\end{aligned}$$

［往復線路で1条の2倍となる］

$$\begin{aligned}&=10\times(0.96+0.96)\\&=19.2〔V〕\end{aligned}$$
したがって受電端電圧は，
$$V_R=\text{送電端電圧}-\text{電圧降下}=200-19.2$$
$$=180.8〔V〕$$

[5-17] ハ．（6 492 V）
　前問5-16と同様に式(5・5)を用いて配電線路の電圧降下e〔V〕を求める。負荷の効率$\cos\theta=0.8$であるから，負荷の無効率$\sin\theta=0.6$である。往復線路で1条の2倍となることに注意して数値を代入すると，
$$\begin{aligned}e&=I(R\cos\theta+X\sin\theta)\\&=100\times(2\times0.6\times0.8+2\times0.8\times0.6)\\&=192〔V〕\end{aligned}$$
したがって送電端電圧は，
$$\begin{aligned}V_S&=\text{受電端電圧}+\text{電圧降下}\\&=6\,300+192=6\,492〔V〕\end{aligned}$$

[5-18] ハ．（156A）
　解図31より，求める負荷Aと負荷Bとの合成電流Iは，
$$\begin{aligned}I&=\sqrt{(64+100\cos\theta_B)^2+(100\sin\theta_B)^2}\\&=\sqrt{(64+100\times0.8)^2+(100\times0.6)^2}\\&=\sqrt{144^2+60^2}=\sqrt{24\,336}=156〔A〕\end{aligned}$$
（$\sin\theta_B$については，三角関数の公式（式(1・1)）より求める）

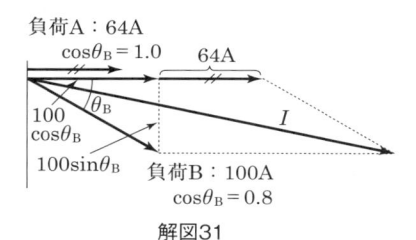

解図31

[5-19] ハ．（6 434 V）
　三相3線式回路の電圧降下は，式(5・8)より，$e_3=\sqrt{3}I(R\cos\theta+X\sin\theta)$〔V〕である。題意より$\cos\theta=0.8$なので，$\sin\theta=0.6$である。よって，
$$\begin{aligned}e_3&=\sqrt{3}I(R\cos\theta+X\sin\theta)\\&=\sqrt{3}\times100\times(0.6\times0.8+0.8\times0.6)\\&=\sqrt{3}\times100\times(0.48+0.48)≒166〔V〕\end{aligned}$$
したがって受電端電圧は，
$$\begin{aligned}V_R&=\text{送電端電圧}-\text{電圧降下}\\&=6\,600-166=6\,434〔V〕\end{aligned}$$

[5-20] ニ．（10 V，1.6kW）
　三相3線式回路の電力は，式(2・42)より，$P=\sqrt{3}VI\cos\theta$〔W〕である。この式を変形すると，$I=P/(\sqrt{3}V\cos\theta)$〔A〕となる。電圧降下の式(5・8)に代入すると，
$$\begin{aligned}e_3&=\sqrt{3}I(R\cos\theta+X\sin\theta)\\&=\sqrt{3}\times\frac{P}{\sqrt{3}V\cos\theta}\times(R\cos\theta+X\sin\theta)\\&=\sqrt{3}\times\frac{20\,000}{\sqrt{3}\times200\times0.8}\times(0.1\times0.8)\\&=\frac{2\,000}{200}=10〔V〕\end{aligned}$$
（題意より，リアクタンスXが0であるので，

$X\sin\theta$ は無視する）

次に線路損失 P_L は，式(5·9)より，
$$P_L = 3I^2R = 3\times\left(\frac{P}{\sqrt{3}\,V\cos\theta}\right)^2\times R$$
$$= 3\times\left(\frac{20\,000}{\sqrt{3}\times200\times0.8}\right)^2\times0.1$$
$$= 3\times\frac{400\,000\,000}{3\times40\,000\times0.64}\times0.1$$
$$= \frac{1\,000}{0.64} = 1\,563\,[W] \fallingdotseq 1.6\,[kW]$$

[5-21] ロ．(2.5A)

回路1より，変圧器2次側の皮相電力は，
$$VI = 100\times45 = 4\,500\,[VA]$$
回路2より，変圧器2次側の皮相電力は，
$$VI = 100\times120 = 12\,000\,[VA]$$
したがって2次側の皮相電力は，
$$4\,500+12\,000 = 16\,500\,[VA]$$

損失がないとすると，変圧器には，1次入力＝2次出力の関係が成り立つ。

したがって，$V_1I_1 = V_2I_2$ の関係から，
$$6\,600\,I_1 = 16\,500 \Rightarrow I_1 = 2.5\,[A]$$

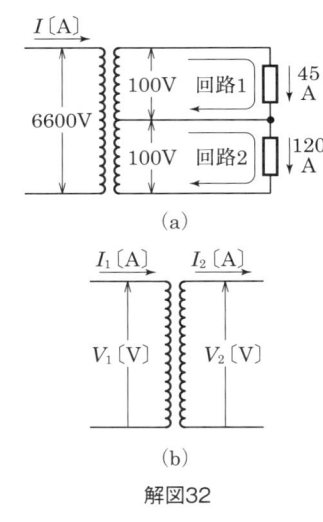

解図32

[5-22] ロ．(1.0A)

変圧器2次側に接続されている全負荷は，$2.3+2.3+2.0 = 6.6\,kW = 6\,600\,W$

負荷は抵抗のみであるから，$6\,600\,W = 6\,600\,VA$
変圧器の1次，2次，の関係，$V_1I_1 = V_2I_2$ から，
$$6\,600\,I_1 = 6\,600 \Rightarrow I_1 = 1.0\,[A]$$

(6) 単相3線式交流回路

[5-23] ニ．(54 W)

◆単相2線式回路において

2つの10Ωの並列負荷の合成抵抗は，$(10\times10)/(10+10) = 5\,\Omega$，回路全体の抵抗 R_1 は，線路抵抗を加え，$R_1 = 0.1+5+0.1 = 5.2\,\Omega$，回路電流 I_1 は，$I_1 = 100/5.2 \fallingdotseq 19.2\,A$，よって線路損失 P_1 は，$P_1 = 2I^2r_1 = 2\times19.2^2\times0.1 \fallingdotseq 73.7\,[W]$ である。

◆単相3線式回路において

2つの負荷抵抗は 10Ω と同じ大きさであるから，中性線に流れる電流は，同じ大きさで互いに逆向きのため，相殺されて流れない。このため，解図33(b)に示す回路と等価となる。回路全体の抵抗 R_3 は，$0.1+20+0.1 = 20.2\,\Omega$，回路電流 I_3 は，$I_3 = 200/20.2 \fallingdotseq 9.9\,A$，よって線路損失 P_3 は，$P_3 = 2I_3^2r_3 = 2\times9.9^2\times0.1 \fallingdotseq 19.6\,W$ である。線路損失の減少 P_1-P_2 は，
$$P_1-P_3 = 73.7-19.6 = 54.1\,[W]$$

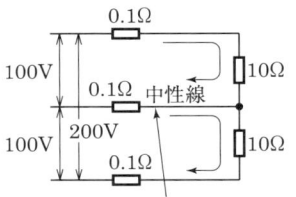

(a) 単相3線式回路図

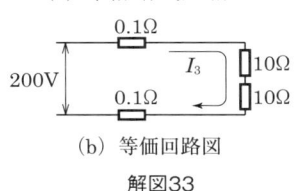

(b) 等価回路図

解図33

[5-24] イ．($V_1 = 101\,W$, $V_2 = 92\,W$)

受電端電圧 $V_1 =$ 送電端電圧 $- I_1\times$電線抵抗 $-(I_1-I_2)\times$電線抵抗

受電端電圧 $V_2 =$ 送電端電圧 $- I_2\times$電線抵抗 $-(I_2-I_1)\times$電線抵抗

$$V_1 = 100-20\times0.1-(20-50)\times0.1$$
$$= 100-20\times0.1+30\times0.1 = 101\,[V]$$
$$V_2 = 100-50\times0.1-(50-20)\times0.1$$
$$= 100-50\times0.1-30\times0.1 = 92\,[V]$$

中性線における電圧降下は，電流の流れる向きにより，符号が変わることに注意（電流の向きにより，電圧降下になるか，電圧上昇になる）。

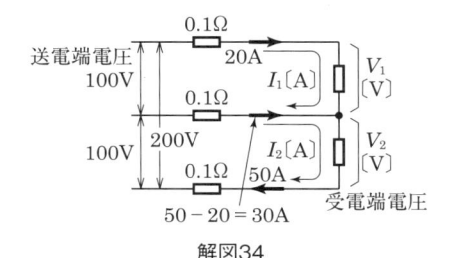

解図34

[5-25] ハ．(1倍)

スイッチaのみ閉じたとき，回路は単相2線式となる。いま，1kWの抵抗負荷が接続され，受電端電圧が100 Vであるから，回路を流れる電流を求めると，$P=VI$ より，

$$I=\frac{P}{V}=\frac{1\,000\text{ W}}{100\text{ V}}=10\text{[A]}$$

線路損失は，

$$P_1=2I^2r=2\times 10^2\times 0.1=20\text{[W]}$$

スイッチaとスイッチbの両方を閉じたとき，回路は単相3線式となる。2つの負荷の大きさは同じであるから，中性線に流れる電流は0[A]となる。線路損失は，

$$P_3=I^2r+I^2r=10^2\times 0.1+10^2\times 0.1=20\text{[W]}$$

したがって，

$$\frac{P_1}{P_3}=\frac{20}{20}=1\text{[倍]}$$

(このような問題の場合，どちらが分子で，どちらが分母になるか，取り違えないように十分注意する必要がある)

[5-26] ロ．

単相3線式回路の中性線には接地を施す。中性線にはヒューズなど(回路を遮断する装置)を入れてはならない。解図35の単相3線式回路が断線した場合，

$$1\text{kWの抵抗}R_1=\frac{V^2}{P_1}=\frac{100^2}{1\,000}=10\text{[Ω]}$$

$$2\text{kWの抵抗}R_2=\frac{V^2}{P_2}=\frac{100^2}{2\,000}=5\text{[Ω]}$$

直列合成抵抗 $R_0=10+5=15\text{[Ω]}$

回路電流 $I=\dfrac{200}{R_0+0.1\times 2}=\dfrac{200}{15+0.2}$

$$=\frac{200}{15.2}\text{[A]}$$

$$V_1=IR_1=\frac{200}{15.2}\times 10\fallingdotseq 132\text{[V]}$$

$$V_2=IR_2=\frac{200}{15.2}\times 5\fallingdotseq 66\text{[V]}$$

となり，抵抗の大きい1kWの負荷に過大な電圧がかかる。

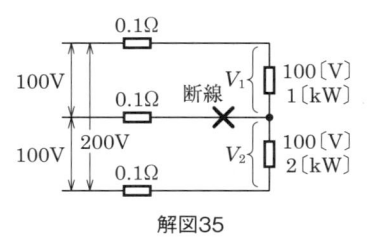

解図35

(7) 架空電線路

[5-27] ロ．(電線の張力N)

式(5·17)および図5·19を参照。電線のたるみは，電線の重量と(径間)^{2}に比例し，張力に反比例する。

[5-28] ニ．$\left(\dfrac{\sqrt{A^2+B^2}}{B}\times T\text{[N]}\right)$

式(5·19)および図5·20を参照。解図36より，

$$T=T_s\sin\theta$$

$$\sin\theta=\frac{B}{\sqrt{A^2+B^2}}$$

この2つの式より，

$$T=T_s\times\frac{B}{\sqrt{A^2+B^2}}$$

したがって，

$$T_s=\frac{\sqrt{A^2+B^2}}{B}\times T\text{[N]}$$

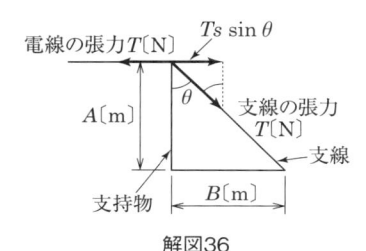

解図36

[5-29] ニ．(電圧の値)

5·6節(5)参照。支持物の強度計算の算出には，電線の張力や重量に関係し，電圧の値には直接関係しない。

[5-30] ロ．$\left(\dfrac{1}{2}倍\right)$

電線のたるみは式(5·17)より，

$$D=\frac{WS^2}{8T}\text{[m]}$$

である。この式を変形すると，

$$T=\frac{WS^2}{8D}\text{[kg]}$$

となり，分母のたるみDが2倍になると，張力Tは $\dfrac{1}{2}$ 倍になる。

[5-31] イ．(がいしにアークホーンを取り付ける)

アークホーンは，雷による災害対策として用いる。がいしにフラッシュオーバーを生じたとき，ホーン間で放電させてアーク熱によりがいしの破損を防ぐ装置である。この他の，雷対策として，架空地線や避雷器の設置などがある。架空地線は，雷雲による直撃雷や誘導雷から送配電線を保

護するため，電路の最上部に電路と平行して，設置された電線で，埋設地線により接地される。

ダンパは，微風による電線の振動防止のため，おもりを電線に取り付けるものである。

電線を太くすることは，コロナ放電防止策の1つである。高電圧が電線に加わると，導体表面に部分放電を生じ，電力損失や電波障害を生じるのでこれを防止する。

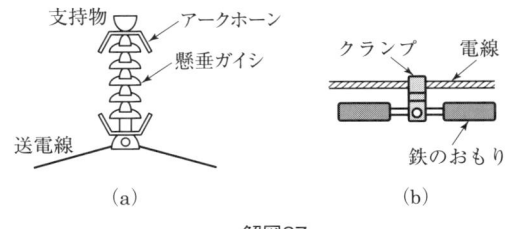

解図37

第6章

(1) 力率改善

[6-01] ハ．(37.5A)

〈解法①〉ベクトル図による方法

皮相電力は，式(2·35)より，$S_1 =$ 電圧 × 電流 $= 6000 \times 50 = 300\,000$ VA であるから，

$$\cos\theta_1 = \frac{有効電力P}{皮相電力S_1}$$

$P = S_1 \cos\theta_1$ [W]

$P = 300\,000 \times 0.6 = 180\,000$ [W]

力率改善後の皮相電力は $S_2 = P/\cos\theta_2$ より，

$$S_2 = \frac{180\,000}{0.8} = 225\,000 \text{ [VA]}$$

$S_2 = VI$

$$I = \frac{S_2}{V} = \frac{225\,000}{6000} = 37.5 \text{ [A]}$$

〈解法②〉計算式による方法

題意より，電力，電圧は一定であるから，式(2·33)より $P = \sqrt{3}VI_1\cos\theta_1 = \sqrt{3}VI_2\cos\theta_2$ が成り立つ。よって，

$\sqrt{3} \times 6000 \times 50 \times 0.6 = \sqrt{3} \times 6000 \times I_2 \times 0.8$

$$I_2 = \frac{\sqrt{3} \times 6000 \times 50 \times 0.6}{\sqrt{3} \times 6000 \times 0.8} = 37.5 \text{ [A]}$$

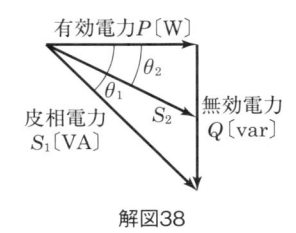

解図38

[6-02] ニ．(80%)

ベクトル図を使って解くと理解しやすい。ベクトル図より，

$S_2 = \sqrt{80^2 + 60^2} = 100$ [kVA]

$\cos\theta_2 = \dfrac{80}{100} = 0.8$ (80[%])

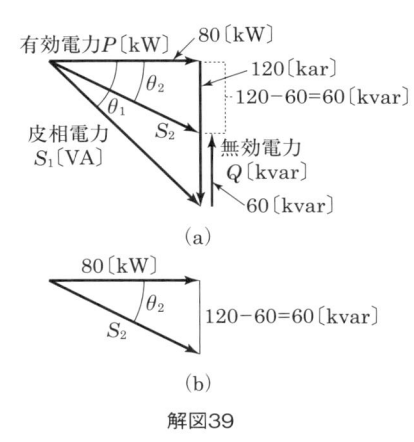

解図39

[6-03] イ．(0.56 倍)

式(2·33)の三相電力 $P = \sqrt{3}VI\cos\theta$ より，$I = P/(\sqrt{3}V\cos\theta)$ である。また，電力損失 $P_L = 3I^2R$ より，$P_L = 3\{P/(\sqrt{3}V\cos\theta)\}^2 R = (P/V\cos\theta)^2 R$ である。

力率改善前の線路損失 $P_{L1} = (P/0.6V)^2 R$，力率改善後の線路損失 $P_{L2} = (P/0.8V)^2 R$

したがって両者の比をとると，

$$\frac{P_{L2}}{P_{L1}} = \frac{\left(\dfrac{P}{0.8V}\right)^2 R}{\left(\dfrac{P}{0.6V}\right)^2 R} = \frac{0.6^2}{0.8^2} \fallingdotseq 0.56 \text{ [倍]}$$

[6-04] イ．(0.72kW)

三相電力 $P = \sqrt{3}VI\cos\theta$，電力損失 $P_L = 3I^2R$ の2つの式より線路損失を求めると，力率改善前の線路損失 $P_{L1} = (P/0.6V)^2 R$，力率改善後の線路損失 $P_{L2} = (P/1V)^2 R$

両者の比をとると，$P_{L1}/P_{L2} = (P/0.6V)^2 R / (P/1V)^2 R = 2000/X$

$1^2/0.6^2 = 2000/X$

$X = 2000 \times 0.6^2 = 720$ [W]

[6-05] ハ．(34.2kvar)

題意よりベクトル図において，

$P = 80\cos\theta_1 = 80 \times 0.6 = 48$ [kW]

$$Q = 48 \times (\tan\theta_1 - \tan\theta_2)$$
$$= 48 \times (\sin\theta_1/\cos\theta_1 - \tan\theta_2)$$
$$= 48 \times (0.8/0.6 - 0.62) \fallingdotseq 34.2 \text{[kvar]}$$

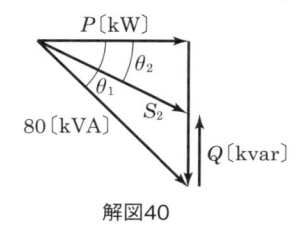

解図40

(2) 需要率・負荷率・不等率

[6-06] ハ．(125kW)
不等率＝各負荷の最大需要電力の和〔kW〕/統合した最大需要電力〔kW〕より，
　統合した最大需要電力 kW
　　＝各負荷の最大需要電力の和 kW/不等率
　　＝(100＋50)/1.2＝125〔kW〕

[6-07] イ．(160kW)
式(6・1)より，需要率＝(最大需要電力〔kW〕/設備容量〔kW〕)×100〔％〕なので，
　最大需要電力＝(設備容量×需要率)/100
また，式(6・2)より，負荷率＝(平均電力〔kW〕/最大需要電力〔kW〕)×100〔％〕なので，
　平均電力＝(最大需要電力×負荷率)/100
　　　＝設備容量×需要率×負荷率

「％」を小数に直し代入すると，100は計算式より，除外される。

　　　＝800×0.4×0.5＝160〔kW〕

[6-08] ハ．(66.7％)
式(6・2)より負荷率＝(平均電力〔kW〕/最大需要電力〔kW〕)×100〔％〕なので，図より値を代入すると，
　平均電力＝(100×8＋150×8＋50×8)/24
　　　　　＝100〔kW〕
また，図より最大需要電力＝150〔kW〕である。したがって，
　負荷率＝(100/150)×100≒66.7〔％〕

[6-09] ニ．(470kVA)
式(6・3)より不等率＝(各負荷の)最大需要電力の和〔kW〕/統合した最大需要電力〔kW〕なので，
　統合した最大需要電力
　　＝各負荷の最大需要電力の和/不等率
　　＝(100＋150＋200)/1.2＝375〔kW〕
三相電力は，P＝皮相電力($\sqrt{3}VI$)×力率($\cos\theta$)より，
　$\sqrt{3}VI = P/\cos\theta = 375/0.8 \fallingdotseq 470$〔kVA〕

[6-10] ロ．(25％)
式(6・2)より負荷率＝(平均電力〔kW〕/最大需要電力〔kW〕)×100〔％〕なので，
　平均電力＝108 000/(30×24)＝150〔kW〕
題意より，最大需要電力＝600〔kW〕である。したがって，
　負荷率＝(150/600)×100＝25〔％〕

[6-11] イ．(272kW)
式(6・1)より需要率＝(最大需要電力〔kW〕/設備容量〔kW〕)×100〔％〕なので，
　最大需要電力＝(設備容量×需要率)/100
したがって，各負荷の最大需要電力の和
＝200×0.8＋300×0.6＝340〔kW〕である。また，式(6・3)より不等率＝各負荷の最大需要電力の和〔kW〕/統合した最大需要電力〔kW〕なので，
　統合した最大需要電力
　　＝各負荷の最大需要電力の和/不等率
　　＝340/1.25＝272〔kW〕

(3) 短絡容量・短絡電流

[6-12] イ．($10^6/(\sqrt{3} \times \%Z \times 6.6)$〔A〕)
三相短絡容量 $P_S = \dfrac{10 \times 100}{\%Z}$〔MVA〕（送電容量 10〔MVA〕を基準にした場合。%Z：％インピーダンス）また，$P_S = \sqrt{3}VI_S$（V：線間電圧〔V〕，I_S：短絡電流〔A〕，P_S：三相短絡容量〔VA〕），上記の2式より題意に適合した計算を行うと，

〔VA〕
$$\dfrac{10 \times 10^6 \times 100}{\%Z} = \sqrt{3}VI_S$$

$$I_S = \dfrac{10 \times 10^6 \times 100}{\sqrt{3}\%ZV} = \dfrac{10^6}{\sqrt{3} \times \%Z \times 6.6}\text{〔A〕}$$

[6-13] イ．($(100\sqrt{3}VI)/\%Z$〔VA〕)
式(6・10)より三相短絡容量 $P_S = \sqrt{3}VI_S$〔VA〕である。また式(6・8)より，$\%Z = \dfrac{IZ}{V} \times 100$〔％〕⇒ $Z = \dfrac{\%ZV}{100I}$〔Ω〕である。さらに式(6・9)より $I_S = \dfrac{V}{Z}$〔A〕である。これら3つの式より，三相短絡容量 P_S は，
$$P_S = \sqrt{3}VI_S = \sqrt{3}V\dfrac{V}{Z}$$
$$= \sqrt{3}V\dfrac{V}{\dfrac{\%ZV}{100I}} = \dfrac{\sqrt{3}VV100I}{\%ZV}$$
$$= \dfrac{100\sqrt{3}VI}{\%Z}\text{〔VA〕}$$

(Z：インピーダンス〔Ω〕，I：定格電流〔A〕）

[6-14] ロ．（15kA）

三相短絡容量 $P_S = \dfrac{10 \times 100}{\%Z}$ 〔MVA〕$= \dfrac{10 \times 10^6 \times 100}{\%Z}$ 〔VA〕である．式(6・10)より $P_S = \sqrt{3}VI_S$〔VA〕なので，この 2 式より，

$$\dfrac{10 \times 10^6 \times 100}{\%Z} = \sqrt{3}VI_S$$

$$I_S = \dfrac{10 \times 10^6 \times 100}{\sqrt{3}V\%Z} = \dfrac{10 \times 10^6 \times 100}{\sqrt{3} \times 6\,600 \times 6}$$

$$= 14\,597\,[A] \fallingdotseq 15\,[kA]$$

[6-15] ニ．（160MVA）

式(6・10)より遮断容量（三相短絡容量） $P_S = \sqrt{3}VI_S$（V：定格電圧〔V〕，I_S：定格遮断電流〔A〕）なので，

$$P_S = \sqrt{3} \times 7\,200 \times 12\,500 \fallingdotseq 155.7 \times 10^6\,[VA] = 155.7\,[MVA]$$

※電圧，電流の値を代入する際，公称電圧や定格電流の値を誤って使わないように，注意することが肝要である．遮断容量の値は，直近上位を選び 160〔MVA〕となる．

[6-16] ハ．（8.0kA）

三相短絡容量 $P_S = \dfrac{10 \times 100}{\%Z}$ 〔MVA〕$= \dfrac{10 \times 10^6 \times 100}{\%Z}$ 〔VA〕である．式(6・10)より $P_S = \sqrt{3}VI_S$〔VA〕なので，この 2 式より，

$$\dfrac{10 \times 10^6 \times 100}{\%Z} = \sqrt{3}VI_S$$

$$I_S = \dfrac{10 \times 10^6 \times 100}{\sqrt{3}V\%Z} = \dfrac{10 \times 10^6 \times 100}{\sqrt{3} \times 6\,600 \times (8+4)}$$

$$= 7\,298\,[A] \fallingdotseq 7.3\,[kA]$$

> 直近上位の値を選び 8〔kA〕となる．

[6-17] ロ．（受電点での三相短絡電流値）

三相遮断容量は，$P_S = \sqrt{3}VI_S$ で表され，事故時での最も大きな電流は，短絡電流である．したがって，遮断器の遮断容量の決定は，三相短絡電流をもって行う．

第 7 章

(1) 低圧工事

[7-01] イ．（金属管工事・2 種金属製可とう電線管工事）

「金属管工事」，「2 種金属製可とう電線管工事」，「ケーブル工事」，「合成樹脂管工事」，「がいし引き工事（点検できない隠ぺい場所を除く）」については，特殊な場所を除く通常の全ての場所に適合できる工事法である．「金属線ぴ工事」，「ライティングダクト工事」，「金属ダクト工事」については，点検できない隠ぺい場所を除く，乾燥した場所にのみ使用が可能である（電技・解釈「屋内の施設」）．

[7-02] ニ．（配線用金属管と電動機とを金属製の可とう電線管で結んだ）

可燃性ガス，または，引火性物質の蒸気が滞留し，電気設備が点火源となり，爆発するおそれのある電動機の可とう性を必要とする箇所には，耐圧防爆，または，安全増防爆型のフレキシブルフィッチングを使用しなければならない．移動電線については，接続点のない，3 種，4 種のキャブタイヤケーブル類を使用することになる（電技・解釈「可燃性ガス等の存在する場所の低圧の施設」）．

[7-03] ハ．（絶縁電線相互の接続は，電気抵抗を 10％以上増加させない）

電線を接続する場合は，電線の電気抵抗を増加させないように接続する．また，電線の引張強さを 20％以上減少させない（電技・解釈「電線の接続法」）．

[7-04] イ．（圧着接続工具は，圧着完了前でもダイス部を開くことが可能である）

圧着接続工具は，圧着不良防止の観点から，確実に圧着がなされるまでは，自然に開かない構造となっている．

[7-05] イ．（乾燥した場所なので，漏電遮断器の敷設を省略した）

「ライティングダクト工事」を人が容易に触れるおそれのある場所に敷設する場合は，回路に地絡を生じた場合，自動的に電路を遮断する装置を施設しなければならない．ライティングダクトの支持点間の距離は，2 m 以下とし，ライティングダクトには，通常 D 種接地工事を施す．例外として対地電圧が，150 V 以下で，ダクト長が 4 m 以下の場合省略が可能となる（電技・解釈「ライティングダクト工事」）．

[7-06] ハ．（フロア内では，ビニル外装ケーブル以外の使用は不可）

使用電圧が300V以下の場合は，クロロプレン，ポリエチレンなどの外装ケーブルも使用が可能である。

[7-07] イ．

解図41に示すように，BとDの3路スイッチ間にCの4路スイッチを入れ3箇所で電灯Aを点滅させる。電源と電灯は，3路スイッチの0端子に直列に接続する。3路，4路スイッチ，電源と電灯との位置関係を確実に修得されたい。

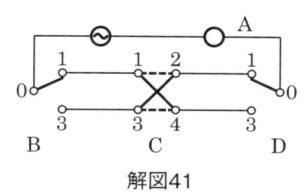

解図41

[7-08] ニ．（金属ダクト工事）

「金属ダクト工事」は，乾燥した展開した場所か，乾燥した点検できる隠ぺい場所にのみ施工できる工事法である。「金属管工事」，「合成樹脂管工事」，「ケーブル工事」については，通常の全ての場所での施工が可能な工事法である（電技・解釈「屋内の施設」）。

[7-09] ハ．（ユニバーサル）

イ．のインサートマーカは，フロアダクト工事に使用され，ジャンクションボックスから1番目，およびダクト終端に取り付ける。ロ．のストレートボックスコネクタは，可とう電線管工事に使用され，ボックスと可とう電線管とを接続する。ハ．のユニバーサルは金属管工事の露出配管屈曲部に使用される。ニ．のTSカップリングは，合成樹脂管相互の接続に使用される。

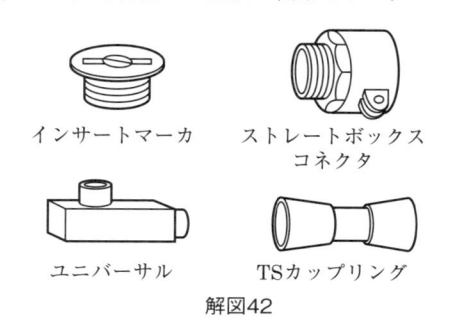

解図42

(2) 高圧工事

[7-10] ロ．（がいし引き工事）

高圧屋内配線に使用できる工事は，「ケーブル工事」と「がいし引き工事」（乾燥した，展開した場所に限る）の2種類である（電技・解釈「高圧屋内配線等の施設」）。

[7-11] ハ．（高圧絶縁電線を金属管に収め敷設）

高圧屋内配線の工事は，「ケーブル工事」と「がいし引き工事」（乾燥した，展開した場所のみ使用可能）の2種類である。したがって，高圧絶縁電線を金属管により敷設することは不可である（電技・解釈「高圧屋内配線等の施設」）。

[7-12] ハ．（高圧CVケーブルと低圧ケーブルを，同一ケーブルラックに10〔cm〕離して敷設した）

高圧CVケーブルは，高圧架橋ポリエチレン絶縁ビニルシースケーブルのことで，ケーブルを造営材の側面に沿って取り付ける場合，支持点間の距離は2m以下，垂直に取り付ける場合，6m以下とする。高圧屋内配線と他の高圧屋内配線，低圧屋内配線，弱電流電線などとの離隔距離は，15cm以上とする（電技・解釈「高圧屋内配線等の施設」）。

(3) 接地工事

[7-13] ハ．（変圧器の高圧側の1線地絡電流）

B種接地工事の抵抗値

$$R_B = \frac{150}{高圧電路の1線地絡電流地〔A〕}〔\Omega〕以下$$

変圧器の高低圧の混触により，低圧側の対地電圧が，150Vを超えた場合，2秒以内に自動的に電路を遮断する装置を有する場合，分子の150が300，1秒以内なら，150が600となる（電技・解釈「接地工事の種類」）。

[7-14] ハ．（C種接地工事）

低圧屋内配線の使用電圧が，300Vを超える場合，管にはC種接地工事を施す。ただし，人が触れるおそれがないように施設する場合は，D種接地工事によることができる（電技・解釈「金属管工事」）。

[7-15] ロ．（アルミ板）

接地極としては，銅板，銅棒，鉄管，鉄棒，銅覆鋼管などを用いる。

(4) その他の工事

[7-16] イ．（玉がいし，アンカー，亜鉛メッキ金属より線）

支線には，素線3条以上，素線直径2mm以上を使用する。アンカーは，支線を地中で引留めるためのものである。支持棒は，地表0.3mまで亜鉛メッキをした鉄棒を使用する。

解図43

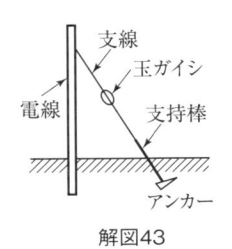

[7-17] イ．（22 mm² 以上，0.5 m 以下）
　ちょう架用線には，断面積 22 mm² 以上の亜鉛メッキ鉄より線を使用する。ハンガーは，0.5〔m〕以下とすることが電気設備技術基準・解釈に定められている。

第8章

（1）絶縁抵抗測定

[8-01] イ．（㋐-L，㋑-G，㋒-E）
　心線にライン端子，遮へい銅テープにアース端子を接続し，絶縁抵抗を測定するが，絶縁体表面の漏えい電流による測定誤差を防ぐため，漏えい電流部へ裸銅線を巻き付けガード端子に接続することにより補正する。

[8-02] ロ．（②）
　絶縁抵抗の有効測定範囲は次式で示される。
　　絶縁抵抗の有効測定範囲
　　＝（第1有効測定範囲）＋（第2有効測定範囲）
　この関係式中，第1有効測定範囲：最大有効目盛り（2 000）の $\frac{1}{1\,000} \sim \frac{1}{2}$ である。
　したがって，2〔MΩ〕～1 000〔MΩ〕となる。
　第2有効測定範囲：第1有効測定範囲を超え，0に近い表示値～有効最大表示値。
　したがって，1〔MΩ〕～2〔MΩ〕，1 000〔MΩ〕～2 000〔MΩ〕となる。
　有効測定範囲は両者の和をとり，1〔MΩ〕～2 000〔MΩ〕となる。

[8-03] ハ．（測定許容値：第1有効測定範囲は，指示値の±10％，第2有効測定範囲は，±5％となっている）
　第1有効測定範囲は，指示値の±5％，第2有効測定範囲は，指示値の±10％で，解答とは逆になる（第1有効測定範囲の方が，より精度が要求されるので許容範囲が狭いと捉えると理解しやすい）。

[8-04] ハ．（G 開放，L，E を短絡し，スイッチ ON）
　ライン端子とアース端子を短絡すると，指針はゼロを指すが，必要に応じて補正を行う。

[8-05] ロ．（0.2 MΩ 以上）

解表2

電路の使用電圧		絶縁抵抗値
300〔V〕以下の電圧	対地電圧 150〔V〕以下	0.1〔MΩ〕以上
	対地電圧 150〔V〕を超える	0.2〔MΩ〕以上
300〔V〕を超える電圧		0.4〔MΩ〕以上

　三相3線式電路であるから，使用電圧，対地電圧共に200〔V〕となる。したがって，電技・解釈により，解表2に示す0.2〔MΩ〕となる。

（2）接地抵抗測定

[8-06] ロ．（E-③，P-②，C-① 10〔m〕以上）
　解図44に接地抵抗計の原理図を示す。各端子記号の意味は E：接地極，P：補助棒（電圧端子），C：補助棒（電流端子）。接地極と各接地棒間は，電圧降下による誤差を避けるため，10 m以上の離隔距離を必要とする。

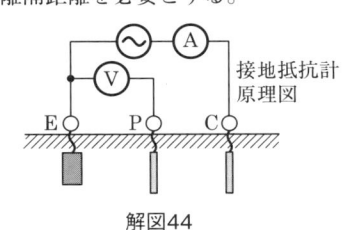

解図44

（3）絶縁耐力試験

[8-07] ロ．（9 000 V，連続して10分間）
　試験電圧は最大使用電圧が 7 000 V 以下の場合，最大使用電圧×1.5の関係より，最大使用電圧×1.5＝6 000×1.5＝9 000 V となり，9 000 V の交流電圧を連続して，10分間印加することが正答となる。

[8-08] ニ．
　最大使用電圧が6 600 Vであるから，試験電圧

は，試験電圧 ＝ 6 900×1.5＝10 350 V となる。試験用変圧器1台の1次側電圧（高圧側）は 6 600 V（2次側電圧（低圧側）は 100 V）であるから，試験電圧 10 350 V を1台の単相変圧器で得ることはできない。したがって，解図45のように，低圧側を並列，高圧側を直列接続とする（図中，抵抗と電流計が電圧より電源側に接続されていることに要注意。電圧計と変圧器の間に接続すると，電圧の指示値が，抵抗による電圧降下のため，不正確な値となる）。

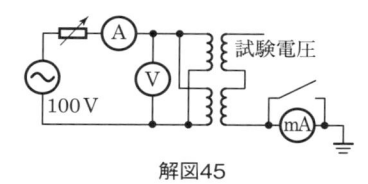

解図45

[8-09] イ．（試験電圧を数回に分け合計 10 分間印加した）

絶縁耐力試験は，規定の電圧を連続して 10 分間印加する必要がある。

[8-10] ニ．（20 700 V）

直流による絶縁耐力試験では，試験電圧 ＝ 最大使用電圧 ×3 倍であるから，
　　試験電圧 ＝ 6 900×3＝20 700 V となる。

[8-11] イ．

高圧ケーブルの劣化状態をみるには，直流を通電し測定時間（通電時間）と漏れ電流の関係から判断する。ケーブルの静電容量により，充電電流が流れるため，正常状態では，解図46 に示す曲線となる

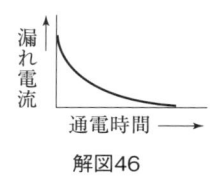

解図46

(4) 過電流継電器試験

[8-12] ロ．

保護協調は，波及事故の発生を防止するため，配電用変電所の保護装置と，自家用高圧受電設備の保護装置との間で，動作時間，動作電流などを協調させる。保護協調には，①過電流保護協調，②地絡保護協調，③絶縁保護協調などがある。解答図ロ．では，配電用変電所の保護装置より，自家用高圧受電設備の保護装置の方が早く動作しており，事故の波及が，電源側の他の需要家へ拡大するのを防止している。保護装置の特性曲線が交差することはない。

[8-13] ニ．（電力計）

過電流継電器の限時特性試験は，解図47 の回路により，動作電流整定値 300，700〔％〕の電流を流し，過電流継電器の動作時間を測定する。図より電力計は不要となる。

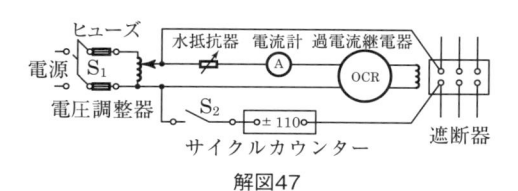

解図47

(5) 地絡継電器試験

[8-14] ハ．（300，500％等の整定電流値に対する動作時間を測定し，反限時特性を確認する）

動作時間試験は，感度電流整定タップ値の 130，400％の試験電流を急激に流し，これに対する，地絡継電器の動作から遮断までの時間を測定する。

[8-15] ロ．（ZCT の負荷側電路の対地静電容量が大きいとき）

ZCT の負荷側の電路のこう長が長いと，電路の対地静電容量が大きくなり，地絡事故時に電流の一部が，静電容量を通じて流れ，ZCT と連動して，継電器を不必要に動作させてしまうことになる。

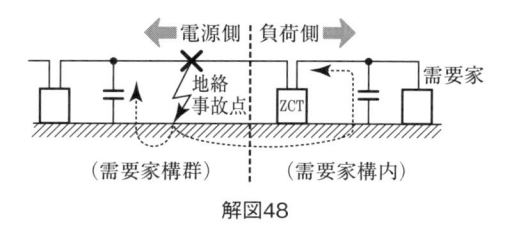

解図48

(6) 点検・検査

[8-16] イ．（真空度試験）

真空度試験は，真空遮断器などに行う試験で，変圧器の劣化状態の判断には直接関係しない。

[8-17] イ．（変圧器の温度上昇試験）

受電設備の竣工検査には，外観検査，導通試験，絶縁抵抗測定，接地抵抗測定，絶縁耐力試験，保護継電器試験（過電流・地絡継電器），シーケンス動作試験などがある。

[8-18] ハ．（遮断器の短絡遮断試験）

ここでの遮断器の短絡遮断試験は単独で実施するもので，一般に竣工検査で実施する，継電器と遮断器との連動試験とは異にする。

[8-19] ロ．（測定前に機器の接地を全てはずす）

電路と対地間の絶縁抵抗を測定するには，接地したまま負荷は使用状態にし（点滅器は閉じておく），また，線路は一括して測定する。

[8-20] ロ．（検相器）

高圧受電設備の定期点検には，接地抵抗測定，絶縁抵抗測定，保護継電器動作試験，遮断器動作試験，高圧機器の点検などがあるが，定期点検に当たっては，運転を休止して行うので，付随して適切な器具が必要となる。短絡接地用具は停電作業を行う際，誤って通電された場合の死傷事故防止である。検相器については，三相交流の相順判定に使用されるもので，電動機，継電器などの設置や増設，改修工事時には必要とするが，ここでは直接には関係しない。

第9章

（1）高圧受電設備（単線結線図）

[9-01] ニ．（計器用変圧変流器）

高圧の電圧，電流を低圧に変成（2次側の電圧：110V，電流：5A）して，電力量計に接続する。

[9-02] ニ．（2.6mm）

高圧機器の金属製外箱の接地工事は，A種接地工事であるから，接地線の太さは，直径2.6mm以上の軟銅線を使用する。

[9-03] イ．（電源表示）

電源の表示や，機器の動作表示などに使用される。

[9-04] ニ．（計器用変圧器，110V）

図記号は，計器用変圧器である。高圧を低圧に変成，2次側の電圧を110〔V〕にし，電圧計や電力計などの指示計器を接続するのに使用される。1次側には，限流ヒューズ2個を設置し，内部の短絡事故時に，他への事故波及を防止する。

[9-05] ロ．（電圧計）

適応機器は，電圧計である。⊕記号は，電圧計用切換開閉器であるから，この先に接続されるのは，電圧計であることがわかる。電流切り換え開閉器と間違わないようにしたい。

[9-06] イ．

適応機器は，過電流継電器であるので，図記号は，イ．となる。過電流継電器の周辺をみると，引外しコイルと変流器があるので，過電流継電器であることがわかる。

$\boxed{U>}$ は，過電圧継電器，$\boxed{I\overset{.}{=}>}$ は，地絡継電器である。

[9-07] ロ．（10Ω）

接地工事を行う機器は，図記号から避雷器であるから，A種接地工事である。したがって10Ω以下となる（参考，D種：100〔Ω〕以下，C種：10〔Ω〕以下，B種：150/I（変圧器高圧側の1線地絡電流）〔Ω〕以下）。

[9-08] ハ．（300kVA）

変圧器の高圧側に設置されている開閉器は，図記号より，高圧カットアウトであるから，電技・解釈より，この開閉保護装置に接続できる機器容量は，変圧器：300kVA以下，コンデンサ：50kvar以下である。

[9-09] ロ．（直列リアクトル）

図記号は，直列リアクトルである。高圧進相コンデンサに直列に接続し，コンデンサ投入時での突入電流の軽減，高圧波形の歪みの軽減（第5波長）などに使用される。

[9-10] ハ．

図記号の変圧器は，Y－Δ接続を示しているから，1次側Y，2次側Δ接続になっている結線図を選べばよい。したがって，ハ．を選べばよい（Y結線，Δ結線，V結線の接続を修得することが重要）。

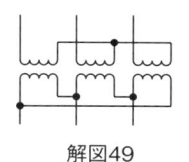

解図49

（2）高圧受電設備（複線結線図）

[9-11] ハ．

地絡継電器に接続される機器は，引外しコイルと零相変流器であるから，零相変流器の図記号は，ハ．となる。

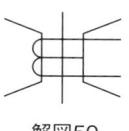

解図50

[9-12] イ．

該当機器は，避雷器であるから，図記号は，イ．となる。ハ．は，電力ヒューズ，ニ．は，遮断器である。

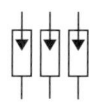

解図51

[9-13] ニ．
　該当機器は，計器用変圧器であるから，図記号は，ニ．となる2台の変圧器をV結線して使用するが，1次側（高圧側）にはヒューズを入れ，事故時に1次側への事故波及を防止する．

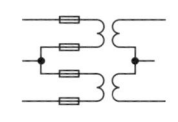

解図52

[9-14] ニ．（電圧計用切換開閉器）
　図記号は，電圧計用切換開閉器である．三相間の電圧を1台の電圧計で切換により測定する．電流計用切換開閉器との違いを確認しておくとよい．

[9-15] ニ．（D種接地工事）
　変流器の2次側電路には，D種接地工事を施す（計器用変圧器も同様である）．

[9-16] ロ．（断路器）
　図記号は，断路器である．機器の点検などの際，無負荷状態で回路を開放するもので，負荷状態ではアークを生じ，開路することはできない（遮断器により負荷電流を遮断し，その後，断路器により開路する）．

[9-17] ハ．（コンデンサ開放時の残留電荷の放電）
　コンデンサの残留電荷の放電は，コンデンサ回路と並列に入れた，放電抵抗により行う．図記号は直列リアクトルである．

[9-18] ロ．
　高圧進相コンデンサ容量が200kvarであるので，高圧カットアウトは，使用不可（50kvar以下の開閉保護装置として使用）．ここでは，高圧限流ヒューズ付高圧交流負荷開閉器を使用するので，ロ．が正解となる．

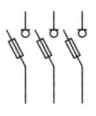

解図53

[9-19] ロ．（残留電荷の放電）
　図記号は放電抵抗で，コンデンサ開路時に残留電荷を放電する機能を有する．

[9-20] ニ．（2.6mm）
　高圧（または，特別高圧）電路に接続される，変圧器の低圧側の中性点には，B種接地工事を施す．（電技・解釈）接地線には，太さ2.6mm以上の軟銅線を使用し，接地抵抗値は$150/I$（変圧器高圧側の1線地絡電流）Ω以下にする．

（3）不足電圧継電器・地絡方向継電器・零相蓄電器などを含む単線結線図

[9-21] ニ．（地絡事故時に高圧交流負荷開閉器を遮断する）
　図記号は，地絡方向継電器である．地絡事故時に一定方向の地絡電流のみに動作する継電器で，需要家構内のこう長が長いと，対地静電容量が増加し，構外での地絡事故電流が，静電容量を介し，構内の地絡継電器を動作させることを防止する．

[9-22] ニ．（受電側の地絡事故を検出し，高圧負荷開閉器を遮断）
　図は地絡継電装置付高圧交流負荷開閉器（GR付PAS）である．通常高圧需要家と電力会社との責任分界点に設置される．

[9-23] イ．（ストレスコーンにより電界の集中の緩和）
　図記号は，ケーブルヘッドで，高圧ケーブルの端末処理部のことを言う．ケーブルの端末部には，通常切断により，電界の不均衡を生じ，絶縁の劣化・破壊を起こすこととなる．このため，円すい形のストレスコーンを設け，電界の集中緩和を図る．

[9-24] ロ．（零相電流の検出）
　図記号は，零相変流器である．地絡電流を検出するもので，地絡継電器と連動して，遮断器を動作させ，回路を遮断する．

[9-25] ロ．（変流器）
　図記号は，変流器である．高圧電路の電流を低圧用に変成し，電流計や，電力量計などを動作させるもので，低圧の2次側は5Aに設定されている．通電中に変流器2次側を開放すると，高電圧が誘起し危険なので，接続機器の交換は短絡して行う．

[9-26] イ．（A種接地工事）
　高圧（特別高圧）機器の金属製外箱には，A種接地工事を施す（電技・解釈）．

[9-27] ロ．（負荷電流の遮断は不可）
　図記号は，断路器である．無負荷状態での回路の開閉を行うもので，負荷状態での開閉はできない．負荷電流時の遮断は，遮断器により行う．

[9-28] ロ．（不足電圧継電器）
　図記号は，不足電圧継電器である．計器用変圧

器の2次側に接続され，電路の電圧が，整定値以下になると，遮断器を動作させ，回路を遮断する。

[9-29] ロ．（零相電圧の検出）

図は，零相蓄電器である。地絡方向継電器を動作させるため，零相電圧の検出に用いる。

[9-30] ロ．（遮断器の自動遮断）

図記号は，引外しコイルである。継電器と連動して，遮断器を自動遮断する。

(4) 高圧受電設備平面図（施工方法を含む）

[9-31] ニ．（LBSにする）

解表3 変圧器一次側の開閉装置と使用適応電圧

変圧器の容量	PC（高圧カットアウト）	CB（遮断器）	LBS（高圧交流負荷開閉器）
300kVAを超える	使用不可	使用可	使用可
300kVA以下	使用可	使用可	使用可

PCは，300kVA以下の容量の変圧器に使用するもので，500kVAに変更した場合，LBSとなる。

[9-32] ニ．（高圧電路の1線地絡電流が5Aであったので，30Ωの接地抵抗値とした）

高圧電路に接続される変圧器の2次側の中性点には，B種接地工事を施す。したがって，この接地抵抗値は $150/I=150/5=30\Omega$ となり，ニ．が正解である。接地線の太さは，2.6mm以上の軟銅線を使用する。

[9-33] ロ．（高圧電路の遅れ無効電流の減少）

変圧器に高圧進相用コンデンサを並列に接続することで，コンデンサの進み無効電流と，回路の遅れ無効電流とが180°の位相差により，互いに相殺され，力率の改善が図られる。

[9-34] ロ．（測定電圧が500V用の絶縁抵抗計を使用した）

受電電圧が，6kVのCVTケーブルであるので，絶縁抵抗測定には，測定電圧が1000V用の絶縁抵抗計を使用する。500Vは，低圧用として使用される。

[9-35] ニ．（パイプフレームには電気用品安全法の適用を受ける金属製電線管の使用が必要である）

パイプフレームに使用する金属管については，必ずしも電気用品安全法の適用を受けたものでなくてもよい。

[9-36] ハ．（直接埋設式により，地表50cmの深さに埋設した）

地中電線路を直接埋設式にする場合，重量のかからない場所については，0.6m以上，重量のかかるおそれのある場所は，1.2m以上の深さに埋設しなければならない。管路式とする場合は，埋設深さの規定は特にないが，一般には0.3m以上とする。

[9-37] イ．（雷などの過電圧を放電し，機器等の絶縁を保護する）

図記号は，避雷器である。雷などの異常電圧を大地に放電することにより，設置機器の絶縁破壊を防止する。

[9-38] ロ．（CTの2次側に，定格電流5Aのヒューズを使用する）

変流器CTの2次側は，絶対に開放してはならない。開放すると，2次側に高電圧が発生し危険であり，変流器の損傷にもつながる。したがって，溶断開放のおそれのあるヒューズは使用しない。

[9-39] イ．（高圧電路のVTの定格2次電圧は210Vである）

高圧電路に接続される，計器用変圧器の2次電圧は，110〔V〕である。変圧器の2次側は短絡してはならない（大きな短絡電流が流れ，機器の損傷をまねく）。

[9-40] ニ．（ちょう架用線に 14mm^2 の亜鉛メッキ鉄より線を使用した）

ちょう架用線には，断面積が 22mm^2 以上の亜鉛メッキ鉄より線を使用し，ハンガー間隔は，50cm以下とする。また，金属部分には，D種接地工事を施す。

(5) シーケンス制御回路（三相誘導電動機の運転・停止回路）

[9-41] ロ．（電磁接触器）

電磁接触器のa接点で，コイルに流入する電流の電磁力により，接点を開閉する。比較的電流容量の大きい負荷回路に使用される。

[9-42] ニ．（自動動作で手動復帰）

熱動継電器のb接点で，電動機の過負荷保護装置などに使用される。継続過電流により，接点が開き電動機が停止する。復帰ボタンにより接点は閉じる。

[9-43] ハ．（表示灯）

表示灯を示す図記号である。コイルMCが励磁されない間は，b接点MCは閉の状態にあり，表示灯は点灯，電動機の停止状態を示す。

[9-44] イ．（押すと開き，自動復帰）

図記号は，押しボタンスイッチのb接点で，

手を離すと自動復帰する。

[9-45]　ロ．（自己保持形成接点）

　押しボタンスイッチPB_2を押すとコイルMCが励磁され，MCのa接点が閉じ，押しボタンスイッチを含む回路と並列となる。押しボタンスイッチの手を離しても，この回路を通し電流が流れるため，コイルMCは励磁され続ける。これを自己保持回路という。

(6) シーケンス制御回路（三相誘導電動機のY－Δ始動回路）

[9-46]　ニ．（限時動作）

　Y－Δ始動回路において，押しボタンスイッチPB_2を押すことにより，コイルMC_Yが励磁され，電動機はY結線で始動，限時動作により制定時間後に，TLRのb接点が開き，a接点が閉じる。コイル$MC_Δ$が励磁され，電動機はΔ結線で始動する。

[9-47]　ニ．（自動動作自動復帰形接点）

　コイルMCに励磁電流が流入することにより，電磁接触器のa接点MCは閉じる。電流をOFFにすると自動的に開放状態になる。

[9-48]　ロ．（YかΔで運転中）

　表示灯L_2が点灯するためには，a接点MC_Yか，$MC_Δ$が閉じていることが必要である。したがって，YかΔで運転中点灯することになる。

[9-49]　ロ．（OR回路）

　a接点MC_Yとa接点$MC_Δ$が並列状態にあり，いずれかの接点が閉じることにより，表示灯L_2は点灯するのでOR回路である。

[9-50]　ハ．（電動機の停止）

　押しボタンスイッチPB_1接点を押すことにより，コイルMCの励磁が解かれ，電磁接触器MCのa接点が開き，電動機は停止する。

(7) シーケンス制御回路（三相誘導電動機の正転・逆転回路）

[9-51]　イ．（配線用遮断器）

　図記号は配線用遮断器のa接点で，手動により電路の開閉を行い，過電流，短絡電流を遮断する。

[9-52]　ロ．（熱動継電器接点）

　図記号は熱動継電器のb接点で，過電流の発熱により，接点の開閉を行うもので，過負荷保護装置として用いる。復帰は復帰ボタンにより行う。

[9-53]　ハ．（ヒューズ）

　図記号はヒューズを示すもので，制御回路の保護用として使用される。

[9-54]　ロ．（インタロック回路の形成）

　コイルMCFが励磁され，電磁接触器MCF（正回転）が閉じ，運転状態にあるとき，押しボタンスイッチPB_3を押し，コイルMCRを励磁して，電磁接触器MCR（逆回転）を閉じ，逆回転させようとしても，b接点のMCFが開いているため，コイルMCRを励磁することができず，正回転中に誤って逆回転用の押しボタンスイッチを押しても，逆回転することはない。これをインタロック回路という。

[9-55]　ハ．（停止状態）

　表示灯L_1が点灯するのは，b接点MCF，MCRが閉じているときで，電動機が運転状態（正回転，または逆回転）では，b接点は開となり，L_1は点灯しない。

第10章

(1) 電気事業法・電気工事士法等

[10-01]　ハ．（5年）

　登録の有効期間は5年となっている。

[10-02]　ハ．（6.6kV，400kWの受電設備）

　第一種電気工事士が，電気工事の作業に従事できる自家用電気工作物は，最大電力が，500kW未満の需要設備（発電所，変電所，送電線路などは自家用電気工作物などから除外）であるのでこれに該当する項目は，ハとなる。

[10-03]　ニ．（停電復旧作業中の墜落死傷事故）

　事故報告の種類には，感電死傷事故，電気火災事故，電気工作物の（損傷・欠陥・破壊・操作による死傷事故）・他への著しい損壊事故，放射線事故などがある。いずれも速報については，事故の発生を知ったときから48時間以内，詳報は，事故の発生を知った日から起算して30日以内である。

　また，自家用電気工作物（受電電圧3 000V以上）が，故障，損傷，破壊などにより，一般電気事業者（電力会社）に供給支障事故を発生させた事故についても，速報は，48時間以内，詳報は，30日以内に，所轄産業保安監督部長へ報告する。

[10-04]　ハ．（周波計）

　一般用電気工事の業務を扱う営業所においては，接地抵抗計，絶縁抵抗計，回路計の器具を備

えることになっている。

[10-05] ロ．（電気機器の端子に電線をネジ止めする）

第一種電気工事士の作業範囲は，自家用電気工作物の高圧で受電する，500kW 未満の需要設備などで，認定電気工事従事者は，このうち，電圧 600 V 以下の簡易な電気設備工事についての作業範囲となっている（正答の選定に当たっての一つの目安として，工事を行う際，法規的な制約があるか否かを判断基準とするとよい）。

[10-06] ロ．（第一種電気工事士免状の交付者）

主任電気工事士資格者は，第一種電気工事士，または第二種電気工事士免状の交付後電気工事に関し，3年の実務経験を有する者であること。

[10-07] ハ．（500kW 未満の自家用電気工作物の非常用発電装置の工事作業に従事できる）

非常用発電装置の工事については，専門的知識・技能を要するため，経済産業大臣の認定を受けた特種電気工事資格者でなければならない。

[10-08] イ．（営業所ごとに電気主任技術者の選任が必要である）

営業所ごとに，電気工事の作業管理のため，主任電気工事士を置く（電気主任技術者ではない）。

[10-09] ニ．（電気主任技術者選任の届出・保安規程の届出）

工事開始 30 日前に，工事計画の事前届出が必要なのは，受電電圧 10 kV 以上，または，電力 1 000kW 以上の需要設備である。問題は，受電電圧 6.6 kV，電力 500kW であるので，「工事計画届出」のない組合せが正答となる（一般的に自家用電気工作物においては，保安規程，主任技術者の事前の届出が必要となる）。

[10-10] ニ．（出力 15kW の太陽電池発電設備）

一般用電気工作物の適用を受けるのは，600 V 以下の下記の小発電設備である。
・出力 10kW 未満の水力発電設備
・出力 20kW 未満の風力発電設備
・出力 10kW 未満の内燃力発電設備
・出力 20kW 未満の太陽電池発電設備
・出力 10kW 未満の燃料電池発電設備

[10-11] イ．（速報：48 時間，詳報：30 日以内）

自家用電気工作物の設置者は，感電死傷事故について，速報については，事故の発生を知ったときから 48 時間以内，詳報については，事故の発生を知った日から起算して 30 日以内に，所轄産業保安監督部長へ事故報告を行わなければならない。

[10-12] イ．（300kW の需要設備において，6.6kV の変圧器に電線を接続する作業）

第一種電気工事士は，500kW 未満の需要設備（発電所，変電所，送電線路等は自家用電気工作物などから除外）の作業に従事できる。したがってこれに該当するのはイ．である。

(2) 電気用品安全法

[10-13] ハ．（定格電流 50A の開閉器）

イ．の電力量計は電気用品安全法の適用外，ロ．の単相電動機とニ．の冷蔵庫は，特定電気用品以外の電気用品である。

索　引

■英数字

1種金属可とう電線管工事 …96
2種金属可とう電線管工事 …96
2種クロロプレンキャブタイヤ
　ケーブル……………………109
3種クロロプレンキャブタイヤ
　ケーブル……………………109
3波長形蛍光ランプ ……………33
4種クロロプレンキャブタイヤ
　ケーブル……………………109
AND 回路………………………141
A 種接地工事……………………95
B 種接地工事……………………95
CT ………………………………86
CV ………………………………109
CVT ケーブル…………………108
CV ケーブル……………………108
C 種接地工事……………………95
DGR ……………………………91
D 種接地工事……………………95
GR ………………………………90
Hf 蛍光ランプ…………………33
IV ………………………………109
KIC ……………………………109
KIP ……………………………109
MI ケーブル……………………109
NAND 回路……………………141
NOR 回路………………………141
NOT 回路………………………141
OC ………………………………108
OCR ……………………………89
OE ………………………………108
OR 回路…………………………141
PDC ……………………………108
PDP ……………………………108
R-L-C 直列回路…………………17
R-L-C 並列回路…………………18
UVR ……………………………91
VT ………………………………86
VVF ……………………………109
VVR ……………………………109
V-V 結線…………………………47
V 曲線……………………………56
Y-Y 結線…………………………47
Y-Δ 始動法………………………53
Y 結線……………………………20
ZCT ……………………………90
Δ-Δ 結線…………………………46
Δ 結線……………………………19
％インピーダンス………………51

■あ行

アークホーン……………………72
アーステスタ…………………118
アルカリ蓄電池…………………38
アンペアの右ネジの法則………24

位相特性曲線……………………56
一般用電気工作物………………157
インターロック回路…………140
インダクタンス回路……………16
インピーダンス……………17, 18
インピーダンス電圧……………51
インピーダンスワット…………51

うず電流損………………………48

オームの法則……………………8

■か行

ガード端子……………………118
がいし引き工事…………………96
回転速度…………………………52
架空ケーブル…………………105
架空地線…………………………72
架空電線路………………………71
架空電線………………………101
かご形誘導電動機…………36, 53
ガスタービン発電………………65
過電流継電器……………………89
過電流継電器試験……………122
過電流保護協調…………………87
火力発電…………………………62

極性試験…………………………50
汽力発電…………………………62
キルヒホッフの法則……………9
金属管工事………………………96
金属線ぴ工事……………………96
金属ダクト工事…………………96

計器用変圧器……………………86
計器用変流器……………………86
ケーブル工事……………………96
ケーブルヘッド…………………107
ケーブル埋設標識シート……106

高圧屋内配線工事……………100
高圧架空電線…………………101
高圧引込み電線………………101
高圧用ケーブル………………108
高圧用電線……………………108
光源………………………………33
工事計画の事前届出…………158
合成樹脂管工事…………………96
合成樹脂線ぴ工事………………96
合成静電容量……………………22
光束………………………………33
光度………………………………33
コージェネレーションシステム
　…………………………………65
弧度法……………………………3
コロナ放電………………………72
コンセント……………………110

コンバインドサイクルシステム …………………………………65

■さ行
再生サイクル………………………63
再生再熱サイクル…………………63
最大値………………………………15
再熱サイクル………………………63
サイリスタ…………………………40
三角関数……………………………1
三角結線……………………………19
三相交流回路………………………19
三相全波整流………………………39
三相誘導電動機……………………36
三平方の定理………………………3

シーケンス制御…………………138
自家用電気工作物………………157
時限協調……………………………88
時限整定レバー……………………90
事故報告…………………………158
自己保持回路……………………140
指数法則……………………………2
支線………………………………105
支線の張力…………………………72
実効値………………………………15
始動補償器始動法…………………53
周期…………………………………16
周波数………………………………16
ジュールの法則……………………36
需要率………………………………79
竣工検査…………………………115
瞬時値………………………………15
照度…………………………………33
照明設計……………………………34
進相コンデンサ……………………81

水力発電……………………………61
すべり………………………………52

正弦波交流…………………………15
静電エネルギー……………………23
静電容量回路………………………17
整流回路……………………………38

絶縁協調……………………………88
絶縁材料……………………………57
絶縁耐力試験……………………120
絶縁抵抗計………………………115
絶縁抵抗値………………………116
接地工事……………………………95
接地抵抗…………………………118
接地抵抗測定……………………118
セルラダクト工事…………………96
全電圧始動法………………………53
線路損失……………………………67

■た行
第一種電気工事士………………160
第二種電気工事士………………160
太陽電池……………………………66
タップ電圧…………………………45
単相交流回路………………………16
単相整流子電動機…………………37
単相全波整流………………………39
単相半波整流………………………39
単相誘導電動機……………………36
ダンパ………………………………72
単巻変圧器…………………………51
短絡電流……………………………84
短絡容量……………………………84

蓄電池………………………………37
地中電線路………………………106
直流電動機……………………36,54
直列回路（抵抗の）………………8
直列抵抗器…………………………14
地絡継電器…………………………90
地絡継電器試験…………………124
地絡電流協調………………………88
地絡方向継電器……………………91
地絡保護協調………………………88

月負荷率……………………………79

低圧屋内配線工事…………………96
低圧架空電線……………………101
低圧引込み電線…………………101
低圧用ケーブル…………………109

低圧用電線………………………109
ディーゼル発電……………………63
定期検査…………………………115
抵抗回路……………………………16
抵抗率………………………………12
鉄損…………………………………48
デマンドコントローラ……………65
電圧降下………………………66,67
電圧変動率…………………………67
電気角………………………………15
電気工事士法……………………160
電気事業法………………………157
電気事業用電気工作物…………157
電気用品安全法…………………162
電線に加わる荷重…………………71
電線のたるみ………………………71
電流整定タップ……………………89

同期速度……………………………52
同期電動機……………………37,56
銅損…………………………………48
導通試験…………………………115
導電率………………………………12
登録………………………………159
特種電気工事資格者……………160
特定電気用品……………………162
トルク…………………………52,55

■な行
内燃力発電…………………………63
鉛蓄電池……………………………38

二次抵抗始動法……………………54
日負荷率……………………………79
認定電気工事従事者……………160

燃料電池……………………………66

■は行
倍率器………………………………14
波形率………………………………16
波高率………………………………16
バスダクト工事……………………96
発電量………………………………64

ヒステリシス損……………48
皮相電力………………19
ピタゴラスの定理…………3
漂遊負荷損…………………48

ファラド………………17
負荷試験………………51
負荷損…………………48
負荷率…………………79
不足電圧継電器……………91
浮動電池方式………………66
不等率…………………80
ブリッジ回路………………10
フロアダクト工事…………96
分流器…………………13

平滑回路………………39
平均値…………………15
並行運転………………56
並列回路（抵抗の）………8
変圧器…………………45

変圧器の効率………………48
変圧比…………………45
ヘンリ…………………16

保護協調………………87
保護継電器……………89
星形結線………………20

■ま行
埋設地線………………72
巻線形誘導電動機………36,54

無効電力………………19
無停電電源装置……………66
無負荷試験……………50
無負荷損………………48

メガー…………………115

■や行
有効電力………………19

誘導電動機……………52
誘導リアクタンス…………17
有理化…………………2

容量リアクタンス…………17

■ら行
ライティングダクト工事……96
ラジアン………………3
ランキンサイクル…………62

リアクトル始動法…………53
離隔距離………………102
力率……………………17
力率改善………………80
リングスリーブ……………110

零相変流器……………90

論理回路………………141

早わかり
第一種電気工事士受験テキスト　筆記試験対策

2010 年 2 月 20 日　第 1 版 1 刷発行　　　　　　　ISBN 978-4-501-11490-9 C3054

著　者　清水國稔
　　　　©Shimizu Kunitoshi 2010

発行所　学校法人 東京電機大学　　　〒101-8457　東京都千代田区神田錦町 2-2
　　　　東京電機大学出版局　　　　　Tel. 03-5280-3433（営業）03-5280-3422（編集）
　　　　　　　　　　　　　　　　　　Fax. 03-5280-3563　振替口座 00160-5-71715
　　　　　　　　　　　　　　　　　　http://www.tdupress.jp/

JCOPY ＜(社)出版者著作権管理機構　委託出版物＞
本書の全部または一部を無断で複写複製（コピー）することは，著作権法上での例外を除いて禁じられています。本書からの複写を希望される場合は，そのつど事前に，(社)出版者著作権管理機構の許諾を得てください。
［連絡先］Tel. 03-3513-6969，Fax. 03-3513-6979，E-mail: info@jcopy.or.jp

印刷・製本：三美印刷(株)　　装丁：高橋壮一
落丁・乱丁本はお取り替えいたします。　　　　　　　　　　　　　　Printed in Japan